깐깐한 · 제주 · 언니들이
꼼꼼히 · 알려 주는

진짜 제주

노송이 · 안주희
지음

책밥

깐깐한 제주 언니들이
꼼꼼히 알려 주는

진짜 제주 (개정판)

—

2015년 5월 27일 1판 1쇄 발행
2015년 8월 12일 1판 2쇄 발행
2017년 9월 28일 개정증보 1판 1쇄 발행
2018년 7월 25일 개정증보 1판 2쇄 발행

—

지은이 노송이, 안주희
펴낸이 이상훈
펴낸곳 책밥
주소 03986 서울시 마포구 동교로 23길 116 3층
전화 번호 070) 7882-2312
팩스 번호 02) 335-6702
홈페이지 www.bookisbab.co.kr
등록 2007.1.31. 제313-2007-126호

—

기획·진행 기획1팀 구본영
디자인 디자인허브 김지선, 김혜진
사진 노송이
일러스트 양미연

—

ISBN 979-11-86925-26-3 (13980)
정가 18,000원

—

책밥은 (주)오렌지페이퍼의 출판 브랜드입니다.

이 도서의 국립중앙도서관 출판예정도서목록(CIP)은 서지정보유통지원시스템 홈페이지(http://seoji.nl.go.kr)와 국가자료공동목록시스템(http://www.nl.go.kr/kolisnet)에서 이용하실 수 있습니다.(CIP제어번호: CIP2017024098)

머리말

제주에 살면서 많은 여행자를 만났습니다. 그중에는 자신의 여행 방법이 옳다며 다른 사람의 여행 방법을 훈계하거나 얕잡아 보는 사람도 있었습니다. 여행이란 경험의 유무만 있을 뿐 옳고 그르다고 내세울 기준은 없다고 생각합니다.

이 책에서는 여행 방법을 다섯 가지로 분류하고 거기에 어울리는 장소를 소개하였습니다. 또한 여행지와 관련된 간단한 팁도 넣었습니다.

이 책이 제주 여행의 지침서나 길잡이가 되기보다는 당신의 여행을 다양하게 만들 수 있는 방법 중 하나이기를 바랍니다.

노송이

여행은 휴식을 가장한 노동일 수 있습니다. 항공, 렌터카, 숙소 등을 미리 예약하고 둘러볼 여행지를 정한 후 일정을 계획해야 한다는 압박감 때문입니다. 제주 여행도 마찬가지입니다. 노동이 아닌 즐거운 여행을 하려면 여행자의 취향을 알면 됩니다. 지도를 펴고 가고 싶은 곳을 체크한 후 이동 경로를 정하면 여행 준비는 끝납니다. 어려운 것은 없습니다. 다른 사람의 충고나 SNS에 흔들릴 필요도 없습니다. 가고 싶은 곳, 보고 싶은 제주가 당신을 기다리고 있습니다.

안주희

차례

오월의 봄볕 같은

감성 제주

쏟아지는 햇살을 받으며

걷고싶은 제주

유유자적한 낭만여행

머물러서 좋은제주

엔돌핀 넘치는

액티브 제주

아름다운 풍경 너머

미처닿지 못한제주

코스지도

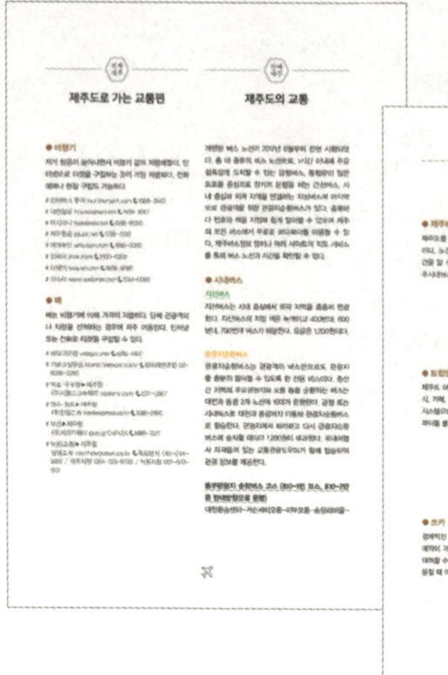

제주 여행에 가장 필요한 교통편, 버스 노선, 어플, 축제 등 여행자에게 꼭 필요한 정보만 간추려 담았습니다.

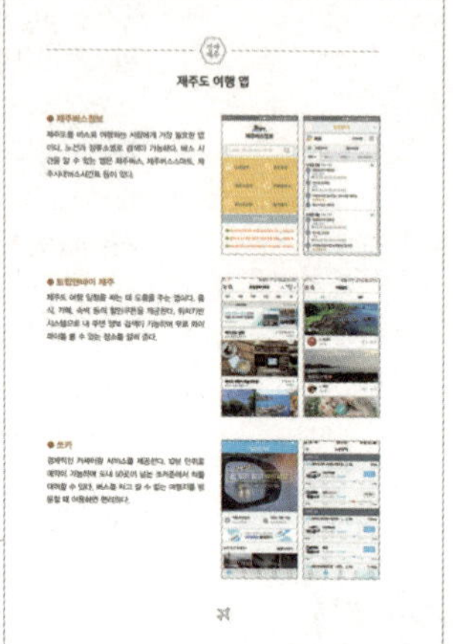

1 해당 지역의 위치를 간단하게 확인할 수 있는 지도입니다. 지도 위에는 트레킹화, 운동화, 플랫슈즈로 분류된 신발 아이콘이 있습니다. 이것은 해당 지역을 방문할 때 신으면 좋은 신발을 저자들이 직접 선정한 것입니다.

2 해당 지역의 주소, 전화번호, 홈페이지, 입장료, 이용시간, 주차장 유무 등의 정보를 담았습니다.

3 자가용으로 이동하는 여행자를 위해 내비게이션 검색어를 제공합니다. 제주시 또는 서귀포시에서 버스로 이동하는 여행자를 위해 가장 빠르게 목적지에 도착할 수 있는 방법을 제공합니다. 제주에는 같은 이름을 가진 정류장이 많습니다. 가고자하는 정류장을 쉽게 찾을 수 있도록 정류장 이동 방법을 제공합니다.

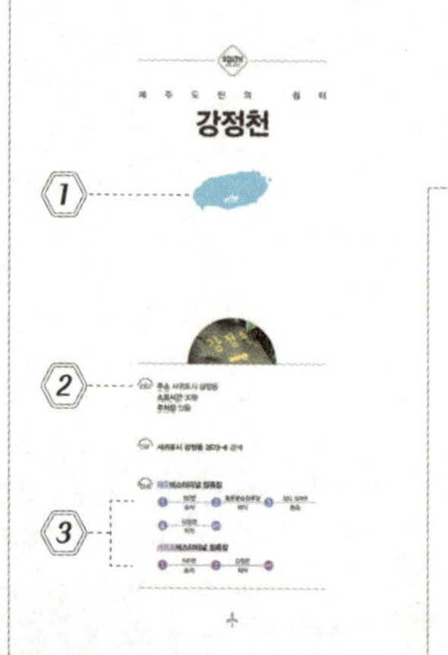

4 '걷고싶은제주', '액티브제주'에 삽입된 일러스트지도로, 해당 구간의 정보를 제공합니다.

5 저자들이 직접 선정한 여행할 때 필요한 팁이나 주의 사항 등을 담은 Advice입니다.

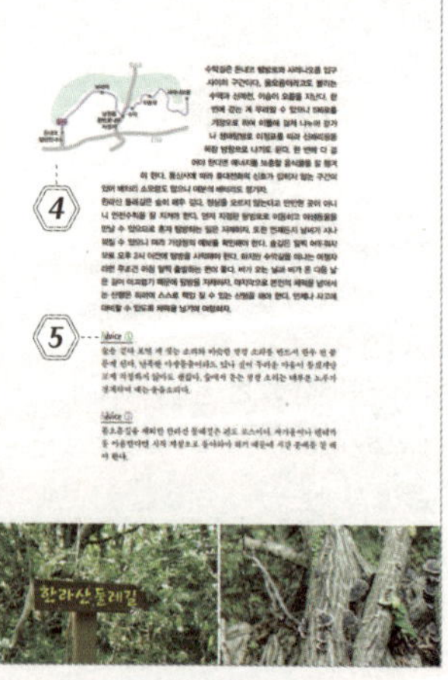

⑥ 1100로, 516로, 평화로, 번영로·남조로, 일주서로·일주동로와 같은 각 지역을 잇는 대표 도로를 알고 있으면 낯선 제주 여행이 한결 수월해집니다. 여행지에 연결된 도로를 미리 확인하고 이동 중에 어떤 볼거리가 있는지 살펴볼 수 있습니다.

⑦ '머물러서좋은제주'에 삽입된 일러스트마을지도로, 이정표 및 볼거리 등의 자세한 정보를 제공합니다.

⑧ 일러스트마을지도에 표시된 각각의 코스를 자세히 설명합니다.

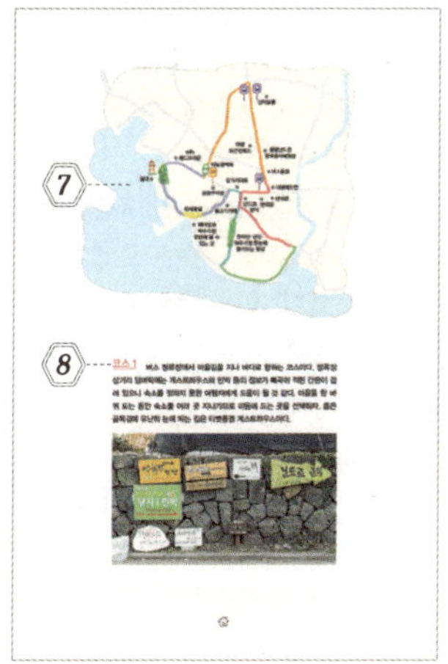

⑨ 여행자의 취향, 여행 방법을 고려하여 16개 테마를 설정하고 42개의 코스를 구성하였습니다. '다이어트 코스', '제주 매니아 코스', '웨딩 코스' 등 저자들이 직접 선정한 이색 테마와 함께 제주도를 즐겨 보시기 바랍니다.

진짜 제주

제주도로 가는 교통편

● 비행기

저가 항공이 늘어나면서 비행기 값이 저렴해졌다. 인터넷으로 티켓을 구입하는 것이 가장 저렴하다. 전화 예매나 현장 구입도 가능하다.

인터파크 투어 tour.interpark.com ☎1588-3443

대한항공 kr.koreanair.com ☎1588-2001

아시아나 flyasiana.com ☎1588-8000

제주항공 jejuair.net ☎1599-1500

에어부산 airbusan.com ☎1666-3060

진에어 jinair.com ☎1600-6200

티웨이 twayair.com ☎1688-8686

이스타 www.eastarjet.com ☎1544-0080

● 배

배는 비행기에 비해 가격이 저렴하다. 단체 관광객이나 차량을 선적하는 경우에 자주 이용한다. 인터넷 또는 전화로 티켓을 구입할 수 있다.

배타고닷컴 vetago.com ☎1688-4442

가보고싶은섬 island.haewoon.co.kr ☎한국해운조합 02-6096-2266

목포·우수영▶제주항
(주)씨월드고속훼리 seaferry.co.kr ☎1577-3567

여수·완도▶제주항
(주)한일고속 hanilexpress.co.kr ☎1688-2100

부산▶제주항
(주)서경카훼리 goo.gl/CcFkZA ☎1688-7577

녹동(고흥)▶제주항
남해고속 namhaegosok.co.kr ☎목포본사 061-244-9915 / 제주지점 064-723-9700 / 녹동지점 061-842-6111

진짜 제주

제주도의 교통

개편된 버스 노선이 2017년 8월부터 전면 시행되었다. 총 네 종류의 버스 노선으로, 1시간 이내에 주요 정류장에 도착할 수 있는 급행버스, 통행량이 많은 도로를 중심으로 장거리 운행을 하는 간선버스, 시내 중심과 외곽 지역을 연결하는 지선버스와 마지막으로 관광객을 위한 관광지순환버스가 있다. 종류마다 번호와 색을 지정해 쉽게 알아볼 수 있으며 제주의 모든 버스에서 무료로 와이파이를 이용할 수 있다. 제주버스정보 앱이나 여러 사이트의 지도 서비스를 통해 버스 노선과 시간을 확인할 수 있다.

● 시내버스

지선버스

지선버스는 시내 중심에서 외곽 지역을 촘촘히 연결한다. 지선버스의 지정 색은 녹색이고 400번대, 600번대, 700번대 버스가 해당한다. 요금은 1,200원이다.

관광지순환버스

관광지순환버스는 관광객이 버스만으로도 관광지를 충분히 돌아볼 수 있도록 한 전용 버스이다. 중산간 지역의 주요관광지와 오름 등을 순환하는 버스는 대천과 동광 2개 노선에 16대가 운행한다. 급행 또는 시내버스로 대천과 동광까지 이동해 관광지순환버스로 환승한다. 관광지에서 하차하고 다시 관광지순환버스에 승차할 때마다 1,200원이 부과된다. 국내여행사 자격증이 있는 교통관광도우미가 함께 탑승하여 관광 정보를 제공한다.

동부관광지 순환버스 코스 (810-1번 코스, 810-2번은 반대방향으로 운행)

대천환승센터-거슨세미오름-아부오름-송당리마을-

다랑쉬오름(남)–용눈이오름–제주레일바이크–다랑쉬오름(북)–비자림–메이즈랜드–둔지오름–덕천리마을–어대오름–한울랜드–동백동산습지센터–알밤오름–다희연–선인동마을–선녀와나무꾼–선흘2리마을–세계자연유산센터–대천환승센터

서부관광지 순환버스 코스 (820-1번 코스, 820-2번은 반대방향 운행)

동광환승센터–헬로키티아일랜드–자동차박물관–서광동리마을–소인국테마파크–서광서리마을–노리매–구억리마을–신평리마을–산양곶자왈–제주평화박물관–청수마을회관–저지오름–현대미술관–생각하는정원–환상숲곶자왈–유리의성–오설록–제주항공우주호텔–항공우주박물관–신화역사공원–동광환승센터

● 시외버스

급행버스

급행버스는 제주 공항을 시작으로 주요 정류장 몇 군데만 거치기 때문에 목적지까지 1시간 내외로 도착할 수 있다. 기본요금은 2,000원이며 최대 3,000원까지 부과된다. 급행버스의 지정 색은 빨간색이고 100번대이다.

노선번호	운행계통
101	제주 ↔ 동일주로 ↔ 서귀포
102	제주 ↔ 서일주로 ↔ 서귀포
111	공항 ↔ 봉개 ↔ 번영로 ↔ 성산
112	공항 ↔ 교래 ↔ 번영로 ↔ 성산
121	공항 ↔ 동광양 ↔ 봉개 ↔ 번영로 ↔ 표선
122	공항 ↔ 제주시청 ↔ 교래 ↔ 번영로 ↔ 표선
131	공항 ↔ 동광양 ↔ 봉개 ↔ 남조로 ↔ 남원
132	공항 ↔ 제주시청 ↔ 교래 ↔ 남조로 ↔ 남원
151	제주터미널 ↔ 평화로 ↔ 영어교육도시 ↔ 대정
152	제주터미널 ↔ 평화로 ↔ 화순 ↔ 사계 ↔ 대정
181	제주 → 516도로 → 서귀포 → 평화로 → 제주
182	제주 → 평화로 → 서귀포 → 516도로 → 제주

간선버스

간선버스는 주요 간선도로를 이용해 장거리 이동을 한다. 간선버스의 지정 색은 파랑이며 일반간선은 200번대, 제주시 간선은 300번대, 서귀포시 간선은 500번대이다. 요금은 1,200원이며 배차 간격은 10–20분이다.

노선번호	운행계통
201	제주 ↔ 성산 ↔ 서귀포
202	제주 ↔ 고산 ↔ 서귀포
211, 212	제주 ↔ 대천동 ↔ 수산 ↔ 성산포항
221, 222	제주 ↔ 대천동 ↔ 성읍 ↔ 표선
231, 232	제주 ↔ 교래 ↔ 의귀 ↔ 남원 ↔ 서귀포등기소
240	제주 ↔ 어리목 ↔ 중문 ↔ 국제컨벤션센터
251	제주 ↔ 평화로 ↔ 대정(운진항)(화순, 사계)
252	제주 ↔ 평화로 ↔ 대정(운진항)(서광, 덕수)
253	제주 ↔ 평화로 ↔ 대정(운진항)(신평, 보성)
254	제주 ↔ 평화로 ↔ 대정(운진항)(신평, 농공)
255	제주 ↔ 평화로 ↔ 영어교육도시 ↔ 대정

노선번호	운행계통
260	제주 ↔ 봉개 ↔ 선흘 ↔ 해녀박물관
270	애월 ↔ 한라대 ↔ 민오름 ↔ 제주대
281	제주 ↔ 516도로 ↔ 서귀여고 ↔ 서귀포
282	제주 ↔ 평화로 ↔ 중문 ↔ 서귀포
291, 292	제주 ↔ 납읍 ↔ 봉성 ↔ 한림
295	서귀포 ↔ 가시리 ↔ 신산리 ↔ 성산항

● 택시

면허가 없는 여행객이 버스가 닿지 않는 여행지를 여행할 때 택시보다 좋은 수단은 없다. 요금을 조금이라도 아끼고 싶다면 도착 지역에 있는 택시를 이용하는 게 좋다. 예를 들어 제주시에서 서귀포시로 간다면 서귀포시 택시를 타는 것이 제주시 택시를 타는 것보다 저렴하다. 성산, 남원, 중문 등 지역별 택시전화번호는 꼭 알아두자.

제주시 064-711-6666, 064-711-1580, 064-712-9777
애월하귀연합 064-799-5003
애월 064-799-9007
한림 064-796-9191
모슬포 064-794-0707
안덕 064-794-1400, 064-748-0067
중문 064-738-1700
서귀포 064-762-4244
남원 064-764-9191
표선 064-787-3787
성산 064-784-0500
구좌 064-784-5500
김녕 064-782-2777
대형택시콜벤(전지역) 064-722-0030, 064-721-0067

● 렌터카

제주도를 짧은 기간 동안 구석구석 다니는 방법은 렌터카를 이용하는 것이다. 5인 이상이 함께 여행할 경우 스타렉스나 카니발 등 승합차를 이용하는 것이 합리적이다. 저렴한 가격으로 여행하고 싶은 사람들은 경차를 선택하면 된다. 실속형 여행자가 많아지면서 가장 빨리 마감되니 예약은 필수이다. 연인끼리 혹은 특별한 날 여행을 하는 경우 오픈카나 수입차를 렌트해 보자.

● 스쿠터

원동기면허증, 운전면허증이 있다면 스쿠터로 제주도 구석구석을 여행해 보자. 스쿠터 운전이 미숙하다면 대여점에서 잠깐 가르쳐 주지만 자동차 도로로 다녀야 하기 때문에 자신 없다면 빌리지 말자. 스쿠터 운전 시 헬멧, 고글 등 안전 장비를 꼭 갖추도록 하자. 대여료는 약 2만 원~3만 5천 원 정도이다.

● 자전거

자전거 여행은 체력이 부족하면 힘들 수 있지만 끝마쳤을 때 성취감은 배가 된다. 주로 해안도로와 일주도로로 많이 달린다. 대여점은 공항 근처에 몰려 있다. 여행을 중간에 그만두어야 한다면 대여점에 연락해 픽업하거나 택배를 이용하면 된다.

진짜 제주

관광안내소 전화번호

● 제주관광공사

064-740-6000

● 제주 시내 관광안내소 전화번호

안내소	연락처
제주국제공항 관광안내소	064-742-8866
제주항 관광안내소	064-758-7181
제주웰컴센터 관광안내소	064-740-6001
용두암 관광안내소	064-728-3918
제주시 시외버스터미널 관광안내소	064-728-3920
탑동 관광안내센터	064-728-3919

● 서귀포 시내 관광안내소 전화번호

안내소	연락처
서귀포시 종합관광안내소	064-732-1330
서귀포시 시외버스터미널 관광안내소	064-739-1391
정방폭포 관광안내소	064-732-1393
주상절리대 관광안내소	064-738-1393
천지연폭포 관광안내소	064-732-1330
천제연폭포 관광안내소	064-739-1393

제주도 여행 앱

● 제주버스정보

제주도를 버스로 여행하는 사람에게 가장 필요한 앱이다. 노선과 정류소별로 검색이 가능하다. 버스 시간을 알 수 있는 앱은 제주버스, 제주버스스마트, 제주시내버스시간표 등이 있다.

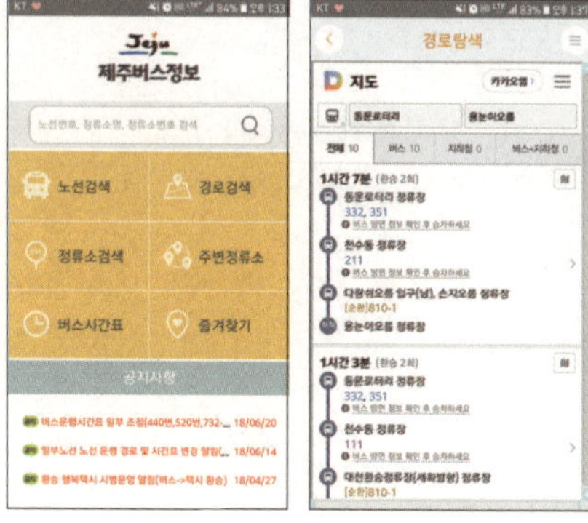

● 트립앤바이 제주

제주도 여행 일정을 짜는 데 도움을 주는 앱이다. 음식, 카페, 숙박 등의 할인쿠폰을 제공한다. 위치기반 시스템으로 내 주변 정보 검색이 가능하며 무료 와이파이를 쓸 수 있는 장소를 알려 준다.

● 쏘카

경제적인 카셰어링 서비스를 제공한다. 10분 단위로 예약이 가능하며 도내 50곳이 넘는 쏘카존에서 차를 대여할 수 있다. 버스를 타고 갈 수 없는 여행지를 방문할 때 이용하면 편리하다.

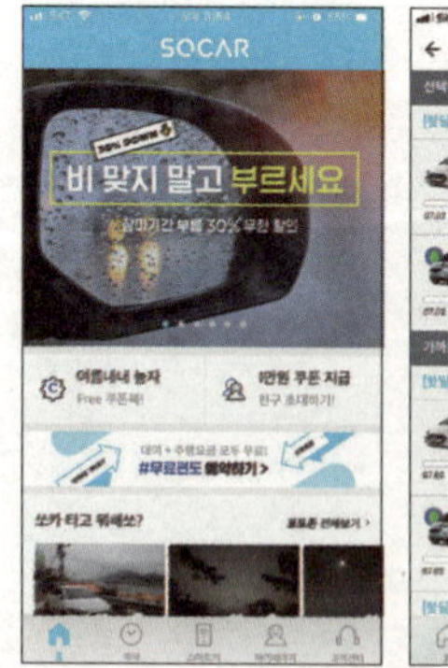

● 위시빈 제주

위시빈 제주 앱은 여행 일정 공유를 통해 다른 여행자가 올린 여행 일정을 볼 수 있다. 추천콘텐츠 코너는 베스트여행기, 여행꿀팁, 추천상품으로 구성되어 있다. 제주도 여행에 필요한 유용한 팁과 핫딜 상품 정보를 제공해 여행을 돕는다.

● 안심제주

제주특별자치도 안전정책과에서 개발한 앱으로 재난 상황 정보를 신속 정확하게 제공한다. 제주도 관광지 및 도내 행정 구역의 날씨, 대피소, 행동대피요령 등을 볼 수 있다.

● VISIT JEJU

지역별, 업종별 관광지를 쉽게 찾아볼 수 있다. 제주여행추천 코너는 일정추천, 여행큐레이션, 테마여행, 축제와행사, 제주人놀다, 알쓸신제원정대 등으로 구성되어 제주도 여행에 필요한 다양한 정보를 제공한다.

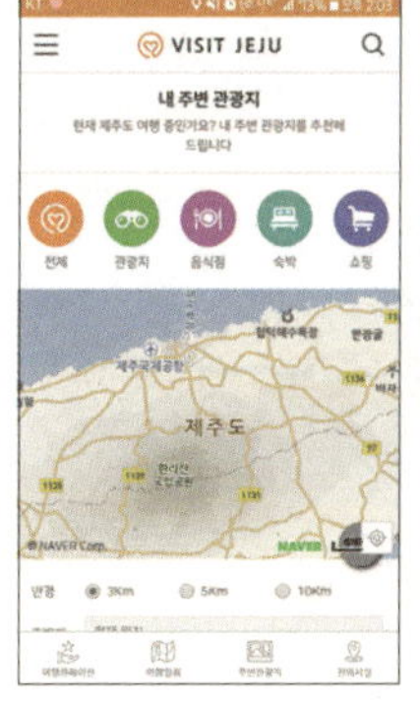

앱으로 정류장 찾아가기

제주도를 여행할 때 지도 앱과 GPS를 활용하면 쉽게 목적지에 갈 수 있다. 또한 지도를 확대하면 탑승하거나 환승할 정류장을 빠르게 찾을 수 있다.

예시) 지도 앱으로 제주시외버스터미널에서 강정천 찾아가기

❶ 검색란 왼쪽의 메뉴 아이콘을 터치한다. 나타나는 목록 중 길찾기 항목을 터치한다.

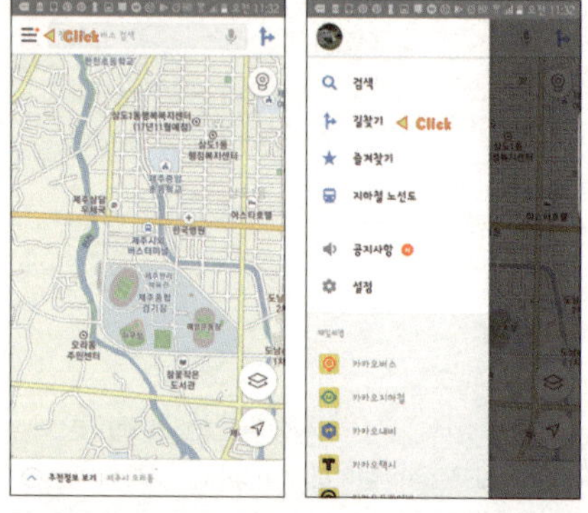

❷ 출발란에 제주시외버스터미널, 도착란에 강정천을 입력한다. 상단에 있는 버스 모양을 클릭하면 시간이 적게 드는 순으로 검색된다. 환승을 한다면 시간이 오래 걸릴 수 있으므로 한 번에 가는 버스를 선택하는 것이 좋다.

❸ 여러 가지 방법 중 하나를 골라 터치하면 자세한 이동 경로가 나타난다. 시계 아이콘을 터치하면 버스 도착 예정 시간이 표시된다.

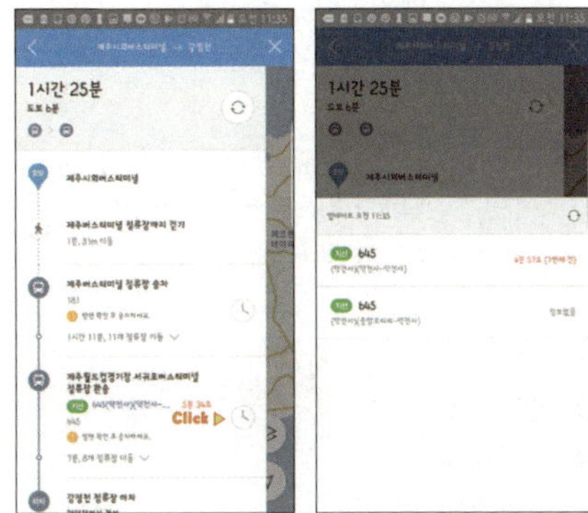

❹ 시간과 새로 고침 아이콘 사이의 공간을 클릭하면 전체 이동 경로를 볼 수 있다.

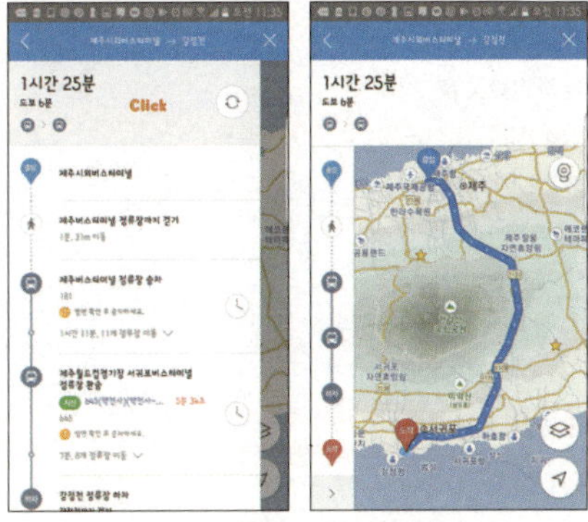

❺ GPS를 설정한 후 오른쪽 아래에 있는 위치 아이콘을 터치하면 현재 자신의 위치가 표시된다. 움직이는 곳으로 GPS가 자동으로 재설정되어 따라가기만 하면 목적지에 도착할 수 있다.

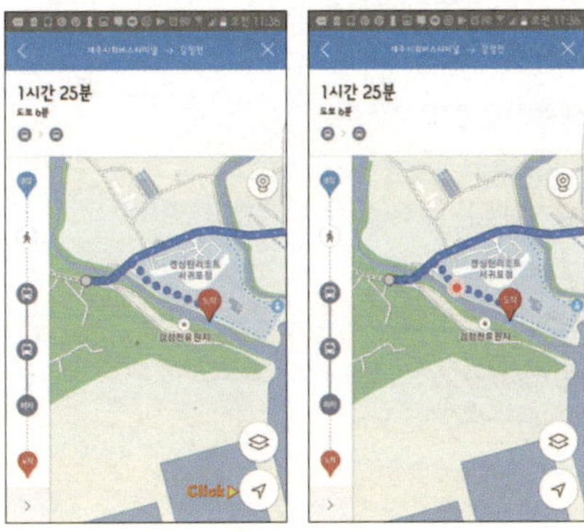

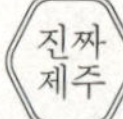

제주도 축제

제주에는 크고 작은 축제들이 열린다. 여행 날짜와 취향에 맞게 선택한다면 좋은 추억이 될 것이다.

* 기상 혹은 주최측의 사정에 따라 변경, 취소될 수 있습니다.

● 1월

성산일출축제

장소:성산일출봉

제주전통문화EXPO

장소:제주국제컨벤션센터(ICC제주)

● 2월

탐라입춘굿놀이

장소:제주시 삼도2동 43-3 제주목관

노리매매화축제

장소:제주 노리매공원

휴애리매화축제

장소:휴애리자연생활공원

● 3월

들불축제

장소:제주시 애월읍 봉성리 새별오름

제주왕벚꽃축제

장소:제주종합경기장

서귀포유채꽃국제걷기대회

장소:중문관광단지

● 4월

서사라문화거리축제

장소:전농로일대

제주유채꽃축제

장소:가시리

우도소라축제

장소:우도면

가파도청보리축제

장소:가파도

한라산청정고사리축제

장소:남원읍

제주왕벚꽃축제

장소:전농로, 제주대 입구 등

● 5월

국제전기자동차엑스포

장소:제주컨벤션센터ICC제주

방선문축제

장소:방선문계곡

● 6월

곶자왈반딧불이축제

장소:한경면

보목자리돔축제

장소:보목포구

● 7월

삼양검은모래해변축제

장소:삼양해변

제주이호테우축제

장소:이호테우해변

● 8월

돈내코원앙축제

장소:돈내코광장

금능원담축제

장소:금능으뜸원해변

표선해변하얀모래축제

장소:표선해변

도두오래물축제

장소:도두오래물광장

쇠소깍검은모래축제

장소:효돈쇠소깍해변

예래생태마을체험축제

장소:논짓물, 대왕수천

● 9월

고마로馬문화축제

장소:신산공원, 고마로

산지천축제

장소:건입동 산지천

추자도참굴비대축제

장소:추자면

서귀포칠십리축제

장소:서귀포 칠십리 詩공원

● 10월

제주해녀축제

장소:구좌읍 해녀박물관

탐라문화제

장소:제주시

제주馬축제

장소:렛츠런파크제주

덕수리전통민속축제

장소:덕수리민속공연장

제주성읍마을전통민속재연축제

장소:성읍민속마을

혼인지축제

장소:온평리 소재 혼인지

● 11월

최남단모슬포방어축제

장소:대정읍 모슬포항

제주 축제 홈페이지:visitjeju.net/kr/festival/list

제주관광안내:064-740-6000(제주관광정보센터)

제주도 민속시장

제주시민속오일시장

주소:제주시 오일장서길 26

세화민속오일시장

주소:제주시 구좌읍 해맞이해안로 1412

한림민속오일시장

주소:제주시 한림읍 한수풀로4길 10

서귀포향토오일시장

주소:서귀포시 토평서로 11번길 142

대정오일시장

주소:서귀포시 대정읍 신영로 36번길 65

진짜
제주

제주도 올레 휠체어 구간

1코스 종달리옛소금밭–성산갑문입구(4.6km)

4코스 해비치호텔&리조트–가마리개쉼터(4.8km)

5코스 국립수산과학원–위미항(2.4km)

6코스 쇠소깍–보목포구(3.3km)

8코스 논짓물–대평해녀공연장(3.3km)

10코스 사계포구–송악산주차장(2.9km)

10-1코스 가파도전구간(4.2km)

12코스 엉앙길입구–자구내포구입구(1.1km)

14코스 일성콘도–금능으뜸해변입구(2.1km)

17코스 도두봉내려오는길–용연다리입구(4.4km)

J E J U

반복되는 일상에서 벗어나고 싶다면

제주도로 오세요.

노루가 초록 들판을 뛰어다니고

떠내려온 조개껍질이 하얀 백사장을 이룬

이곳은 당신의 지친 감성을 되살려

줄 수 있답니다.

오월의 봄볕 같은

감성 제주

제 주 도 민 의 쉼 터

강정천

info
주소 서귀포시 강정동
소요시간 30분
주차장 있음

car
서귀포시 강정동 2673-6 검색

bus
제주버스터미널 정류장

① 182번 승차 ② 중문환승정류장 하차 ③ 520, 521번 환승
④ 강정천 하차 도착

서귀포버스터미널 정류장

① 645번 승차 ② 강정천 하차 도착

강정천 앞에는 범섬, 서건도와 '여'라고 불리는 물에 잠긴 바위가 있다. 이것들을 보고 있으면 육지에서 바다와 섬을 보는 듯한 착각이 든다. 천 뒤쪽으로는 한라산 꼭대기와 능선을 한눈에 볼 수 있다. 또한 강정천은 빼어난 풍광을 자랑하는 올레7코스가 지나는 길로, 악근천–켄싱턴리조트–강정천 순으로 걷는다.

물이 많아서 물 강(江)에 물 정(汀) 자를 쓴 강정천은 서귀포 식수의 70%를 담당한다. 제주도의 천이 대부분 건천인 것과 다르게 이곳은 사시사철 물이 흐른다. 용출량이 많은 시기에는 천과 바다가 만나는 지점에서 많은 양의 폭포수가 떨어지는 것을 볼 수 있다. 반대로 11~4월에는 폭포수의 양이 적다. 여름철이면 수심이 얕아 남녀노소 모두가 좋아하는 물놀이장이 된다. 물놀이 후 햇볕에 데워진 빌레에 몸을 녹이는 것은 필수!

강정천 인근에는 악근천, 켄싱턴 리조트와 해군기지 문제로 떠들석한 강정마을이 있다. 평화의 섬을 지향하는 제주에서 평화롭지 못한 곳이다. 강정마을은 세계적으로 희귀한 지형에 속하며, 국내 유일의 습지 바위라고 알려진 조각난 구럼비바위가 있는 곳이다.

악근천 하류에는 쇠소깍과 비교할 만한 봉뎅이소가 있다. 몽돌해안으로 둘러싸여 있고 물놀이가 가능한 담수 지역이며 바로 앞에 바다가 위치한 이색적인

각주 〉
평소에는 말라 있다가 폭우가 쏟아진 뒤에만 물이 흐르는 천이다.

각주 〉
땅에서 솟아난 물의 양을 뜻한다.

각주 〉
빌레는 크고 평평한 돌을 뜻하는 너럭바위를 일컫는다.

장소이다. 주변 암벽은 주상절리로 이뤄져 비경을 자랑하고 암벽 위에는 나무들이 자라 숲을 이루고 있다.
켄싱턴 리조트는 열대지방의 나무가 많은 이색적인 정원을 가지고 있다. 리조트 뒤에는 '바닷가 우체국'이라 불리는 정자가 있다. 비치된 엽서에 편지를 적어 빨간 우체통에 넣으면 무료로 발송해 주니 시간을 내서라도 들러 보자. 가족이나 친구에게 소식을 전해도 되고 나에게 보내는 편지를 써도 의미 있다.

Advice ⓙ

켄싱턴 리조트 정원길은 유모차나 휠체어도 다닐 수 있다.

Advice ⓢ

한여름에는 닭백숙을 먹으며 물놀이를 할 수 있다. 제주 도민들이 주로 이용하는 피서지이기도 하다. 강정교 위쪽의 출입구를 이용하면 된다.

바다 끄트머리를 빛낸 기암절벽

갯깍주상절리대

info **주소** 서귀포시 색달동
소요시간 1시간
주차장 있음

car **갯갓다리** 검색

bus **제주버스터미널 정류장**

① 282번 승차 ② 예래입구 하차 ③ 633번 환승
④ 진양빌라 하차 ⑤ 30분 도보 도착

서귀포시외버스터미널 맞은편 제주월드컵경기장 서귀포버스터미널 정류장

① 531번 승차 ② 진양빌라 하차 ③ 30분 도보 도착

방언 〉
제주 방언으로 바다는 '갯', 끄트머리는 '깍'이라고 칭한다.

방언 〉
다람쥐는 박쥐의 제주도 방언으로, 정식 표기법은 ᄃᆞ람쥐 또는 ᄃᆞ람주이다.

갯깍주상절리대는 길이 1.75km, 높이 45~50m의 수직 절리가 형성된 국내 최대 규모의 주상절리대이다. 바닷물과 바위가 부딪치며 휘몰아치는 모습을 볼 수 있는 대포주상절리대와는 다르게 이곳은 숨바꼭질하듯 해안가 근처 안쪽으로 숨어 있다.

인근에는 '바위가 들리면서 앞뒤가 뚫려 있다'는 뜻을 가진 들렁궤와 박쥐가 많이 살아서 다람쥐궤라고 불리는 두 개의 동굴이 있다. 들렁궤는 한쪽 입구로 들어가서 반대쪽으로 나올 수 있다. 다람쥐궤에서는 선사시대 토기가 출토되기도 했다. 동굴 속의 생김새가 궁금하겠지만 높은 곳에 위치해 있어 바깥에서 보는 것만으로 아쉬움을 달래야 한다.

갯깍주상절리대가 유명세를 탄 것은 하얏트호텔-조근모살-해병대길-논짓물을 지나던 옛 올레8코스 때문이었다. 현재는 해병대길이 손상되어 하얏트호텔-중문관광단지안내소-예래동입구-예래생태공원-논짓물 코스를 새로 만들었지만 옛 올레8코스가 갯깍주상절리대를 따라 파도 소리를 들으며 걸을 수 있기 때문에 여전히 찾는 사람이 많다.

자가용 여행자에게는 논짓물을 들른 후 주상절리대로 가는 방법을 추천한다. 논짓물은 바닷물과 민물이 만나는 해안에 돌담을 이중으로 쌓아 만든 천연 해수욕장이다. 몸을 담그기 어려울 정도로 물이 차갑지만 파도가 약하기 때문에 어린아이의 물놀이 장소로 안성맞춤이다. 해수욕을 마친 후에는 뒤편에 자리한 남 · 여탕에서 샤워할 수 있다. 단, 비누와 샴푸는 사용할 수 없다.

논짓물을 지나 예래해안로를 따라서 1km 정도 가면 갯깍다리 아래로 흐르는 예래천을 만날 수 있다. 예래천은 한라산 용천 1급수가 흐르며 반딧불보호구역 1호로 지정된 곳이다. 갯깍다리를 건너면 바로 해병대길이 나오며 여기서부터 갯깍주상절리대를 감상할 수 있다.

‹ 방언

조근모살은 '작은'을 뜻하는 제주 방언 조근과 모래를 뜻하는 모살이 합쳐진 말로, 작은 모래 해변을 말한다. 참고로 긴모살은 중문해수욕장이다.

Advice ⓙ

해병대길과 몽돌해변의 돌은 크기가 고르지 않고 미끄러워서 어린이나 노약자가 걷기에는 조금 위험하다. 반드시 운동화나 트레킹화를 신고 가자.

쉼표 같은 감성 해변

공천포

info **주소** 서귀포시 남원읍 공천포로
소요시간 1시간
주차장 갓길 주차

car **서귀포시 남원읍 신례리 71-17** 검색

bus **제주시외버스터미널 앞 제주버스터미널 정류장**

① 131번 승차 ② 남원생활체육관 하차 ③ 231, 232, 510번 환승
④ 공천포 하차 ⑤ 5분 도보 도착

서귀포버스터미널 정류장

① 201, 295번 승차 ② 공천포 하차 ③ 5분 도보 도착

공천포는 물과 인연이 깊다. 물맛이 좋아 관청이 준비하는 제사에 물을 올렸다는 '공샘이'에서 마을 이름이 유래했을 정도이다. 예부터 공천포가 위치한 신례2리 일대는 수량이 풍부하기로 유명한 만큼 물과 관련된 명칭도 많다. 산이물, 영등물은 모래사장에 있는 용천수로, 썰물 때 샘이 솟는 걸 확인할 수 있고 아무리 가물어도 물이 마르지 않았다는 곳이다. 넙빌레물은 넓은 빌레에 물이 솟아 붙여진 이름으로, 여름에는 피서객들이 모여 복작복작하지만 겨울에는 한산하다.

검은모래해변은 여행자뿐만 아니라 도민들이 신경통과 잔병을 치료하기 위해 찾는 곳이다. 그래서 여름철에는 영등물에서 물맞이를 하고 검은모래해변에서 모살뜸을 뜨는 사람이 많다. 검은모래해변은 제주도 전역에서 볼 수 있는 하얀모래해변과는 사뭇 다른 느낌으로 여행자를 유혹한다. 특히 해가 질 때에는 붉은빛이 검은 모래와 만나 황홀한 황금빛을 만들어 낸다.

방언 〉
모살은 모래를 뜻한다.

공천포 옆 동네에 카페 서연의 집이 생기면서 이곳에도 숙소나 음식점, 카페 등이 많아졌다. 하지만 건물을 눈에 띄게 띌 정도로 짓거나 화려한 색으로 치장하지 않고 동네의 분위기를 유지하려 노력한 흔적이 보인다. 올레5코스 쉼터 역할을 하는 팔각정도 포구 가까이에 있다. 작은 동네에 커피 한잔하며 쉴 곳이 늘어난 기분이다.

해안도로라면 '달려야 맛'이라고 하는 사람도 있겠지만 공천포는 '걸어야 제맛'이다. 걷다 힘들면 카페에 들어가 차 한잔해도 되고 배가 고프다면 요기할 곳도 마을 곳곳에 있다. 밤바다를 가까이에서 보고 싶다면 인근 게스트하우스에서 하루 묵자.

Advice ⓙ

새로 생긴 카페, 음식점이 여행자의 입맛에 더 맞는 서비스를 제공할 수는 있지만 이왕이면 토속 음식점에서 제주 본연의 음식을 맛보는 것은 어떨까?

Advice ⓢ

여름이면 모래사장에 용천수가 계곡처럼 흐른다. 바다를 바라보며 시원한 민물에 발을 담글 수 있다.

EAST JEJU

성산일출봉을 빛내는 조연

광치기해변

info **주소** 서귀포시 성산읍
소요시간 30분
주차장 있음

car **광치기해변** 검색

bus **제주버스터미널 정류장**

① 211번 승차 → ② 광치기해변 하차 → 도착

서귀포버스터미널 정류장

① 101번 승차 → ② 성산환승정류장 하차 → ③ 211, 212번 환승 → ④ 광치기해변 하차 → 도착

제주도에는 당당하게 제 모습을 드러내지 못하고 숨죽인 채 아름다움을 뽐내는 장소가 많다. 그중 한 곳이 성산일출봉을 지척에 둔 광치기해변이다. 현재는 이곳을 지나는 올레길이 생기면서 여행자들에게 매력적인 여행지로 알려져 있다.

광치기해변의 첫 번째 자랑거리는 성산일출봉이 사진 찍기 좋은 각도에 있다는 것이다. 두 번째는 썰물 때 모습을 드러내는 빌레이다. 빌레 위에는 초록색 이끼가 잔디처럼 깔려 있는데, 마치 성산일출봉으로 향하는 푸른 융단처럼 보인다. 밀물 때에는 남성적인 파도의 포말, 산호, 마른 해초들이 성산일출봉과 어우러져 강한 인상을 남긴다. 세 번째는 피부에 잘 달라붙지 않는 검은 모래이다. 다른 해변과 다르게 모래의 입자가 커서 발이 쉽게 빠지므로 걸어온 발자취를 고스란히 새길 수 있다. 네 번째는 푸른 바다를 향해 펼쳐지는 꽃 잔치이다. 봄이면 유채꽃이 만발하고 7~9월에는 하얀 문주란이 이곳을 장식한다.

제주의 일출 명소는 대부분 성산일출봉을 떠올리지만 광치기해변도 그에 못지않은 일출 명소이다. 성산일출봉을 밝히며 수평선 위로 떠오르는 태양은 광치기의 해안선과 어우러져 아름다운 풍경을 선사한다.

이처럼 아름다운 모습과는 다르게 '광치기'라는 이름에는 서글픈 사연이 있다. 예부터 조업을 하던 어부들이 바다에 빠지면 이곳으로 시신이 밀려 들어와 이곳 주민들이 관을 짰다고 한다. 그 행위를 '관치기'라 부르다가 '광치기'로 굳어졌다는 설이 있다. 따라서 이곳은 여행지만이 아닌 제주 사람들의 삶을 느낄 수 있는 곳이기도 하다.

Advice (S)

이곳에는 말 두어 마리가 있는데 비용을 지불하면 승마체험을 할 수 있다.

오 소 록 하 게 자 리 한 바 람 의 해 변

김녕성세기해변

info **주소** 제주시 구좌읍 해맞이 해안로
주차장 있음

car **김녕해수욕장 주차장** 검색

bus **제주버스터미널 정류장**

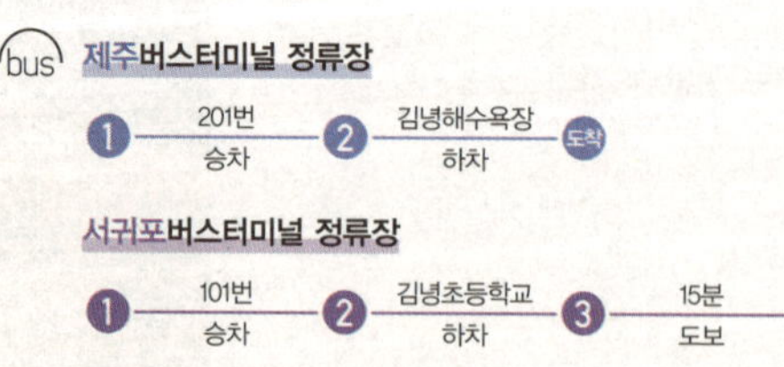

함덕, 협재, 중문 등 제주 해수욕장에서는 이국적인 에메랄드빛 바다를 볼 수 있다. 그중에서도 김녕성세기해변은 도민들이 인정하는 바다 빛깔을 자랑한다. 해변에는 조개껍데기가 바스러져 만들어진 200m 남짓한 백사장과 수심을 가늠할 수 없는 투명한 바다가 펼쳐져 있다. 또한 풍력발전기와 사람들이 소원을 빌며 쌓아 올린 아기자기한 돌탑이 그림 같은 풍경을 만들어 내기 때문에 포토 포인트이기도 하다. 이곳은 밀물 때 모래사장 안까지 들어온 바다를 볼 수 있고 썰물 때에는 너른 빌레와 모래가 드러난 육지의 모습을 감상할 수 있다.

눈이 부시도록 예쁜 해변에서 즐길 수 있는 놀거리도 다양하다. 이 해변은 수심이 1~2m 정도이기 때문에 가족 여행자가 많이 찾는 안전한 해수욕장으로 알려져 있다. 해수욕이 지겨울 때쯤에는 바위에 붙어 있는 보말이나 게를 잡아 보자. 손으로 누르면 물을 내뿜는 말미잘을 보며 소소한 재미를 느낄 수 있다.

새봄에는 해변 인근의 목지어장에서 단 하루 동안 야간횃불바릇잡이축제가 열린다. 바릇잡이란 횃불을 이용해서 수산물을 채취하는 전통 어획 방식을 뜻한다. 이날은 톳과 해산물 채취가 가능하므로 도민, 여행자 등 많은 인파가 몰린다. 또한 여름철에는 여행자를 위해 샤워장, 전기 시설까지 갖추고 텐트, 그늘막, 타프 등을 대여할 수 있는 캠프장을 저렴한 가격에 운영한다. 근처에 족구장과 운동장도 있어 단체 여행자의 야유회 장소로도 안성맞춤이다.

김녕해안에서는 남방돌고래를 가까이에서 볼 수 있는 요트 투어를 진행하고 있다. 남방돌고래는 연중 200일 이상 육안으로 관찰할 수 있다. 그 외에도 해녀와 함께하는 스노클링, 요트웨딩 등 다양한 프로그램을 운영하고 있다. 바람이 부는 날에는 윈드서핑을 하는 서퍼들도 쉽게 볼 수 있다. 요트의 돛과 서프보드를 결합하여 만든 윈드서핑은 수상 레포츠의 꽃으로 불린다. 여유가 있다면 도전해 보기 바란다.

Advice ⓙ

김녕성세기해변 근처 수풀에는 산딸기가 자란다. 5~6월에 빨갛게 익은 산딸기가 보인다면 따 먹는 재미를 놓치지 말자.

Advice ⓢ

김녕로 21길로 들어서면 김녕해변과 해안도로를 한눈에 볼 수 있는 방파제가 있다. 이곳에서 예쁜 사진을 찍고 올레20코스가 지나는 도로를 따라가면 곧장 김녕해변에 도착할 수 있다.

EAST JEJU

제주를 사랑한 사내의 이야기

김영갑갤러리 두모악

info **주소** 서귀포시 성산읍 삼달로 137
전화번호 064-784-9907
홈페이지 dumoak.co.kr
입장료 성인 4,500원, 청소년·제주도민·군인·국가 유공자 3,000원, 어린이·65세 이상 1,500원, 3세 이하·장애인(1급~3급) 무료
관람시간 3~6월 09:30~18:00, 7~8월 09:30~19:00, 9~10월 09:30~18:00, 11월~2월 09:30~17:00
(매주 수요일/설날·추석 당일/신정 휴관)
주차장 있음

car **김영갑갤러리두모악 주차장** 검색

bus **제주시외버스터미널 앞 제주버스터미널 정류장**

① 121번 승차 — ② 성읍환승정류장 하차 — ③ 성읍농협 앞 도보 5분 — ④ 731-2번 환승 — ⑤ 삼달리 삼달보건진료소 하차 — ⑥ 5분 도보 — 도착

서귀포버스터미널 정류장

① 101번 승차 — ② 신산환승정류장 하차 — ③ 신산환승정류장 도보 2분 — ④ 722-2번 환승 — ⑤ 김영갑갤러리두모악 하차 — ⑥ 5분 도보 — 도착

※ 빨간 정류장 표시와 초록 정류장 표시는 서로 다른 정류장입니다. 정류장 이동 방법은 16쪽을 참고하시기 바랍니다.

KIMYOUNGGAP
Gallery Dumoak
김영갑
갤러리
두모악

김영갑갤러리두모악은 삼달분교를 리모델링한 곳이다. 이곳은 제주의 속살을 오롯이 담아낸 故 김영갑 작가의 사진 작품을 만날 수 있는 유일한 곳이다. 제주가 좋다는 이유만으로 모든 걸 버리고 이곳에 터를 잡은 김영갑 작가는 지난 20여 년간 오름, 중산간, 마라도, 해녀 등 제주의 곳곳을 카메라 렌즈에 담았다. 그의 사진에서는 그 시절의 바람과 햇빛, 공기의 온도를 느낄 수 있다.

갤러리 입구에는 루게릭병 투병 당시 손수 일군 야외 정원이 있다. 제주의 돌을 바르게 쌓아 올려 만든 산책길과 화단은 다른 작가들의 야외 전시장으로 사용되기도 하며 갤러리 건물 왼편에 있는 너른 공터에서는 음악회가 열리기도 한다.

이곳은 평범한 입장권 대신 김영갑 작가의 사진으로 만든 엽서를 주는데, 가로가 긴 사진엽서는 그 어떤 입장권보다 매력적이다. 김영갑 작가의 많은 작품이 파노라마 사진이며 이는 하늘과 땅의 경계에 있는 나무나 오름을 부각하는 데 효과적이라고 한다.

내부 전시장은 하날오름관과 두모악관으로 나뉘어 있다. 하날오름관에는 바람이 느껴지는 사진을 전시해 놓았다. 전시장 초입에 있는 탁자에 앉아 창밖을 바라보면 그 풍경이 또 하나의 사진이 된다. 두모악관에는 투병 중에도 사진 촬영을 멈출 수 없었던 故 김영갑 작가의 열정이 담긴 영상을 볼 수 있다.

방언 〉
하날은 제주도 방언으로, '하늘'이라는 뜻이다.

갤러리 곳곳은 평생 제주와 사진만을 생각하며 살았던 예술가의 뜨거운 혼이 배어 있는 곳이니 꼭 들러 보기 바란다.

Advice ①

갤러리 뒤편에는 무인 카페가 있다. 갤러리의 여운을 느끼기에도 좋고 차를 마시며 담소를 나누기에도 좋다.

open

노　루　와　　하　이　파　이　브

노루생태관찰원

주소 제주시 명림로 520
전화번호 064-728-3611
홈페이지 roedeer.jejusi.go.kr
입장료 성인 1,000원, 청소년 600원
관람시간 3~10월 07:00~18:00, 11~2월 08:00~17:00
노루 먹이주기 체험 09:00~15:30까지 입장객 가능
소요시간 상시관찰원 및 전시실 약 30분, 주관찰로 약 50분, 숲길관찰로 약 40분
주차장 있음

car **노루생태관찰원 주차장** 검색

제주시외버스터미널 앞 제주버스터미널 정류장

서귀포버스터미널 정류장

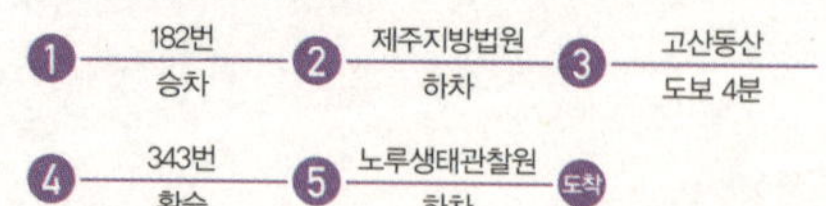

절물자연휴양림 옆에는 100~150여 마리의 한라산 노루를 방목한 노루생태관찰원이 있다. 관찰원 초입에는 노루에게 먹이를 주며 가까이서 눈을 맞출 수 있는 상시관찰원이 있다. 입장권을 살 때 먹이 티켓도 함께 사면 상시관찰원에서 사철나무 한 다발을 얻을 수 있다. 먹이만 들고 있어도 경계를 푼 노루들이 눈을 빛내며 다가온다. 어느 정도 친해지면 머리를 쓰다듬고 젤리 같은 코끝을 만질 수도 있다. 4월이면 벚꽃이 흐드러지게 핀 벚나무 아래에서 휴식을 취하는 노루의 그림 같은 모습을 볼 수 있다.

노루에게 먹이만 주고 돌아서기 아쉽다면 관찰로를 돌아보자. 첫 번째는 생태계의 노루를 볼 수 있는 주관찰로이다. 완만한 경사의 이 길은 돌아보는 데 약 50분 정도 소요된다. 이곳에는 생태연못과 초지가 있기 때문에 근처를 배회하는 노루를 우연히 만날 수 있다. 그늘 밑에서 쉴 수 있는 정자도 있으니 자연을 감상하며 로맨틱한 피크닉을 즐기자. 두 번째는 거친오름의 중턱을 걷는 숲길관찰로이다. 나무 데크로 만들어진 이 길은 돌아보는 데 약 40분 정도 소요된다. 오름의 정상까지 오른다면 시간이 조금 더 소요된다. 이 길은 숫모르편백숲길과 만나는 길이기도 하다. 여행 일정이 짧아 이동 시간을 줄이고 싶은 여행자들이 트레킹할 수 있는 좋은 기회이다.

11~12월 사이에는 노루의 뿔이 탈각되고 1월쯤 새로 자란다. 봄이 오면 '벨벳'이라고 부르는 갈색 모피막이 벗겨지고 초여름에 다시 하얀 뿔의 형태를 갖춘다. 그래서 3~4월에 만나는 노루는 일 년 중 가장 못생겼다. 식생이나 습관, 고라니 및 사슴과의 차이점 등 노루에 관한 정보를 볼 수 있는 전시관도 있다. 대부분 그냥 지나치는 곳이지만 천천히 관람해도 약 15분이면 노루에 대해 깊게 이해할 수 있기 때문에 상시관찰원을 들르기 전 전시관에 먼저 가자.

예민한 노루들이 상주하는 관찰원에서는 주의해야 할 점이 있다. 먼저 노루가 밖으로 빠져나가지 않도록 출입문을 꼭 닫아야 하고, 소리를 지르거나 지정된 먹이 이외의 음식물을 주면 안 된다. 또한 뿔에 받힐 위험이 있으므로 먹이를 줄 때는 꼭 서서 줘야 하고 노루를 만졌다면 손을 닦아야 한다. 주의 사항을 숙지해서 자연과 사람이 행복하게 공존하는 여행지가 될 수 있도록 하자.

Advice ⓢ

전국적으로 구제역이 확산되는 시기에는 노루생태관찰원이 폐쇄될 수 있으니 방문 전 폐쇄 관련 내용을 확인하자.

Advice ⓙ

상시관찰원과 전시실에는 유모차나 휠체어도 들어갈 수 있다. 이곳만 돌아볼 여행자라면 구두를 신어도 좋다.

새봄을 알리는 연둣빛 에너지

도순다원

info **주소** 서귀포시 중산간서로 356번길 152-41
입장료 없음
소요시간 1시간
주차장 있음

car **중산간서로 356번길 152-41(도순설록다원)** 검색

bus **버스로 이동하는 방법** 없음

해마다 봄이 오면 대한민국에서 가장 먼저 녹차 수확 기사를 내는 곳이 있다. 흰 눈에 덮인 한라산과 푸른 바다 사이에 싱그러운 연둣빛 에너지로 가득 찬 곳, 도순다원이다. 세계 3대 녹차 재배지인 제주에는 여러 다원이 있지만 그 중에서도 도순다원이 제일 아름답다. 그럼에도 불구하고 여느 다원에 비해서 사람이 많지 않아 멋진 풍경을 오롯이 독차지할 수 있다.

다원으로 향하는 길은 좁고, 한라산 방향의 오르막길에 위치한 입구는 초라하다. 평범한 농장 같은 모습에 일부 여행자는 출입이 가능한지 모르고 발길을 돌리기도 한다. 출입은 물론이고 그림 같은 풍경을 보며 휴식을 취할 수 있는 의자와 테이블도 있으니 지나치지 말자.

다원에 들어서면 한라산 중턱의 굴곡을 따라 심은 8만 평의 녹차밭이 있고 그 사이로 겨우 차 한 대 너비의 농로가 이어진다. 산과 바다를 향해 곳곳으로 뻗은 이 길은 주위 풍경을 감상하며 걸을 수 있는 훌륭한 산책로이다. 바다를 등지고 걸으면 녹차밭과 그 뒤의 한라산을 즐길 수 있고 한라산을 등지고 걸으면 바다와 물결 같은 녹차밭을 볼 수 있다. 가을에는 꽃잎 다섯 장이 만개한 하얀색 녹차꽃도 볼 수 있다.

이뿐만 아니라 농로를 가로질러 흐르는 궁상천도 만날 수 있다. 천을 둘러싼 크고 다양한 수종은 녹차밭의 산뜻함과는 또 다른 청량한 향을 전한다. 비가

자주 내리는 여름에는 수량이 풍부해지고 발만 담가도 온몸이 시원해질 만큼 물이 차가워진다. 이곳에서 발을 담그고 바위에 걸터앉아 녹차밭을 즐기는 호사를 누려 보자.

Advice Ⓢ

이곳은 이정표를 찾기 어려워 자칫하면 다원으로 들어서는 길을 놓치기 쉽다. 그럴 때는 신주소 표지판을 확인하자. 중산간서로 356번길이다.

Advice Ⓙ

다원 내의 도로는 비료 공급 차량 및 농기계의 이동이 잦다. 농로를 막지 않도록 개인 차량은 다원 관리 건물 앞에 주차하기 바란다.

제 주 인 의 삶 을 담 은 숲

돌문화공원

info
주소 제주시 조천읍 남조로 2023
전화번호 064-710-7731~3
홈페이지 jejustonepark.com
입장료 성인 5,000원, 청소년·군경 3,500원(홈페이지에서 관람권 구매시 500원 할인), 12세 이하·65세 이상 무료(매월 마지막 주 수요일 문화가 있는 날은 무료입장)
매표시간 09:00~17:00
관람시간 09:00~18:00(매월 첫째주 월요일 휴무)
주차장 있음

car
제주돌문화공원 주차장 검색

bus
제주시외버스터미널 앞 제주버스터미널 정류장

① 231번 승차 → ② 제주돌문화공원 하차 → 도착

서귀포버스터미널 정류장

① 101번 승차 → ② 남원환승정류장 하차 → ③ 남원환승정류장 도보 2분

④ 131번 환승 → ⑤ 제주돌문화공원 하차 → 도착

※ 와 은 서로 다른 정류장입니다. 정류장 이동 방법은 16쪽을 참고하시기 바랍니다.

각주 〉
북제주군은 제주도가 제주시와 서귀포시로 나뉘기 전의 제주시 지명이다.

돌문화공원은 돌집, 돌담, 돌하르방, 절구, 돌화로 등 제주의 방대한 돌문화를 한데 모아 체계적으로 전시하는 곳이다. 2009년 폐장한 탐라목석원과 북제주군이 함께 조성했으며 2020년까지 전시 · 창작 공간과 위락 시설을 갖춘 문화생태공원으로 만들 예정이다. 공원은 탐라의 풍속과 역사를 담아내기에 충분한 설문대할망 설화를 주제로 만들어졌다. 따라서 공원 곳곳에 설화와 관련된 장소가 있다. 또한 설화에 숨결을 불어넣고 제주의 향토성, 예술성 등을 살린 설문대할망전시관도 개관할 예정이다.

공원은 1코스, 2코스, 3코스 그리고 돌박물관과 오백장군갤러리로 나뉜다. 1코스는 물장오리, 죽솥, 500장군 등 설문대할망 설화와 관련된 곳이 많은 코스이며 모두 둘러보는 데 30분 정도 걸린다. 1코스 끄트머리에 위치한 돌박물

관은 낮은 구릉지에 지하 2층 건물로 지어져 주위 풍경과 조화를 이룬다. 박물관 옥상의 하늘연못은 오름과 구름이 연못 물에 비쳐 색다른 볼거리를 제공하며 앞으로는 연극, 무용, 연주회 등을 감상할 수 있는 수상 무대로 활용할 예정이다. 박물관 입구에는 인공 폭포인 벽천계류가 있고 지하 전시실에는 제주 형성 과정을 설명한 전시관, 영상실이 있다. 빼놓지 말고 봐야 할 곳은 제주도의 특색 있는 돌을 모아 놓은 돌갤러리이다. 이곳에서는 용암으로 인해 만들어진 다양한 돌을 한눈에 볼 수 있다.

2코스 시작 지점에는 북촌리 바위그늘, 용담동무덤유적, 빌레못동굴, 조천석 등 제주도에 있는 유적지를 재현해 놓았다. 유독 눈길이 가는 것은 돌하르방처럼 생긴 조천석이다. 조천석은 산지천이 범람하던 시절에 물을 다스리기 위해 세워졌다고 전해진다. 제주도의 민간신앙이 잘 드러난 유적이다. 여덟 동의 초가로 지은 전시관에는 탐라 시대부터 근현대까지 일상생활에서 사용된 다양한 종류의 돌을 살펴볼 수 있다. 야외 전시장에는 크고 더 많은 돌이 전시되어 있다. 2코스 도착 지점인 숲 속에는 앞가슴에 촛대, 꽃, 술병 등을 들고 있는 작은 동자석과 제주에서 대문 역할을 했던 정주석이 전시되어 있다.
3코스에는 제주의 옛 마을을 본떠 지은 세거리집, 비석거리, 두거리집, 말방앗간 등이 있다. 집의 형태 때문인지 민속촌과 비슷한 느낌이 들기도 한다. 마을 맞은편에서는 봉수, 연대, 도댓불 등 제주에서 쓰던 옛 통신 시설을 볼 수 있다. 제주의 돌에 대해 공부할 수 있는 곳이며 제주 곶자왈을 훼손하지 않고 지은 공원이라서 산책만 해도 좋은 곳이다.

Advice ⓙ

1, 2, 3코스로 나뉜 돌문화공원을 모두 관람하려면 시간이 오래 걸린다. 시간이 없다면 제주의 자연과 전시관의 모습을 한 번에 볼 수 있는 성곽길(주차장에서 시작)-전망대 코스를 추천한다.

Advice ⓢ

돌문화공원 내 돌한마을은 영화 〈지슬〉의 주요 촬영장으로, 옛날 모습을 그대로 복원한 곳이다. 영화를 본 후에 이곳을 걸으면 제주를 더 깊이 이해할 수 있다.

행 복 한　조 랑 말 의　놀 이 터

마방목지

info **주소** 제주시 용강동
입장료 없음, 겨울 썰매 대여비 있음
주차장 있음

car **제주시 용강동 산 14-18, 축산진흥원목마장 주차장** 검색

bus **제주버스터미널 정류장**

① 212, 222, 232, 281번 승차 → ② 견월교 하차 → ③ 10분 도보 → 도착

서귀포버스터미널 정류장

① 281번 승차 → ② 견월교 하차 → ③ 10분 도보 → 도착

516로를 달리면 멀리 한라산과 오름이 그림처럼 펼쳐친 넓은 들판을 볼 수 있는데 그곳이 제주마방목지이다. 들판에 보이는 짧고 몽땅한 말은 모두 순수한 제주 혈통이다. 대부분 조랑말로 불리지만 '제주마', '탐라마', '토마'라고도 불린다. 평균 체고는 암컷 119cm, 수컷 122cm로 작고 아담하며 몸집이 큰 서양 말에 비해 온순하고 사람을 잘 따른다. 밤색 털을 가진 말이 가장 많고 그 외에 적갈색, 회색, 흑색 말이 있다. 발굽이 치밀하고 견고해서 거친 제주 지형을 잘 견딜 수 있고 추위와 질병에도 강하다. 1950~60년대 농경시대에는 사육되던 말이 2만여 마리에 달했지만 1986년에는 1,347마리만이 남아 멸종 위기에 처하면서 천연기념물로 지정되었다.

마방목지는 날씨에 따라 완연히 다른 풍경을 보여 준다. 제주시에 약한 비가 내린다면 중산간인 마방목지에는 안개비가 내릴 확률이 높은데 가벼운 안개비는 바람이 부는 방향대로 흩날리며 몽환적인 분위기를 만들어 낸다. 눈이 오면 티끌 하나 없이 새하얗게 눈이 뒤덮인 들판을 볼 수 있다.

평소에는 주차장 주위에 있는 방목지에서도 말을 볼 수 있다. 풀을 꺾어 유인하면 말이 다가오기도 한다. 머리를 쓰다듬을 수는 있지만 먹지 못할 음식을 주거나 과한 장난은 하지 말자.
추운 겨울철에는 말을 사육장 안에 두기 때문에 볼 기회가 없다. 대신 눈이 쌓이면 마방목지는 썰매장으로 변모한다. 어른과 아이 모두 즐겁게 놀 수 있다. 썰매는 하루 대여료만 내면 종일 이용할 수 있다.

Advice

마방목지 썰매장 인근에는 식당, 슈퍼마켓이 없으니 간식을 준비해 가는 것이 좋다.

WEST JEJU

바다를 향하는 수려한 건축

방주교회

info
주소 서귀포시 안덕면 산록남로 762번길 113
전화번호 064-794-0611
입구 관람시간 10:00~16:00(매주 월요일, 공휴일 휴무)
주차장 있음

car
방주교회 검색

bus
제주버스터미널 정류장

1 182번 승차 → 2 동광환승정류장 하차 → 3 동광육거리 도보 2분 → 4 752-2번 환승 → 5 상천리 하차 → 6 10분 도보 → 도착

서귀포버스터미널 정류장

1 202, 282번 승차 → 2 창천초등학교 하차 → 3 창천초등학교 도보 3분 → 4 752-1번 환승 → 5 상천리 하차 → 6 10분 도보 → 도착

※ 와 은 서로 다른 정류장입니다. 정류장 이동 방법은 16쪽을 참고하시기 바랍니다.

이타미 준을 빼놓고는 제주도에서 유명한 건축가를 이야기할 수 없다. 1937년 일본에서 태어난 재일 동포 이타미 준은 자연미를 잘 살리는 세계적인 건축가로 유명하다. 그는 산문집 「ITAMI JUN Architecture and Urbanism」에서 '사람의 생명, 강인한 기원을 투영하지 않는 한 사람들에게 진정한 감동을 주는 건축물은 태어날 수 없다. 사람의 온기, 생명을 작품 밑바탕에 두는 일, 그 지역의 전통과 문맥, 에센스를 어떻게 감지하고 앞으로 만들어질 건축물에 어떻게 담아낼 것인가? 그리고 중요한 것은 그 땅의 지형과 '바람의 노래'가 들려주는 언어를 듣는 일이다.'라고 저술했다. 방주교회를 비롯해 비오토피아타운에 있는 포도호텔과 물·바람·돌·두손미술관 등은 그의 생각이 담긴 건축물이자 작품이다.

방주교회는 이름에서 알 수 있듯이 노아의 방주를 모티브로 만들었지만 교회의 상징인 십자가가 없다. 대신 얕은 연못이 교회를 둘러싸고 건물 앞쪽은 배 모양이라서 금방이라도 출항할 것 같다. 방주교회의 지붕은 철로 만들었기 때문에 햇볕을 받으면 반짝거리는데 이 모습이 꼭 물결이 반짝이는 것과 흡사하다. 중산간에서 바다를 발견한 기분이다.

예배당에는 소박한 강단과 의자가 있다. 그간 높은 강단에 익숙했기에 신도의 눈높이에 맞춘 낮은 강단에 눈길이 간다. 외관의 모습이 여운으로 남았는지 안쪽에 있는 나무 기둥이 돛대처럼 보여 방주 안에 들어온 기분이다. 자리에 앉으면 강단 뒤의 십자가가 눈에 들어온다. 이곳이 교회임을 알려 주는 단 하나의 표식이다. 십자가 위쪽 창문에서 쏟아지는 빛이 신성하게만 느껴진다.

Advice ⓙ

커피를 좋아한다면 오랫동안 수집한 커피 머신, 그라인더, 드리퍼 세트 등이 전시된 올리브 카페에 가 보기 바란다.

Advice ⓢ

가을이면 방주교회 안쪽 정원에서 예쁘게 피어난 핑크뮬리를 볼 수 있다. 많은 양이 식재되어 있진 않지만 방주교회와 핑크뮬리를 배경으로 사진을 찍기에는 충분하니 정원까지 둘러 보자.

화 려 하 게 빛 나 는 시 간

봄의 꽃길 녹산로·신흥리

 **녹산로**

주소 서귀포시 표선면 녹산로
소요시간 1시간(9km)
주차장 축제기간에 주차장 마련. 조랑말체험공원 주차장 이용 가능

 **신흥리**

주소 서귀포시 남원읍 신흥리 2105
소요시간 30분
주차장 길 입구 주차 공간 있음

car **조랑말체험공원**(서귀포시 표선면 녹산로 381-15) 검색

car **서귀포시 남원읍 신흥리 2085-1** 검색

 **버스로 이동하는 방법** 없음

 **버스로 이동하는 방법** 없음

봄의 꽃길은 매력이 넘친다. 제주 곳곳에 만개한 꽃은 그윽한 향기를 풍기며 마음을 흔들어 놓는다. '제주'하면 떠오르는 유채꽃은 겨울이 채 가시지 않은 2월에 서귀포에서 볼 수 있다. '봄에 내리는 눈'이라고 불리는 벚꽃도 빼놓을 수 없다. 축제가 열리는 전농로 벚꽃길, 소소한 시골에서 만나는 장전리 벚꽃길, 제주대학교 등지에서 꽃구경하는 차들로 제주 전역이 들썩인다. 녹산로에서는 벚꽃과 유채꽃을 함께 볼 수 있다. 신흥리 유채꽃밭은 도로에서 떨어져 있어 일부러 찾지 않는다면 보기 힘들다.

꽃을 표현할 때 아름답다는 수식어를 자주 사용하지만 봄의 녹산로는 아름답다는 말로는 부족하다. 눈이 부시어 어릿어릿할 정도로 찬란하거나 화려하다는 뜻의 '황홀하다'라는 표현이 어울린다. 분홍색 벚꽃과 샛노란 유채꽃이 핀 길이 끊임없이 이어지며 그 길이가 6km에 달해 드라이브 코스로도 환상적이다. 이 장면을 보려면 유채꽃과 벚꽃이 함께 피는 시기에 찾아야 하는데 벚꽃은 비바람이 불고 나면 금방 지기 때문에 보기 힘들다. 벚꽃이 진 후에는 꽃의 화려함에 가려져 있던 동부 오름군과 유채꽃이 색다른 풍경을 만들어 내니 서운해할 필요는 없다.

장전리 일대에는 유난히 벚꽃이 많다. 제주 토종인 왕벚나무는 한가로움에 묻혀 있던 시골 마을을 화사하게 밝혀 준다. 마을길을 따라 달리는 읍면순환버스를 타면 봄의 꽃길을 만끽할 수 있다. 제주시외버스터미널에서 장전리까지 한 번에 갈 수 있다.

2차선 도로인 전농로에는 벚꽃으로 터널이 만들어진다. 오래된 벚나무가 있는 길에서는 꽃이 만발하는 시기에 서사라문화거리축제를 진행한다. 축제 기간에는 차량을 통제하므로 편하게 걸을 수 있다. 환한 달이 뜬 밤에 달빛을 받은 벚꽃길을 걸으면 마치 신선놀음하는 기분이다. 500m 남짓한 짧은 길이지만 공항 방면으로 가면 500m 정도 더 벚꽃을 볼 수 있다. 축제 기간이 아니라면 드라이브 코스로 이용해도 좋다.

'도시의 벚꽃길'이라고 불리는 제주대학교에는 잘빠진 모델 같은 도로와 커다란 왕벚나무가 있다. 주차할 장소도 비교적 넓고 공항도 가깝다. 벚꽃이 한창일 때는 화려하고 벚꽃이 질 때는 '봄에 내리는 눈'이라는 표현이 가장 잘 어울리는 곳이다.

가시리 사거리에서 신흥리로 내려오는 길에 유채꽃밭이 있다. 유채꽃에서 꿀을 채취하기 위해 대규모로 가꿔진 밭은 한라산을 향해 물결을 이룬다. 꽃길 끝 지점에서는 양봉하는 모습도 볼 수 있는데 벌이 있을 수 있으니 조심해야 한다. 농사를 짓는 사유지이므로 길이 아닌 곳으로는 다니지 않도록 한다.

Advice ⓙ

싱그러운 봄을 알리는 유채꽃 축제는 가시리 일대에서 개최된다. 가시리에는 돼지고기를 재료로 하는 생고기, 두루치기로 유명한 식당이 많으니 빼먹지 말고 둘러보자.

Advice ⓢ

중문관광단지에 들른다면 근처의 중문초등학교 앞을 걸어 보자. 왕복 2차선 도로 양쪽으로 흐드러지게 핀 벚꽃을 즐길 수 있다.

장전리(벚꽃)

주소 제주시 애월읍 장전리 1178-4

소요시간 30분

자가용으로 이동 제주시 애월읍 장전리 1178-4 검색

버스로 이동

- 제주버스터미널 정류장에서 291번 버스 승차▶장전알동네 하차
- 서귀포버스터미널 정류장에서 282번 버스 승차▶유수암단지 정류장 하차 후 유수암단지 정류장으로 이동(도보 5분)▶792-1번 버스 환승▶장전알동네 하차

전농로(벚꽃)

주소 제주시 전농로

소요시간 1시간

자가용으로 이동 전농로 검색

버스로 이동

- 제주시외버스터미널 앞 제주버스터미널 정류장에서 440, 444, 462번 버스 승차▶제주중앙여자중학교 하차
- 서귀포버스터미널 정류장에서 182번 버스 승차▶제주버스터미널 하차▶도보 15분

제주대학교 아라캠퍼스(벚꽃)

주소 제주시 제주대학로

소요시간 1시간(1km)

주차장 있음(혼잡하니 대중교통 추천)

자가용으로 이동 제주대학교 검색

버스로 이동

- 제주시외버스터미널 앞 제주버스터미널 정류장에서 355, 360번 버스 승차▶제주대학교 정류장 하차
- 서귀포버스터미널 정류장에서 182번 버스 승차▶제주대학교입구 정류장 하차

EAST JEJU

자박자박 송이길 따라 걷는 천년의 숲

비자림

info

주소 제주시 구좌읍 비자숲길 62
전화번호 064-710-7912
입장료 어른 1,500원, 청소년·어린이 800원
입장시간 09:00~17:00
이용시간 09:00~18:00
소요시간 짧은 코스:40분, 긴 코스:1시간 20분
주차장 있음

car

비자림 주차장 검색

bus

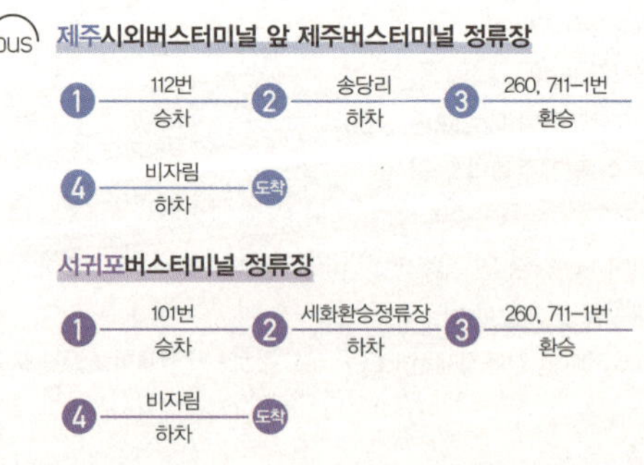

비자나무는 100년을 살아도 지름이 20cm를 채 넘기기 힘들 만큼 느리게 자라기로 유명하다. 때문에 손에 잡힐 만큼 가는 비자나무에서도 한 세기를 지내온 강단이 느껴진다. 비자림에는 양팔로도 다 감싸지 못할 만큼 큰 나무들이 즐비하다. 2,800그루 이상 되는 나무의 평균 수령이 400년이 넘기 때문이다. 깊이 뿌리내리기 힘든 제주 땅에서 강한 생명력을 자랑하며 힘 있게 뻗은 비자나무, 그 산책로를 걷는 것만으로도 생활에 지친 이들에게 충분히 위로가 된다.

산책로에 들어서면 비자나무에서 뿜어져 나오는 달큼하면서 상쾌한 피톤치드 향을 맡을 수 있다. 이 때문인지 제주에 가장 처음 삼림욕장이 들어선 곳이 바로 비자림이다. 비자나무는 사시사철 푸르기 때문에 계절에 관계없이 삼림욕을 즐길 수 있다. 비가 내리는 날에는 숲의 향기도 짙어지고 안개에 휩싸인 신비로운 비자림을 구경할 수 있다. 게다가 산책로도 질척이지 않으니 비오는 날의 제주 여행지로 빠질 수 없다. 비자나무 뿌리는 빗물을 정수해서 바깥으로 조금씩 흘려보낸다. 덕분에 예부터 물이 귀한 중산간에서도 맑은 물을 마실 수 있었다. 산책로가 끝나는 지점의 쉼터에서 비자 약수를 맛볼 수 있다.

산책로는 두 개의 코스가 있다. A코스는 2.2km로 40분 정도 소요된다. 돌멩이길과 오솔길을 걸을 수 있는 B코스는 3.2km이며 1시간 20분 정도 소요된다. A코스는 화산송이가 깔린 길 옆으로 유모차와 휠체어도 다닐 수 있도록 매끈한 길이 있으며 B코스는 길이 좁고 바닥이 울퉁불퉁하지만 숲의 본래 모습을 비교적 잘 간직하고 있다. 산책을 좋아한다면 A코스와 B코스 모두 걸어 보길 바란다.

비자림에서 관리하는 비자나무에는 각각 고유 번호가 있다. 그중에서도 1번나무는 830년은 족히 살아온 가장 오래된 나무다. 천년을 가까이 살아온 나무답게 신령스러운 기운이 절로 넘친다. 개인적으로 좋아하는 나무의 번호를 외워 두었다가 비자림을 방문할 때마다 찾아가 등을 맞대고 기운과 정을 나누기도 한다. 비자림이 마음에 드는 여행자라면 나의 비자나무 한 그루를 친구 삼는 건 어떨까.

각주 〉

1번나무란 2000년도를 기념하여 붙여 준 '새 천년 비자나무'라는 이름으로도 불린다.

Advice ⓢ

비자림에서 예쁜 사진을 남기고 싶다면 조금 길더라도 B코스인 돌멩이길을 꼭 들르자.

Advice ⓙ

숲 내에는 화장실이 없으므로 미리 다녀오자.

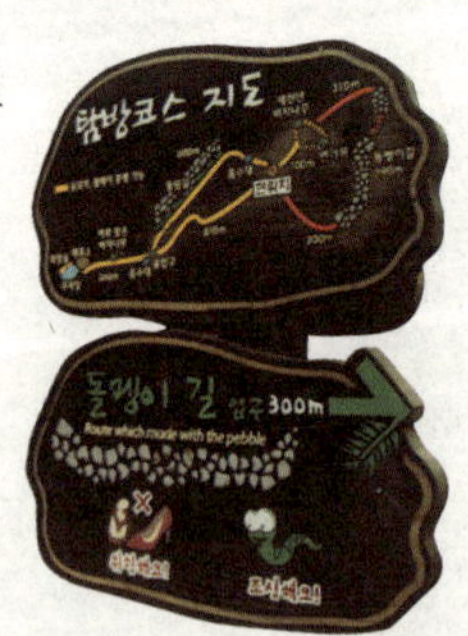

바 람 이 머 물 다 가 는 곳

섭지코지

info

주소 서귀포시 성산읍 섭지코지로
전화번호 064-782-2810
소요시간 1시간
주차장 있음(1일 요금:승용차 1,000원, 승합차 2,000원, 버스 2,000원)

car

A주차장 **섭지코지 주차장** 검색
B주차장 **서귀포시 성산읍 고성리 42** 검색

bus

제주시외버스터미널 앞 제주버스터미널 정류장

① 111번 승차 → ② 수산초등학교 하차 → ③ 721-1번 환승 → ④ 섭지코지 하차 → ⑤ 30분 도보 → 도착

서귀포버스터미널 정류장

① 101번 승차 → ② 성산환승정류장 하차 → ③ 고성리 성산농협 도보 5분 → ④ 721-1, 3번 환승 → ⑤ 섭지코지 하차 → ⑥ 30분 도보 → 도착

방언 〉
섭지는 '작은 땅', 코지는 '곶'이라는 제주 방언으로 '작은 크기의 곶'이라는 뜻이다.

섭지코지는 그림 같은 장면을 연출할 수 있어서 영화와 드라마에 자주 등장하는 관광지이다. 이곳은 신양해수욕장에서 삐죽이 고개를 내민 형태의 곶이다. 붉은 화산재인 송이로 만들어졌기 때문에 붉은오름으로도 불리며 해안에서도 송이를 볼 수 있다. 썰물과 밀물의 차이가 커서 썰물 때만 해안을 볼 수 있는 특별한 곳이다.

유명한 만큼 많은 사람이 찾지만 다녀온 사람들의 반응은 호불호가 엇갈린다. 왜냐하면 주차장부터 많은 여행자와 차 때문에 풍경을 감상할 수 없기 때문이다. 하지만 기존의 섭지코지 입구 대신 다른 입구를 통해 이곳을 방문한다면 색다른 장소도 찾고 한적하게 이곳을 즐길 수 있다. 일반적인 출입구 반대편에 있는 해안산책로 주차장을 이용하면 되는데 섭지코지 들머리에 있는 신양해변백사장에서 섭지해녀의 집 방향으로 진입하면 된다. 해안산책로는 아는 사람만 찾는 길로 글라스하우스 뒤쪽 해안을 지나 방두포등대까지 이어진다.

파도가 높게 치는 바다를 옆에 두고 걸으니 무섭기도 하고 짜릿한 기분도 든다.

이곳은 계절에 따라 다양한 풍경을 볼 수 있다. 봄이면 유채꽃이 만발해 노란 동산으로 변하고 여름이면 초록빛 풀밭이 싱그럽게 펼쳐진다. 가을에는 금빛 억새가 바람에 휘날리며 장관을 이룬다. 겨울에는 시원하게 파도치는 모습을 볼 수 있지만 바람을 막아주는 건물이 없으니 각오를 단단히 해야 한다. 저녁에 가면 짙고 깊은 바다 빛을 볼 수 있다. 해안산책로에서는 오롯이 성산일출봉만 볼 수도 있다.

Advice ⓙ

섭지코지에 있는 유민미술관은 건축가 안도다다오가 지은 건물이다. 제주의 삼다인 바람, 여자, 돌을 상징하는 돌의정원, 바람의정원, 물의정원이 있다.

Advice ⓢ

성산일출봉과 광치기해변 근처에 있는 섭지코지는 일출 명소이다. 일출 사진을 찍고 싶은 여행자라면 촛대바위 사이로 태양이 올라오는 순간을 노리자.

제 주 속 이 국 의 풍 경 하 나

성이시돌목장

info **성이시돌목장 테쉬폰 주소** 제주시 한림읍 금악리 135
성이시돌센터 전시관 주소 제주시 한림읍 금악북로 353
성이시돌센터 전시관 주차장 있음
우유부단 제주시 한림읍 금악동길 38
우유부단 이용시간 5~9월 10:00~18:00, 10~4월 10:00~17:00

car **우유부단:테쉬폰, 우유부단 주차장** 검색
성이시돌:성이시돌센터 전시관 주차장 검색

bus **제주버스터미널 정류장**

① 151번 승차 → ② 동광환승정류장 하차 → ③ 동광환승정류장 도보 2분
④ 783-2번 환승 → ⑤ 이시돌하단지 하차 → ⑥ 15분 도보 → 도착

서귀포시외버스터미널 맞은편 제주월드컵경기장 서귀포버스터미널 정류장

① 181, 282번 승차 → ② 동광환승정류장 하차 → ③ 동광환승정류장 도보 2분
④ 783-2번 환승 → ⑤ 이시돌하단지 하차 → ⑥ 15분 도보 → 도착

※ (빨간 버스 아이콘)와 (초록 버스 아이콘)은 서로 다른 정류장입니다. 정류장 이동 방법은 16쪽을 참고하시기 바랍니다.

성이시돌목장을 대표하는 풍경은 초지 사이에 지어진 오래된 테쉬폰 주택 한 동이다. 이라크 테쉬폰 지역의 건축 양식을 본떠 만든 이 주택은 목장 숙소, 돈사, 사료 공장으로 사용되었다가 현재는 여행자들을 맞이하는 명소가 되었다. 멋스럽게 낡은 노란색 건물과 죽은 나무가 이국적 분위기를 자아내기 때문에 예쁜 사진을 남길 수 있다.

성이시돌 목장은 경주마, 한우, 젖소를 사육한다. 그래서 넓은 목장에는 방목된 젖소와 얼룩무늬 송아지의 포육장을 볼 수 있다. 귀한 대접을 받는 송아지는 전용 하우스를 각각 하나씩 차지하고 있다.

성이시돌목장은 연이은 역사적 사건으로 폐허가 된 제주도민을 위해 아일랜드 출신의 맥그린치 신부가 설립했다. 벽안의 신부의 헌신으로 현재는 목장 부지 내에 복지의원, 요양원 등의 시설을 갖추었고 삼위일체대성당과 새미은총의동산을 통해 복음도 전파하고 있다.

성이시돌목장을 여행할 때 빼놓을 수 없는 곳은 새미은총의동산으로 종교에 연연하지 않고 차분하게 걸으며 명상에 잠길 수 있는 길이다. 입구부터 십자가의길까지 이르는 산책로에는 예수의 탄생과 고난, 죽음 그리고 부활의 과정을 드라마틱하고 세밀하게 표현한 조각상이 있다. 이것은 나무나 바위 등 주위 배경의 힘을 받아 더욱 극적으로 보인다. 덕분에 산책로를 걷는 내내 예수의 일대기를 그린 영화를 보는 것 같다.

단아하게 서 있는 소나무를 지나면 울창한 삼나무 숲에 둘러싸인 틈으로 새미소가 보인다. 새미은총의동산은 본래 새미오름으로 불렸다. 오름의 정상부에 있던 산정호수인 새미소를 중심으로 주변을 성서공원으로 만든 곳이다. 파란 하늘을 배경으로 부드럽게 오르내리는 오름의 능선이 날렵하게 뻗은 삼나무와 대비되어 연못을 더욱 극적으로 연출한다.

〈각주
새미는 샘의 제주 말, 소는 깊은 못의 옛말이다.

새미은총의동산 입구이자 출구의 맞은편에는 성이시돌센터가 있다. 성이시돌 목장의 역사와 이력을 한눈에 볼 수 있는 전시관과 수녀님이 직접 만든 생활용품과 종교용품을 판매하는 아트숍이 있다.

Advice ⓢ

새미은총의동산 입구에는 '방문객은 성이시돌 센터에서 꼭 안내자의 안내를 받으시길 바랍니다.'라는 안내문이 있다. 성이시돌센터에 방문하면 성이시돌 목장의 역사와 현재에 대한 이야기를 수녀님께서 꼼꼼히 전해주신다. 시간 여유가 없다면 생략할 수 있다. 새미은총의동산을 먼저 탐방한 후 성이시돌센터를 방문해도 무방하다.

한 동만 남아있는 줄 알았던 테쉬폰은 근처에서 또 한 동이 발견되었다. 위치한 곳은 서귀포에서 제주시로 향하는 평화로의 제1동광교 바로 옆이다. 평화로를 달리다가도 볼 수 있다.

Advice ⓙ

테쉬폰 인근에 이시돌목장에서 생산된 우유로 음료를 만드는 카페 우유부단이 있다. 시그니처 메뉴인 밀크티와 아이스크림 등을 판매한다.

EAST JEJU

반짝이는 바다 그리고 사람들

세화해변

info **주소** 제주시 구좌읍 해녀박물관길 27
소요시간 1시간
주차장 갓길 주차

car **세화해변**(제주시 구좌읍 세화리 1381-5 옆에 주차장 있음) 검색

bus **제주시외버스터미널 앞 제주버스터미널 정류장**

① 101번 승차 – ② 세화환승정류장 하차 – ③ 10분 도보 – 도착

서귀포버스터미널 정류장

① 101, 201번 승차 – ② 세화환승정류장 하차 – ③ 10분 도보 – 도착

세화의 바다는 물때에 맞춰 모습을 바꾼다. 진한 파란색의 평범했던 바다는 썰물 때 하얀 모래사장 위로 여린 바다 빛을 드러내며 표정을 바꾼다. 옥빛, 에메랄드빛의 단어로는 표현할 수 없는 세화해변은 제주 바다를 상상하며 품었던 낭만을 충족시켜 준다. 더구나 유명세를 치르는 여느 해변과는 다르게 소란스러움에서 한 발 비켜나 있어 성수기에도 호젓하게 시간을 보낼 수 있다.

해변의 오른쪽에는 네모난 돌담이 있다. 그 안에는 '도구리물'이라고 부르는 산물이 있다. 이것은 민물이기 때문에 해수욕을 마치고 간단하게 소금기를 씻어 낼 수 있다. 마을 아이들은 물놀이를 나오면서 수박 한 덩이를 담가 천연 냉장고로 사용하기도 한다. 모래사장 위에 앉을 자리가 마뜩찮다면 돌담 위에 걸터앉아 망중한을 즐기는 것도 좋다.

인근에는 명물 장터가 두 개나 있다. 먼저 이름처럼 반짝하고 열렸다 사라지는 플리마켓 벨롱장이다. 매주 토요일(세화오일장이 열리는 토요일은 제외) 세화해변 앞 해안도로에서 오전 11시부터 오후 1시까지 장이 선다. 직접 키운 작물이나 음식, 음료, 액세서리, 문구류는 물론 쓰던 물건을 가지고 나와 흥정을 하는 사람도 있다. 재주 많은 사람들이 흥이라도 나면 버스킹도 하는 밝고 명랑한 장터이다.

방언 〉
벨롱은 반짝이라는 제주 방언이며 '아이고, 야이 눈이 무사 영 벨롱벨롱 햄시니!'(어머, 얘는 어쩜 눈이 이렇게 반짝반짝 하니!) 처럼 쓰인다.

벨롱장은 보통 세화포구에서 열리지만 시간과 장소가 가변적이어서 블로그에서 미리 확인하고 가는 것이 좋다.(블로그 주소: bellongjang.blog.me)

또 다른 장터는 세화해변에서 5분 거리에 위치한 세화오일장이다. 0과 5로 끝나는 날마다 장이 선다. 규모는 작지만 바다를 마주하고 있어 삶의 정취와 낭만을 함께 즐길 수 있다. 여느 제주의 장터처럼 낯선 농기구부터 싱싱한 해산물과 야채 및 과일은 물론이고 밭일을 할 때 사용하는 어멍들의 필수 아이템까지 있을 것은 다 있다. 게다가 바다가 보이는 식당에서 국수에 막걸리까지 한잔 곁들이면 오감을 만족시킬 만한 여행이 될 것이다.

Advice Ⓢ

버스 여행자라면 세화해변 앞 해안도로를 걸어 보자. 세화를 기준으로 서쪽으로는 평대리와 한동리, 동쪽으로는 하도리가 붙어 있는데 어디를 선택해도 아름다운 바다 마을을 볼 수 있다.

Advice Ⓙ

세화오일장은 오후 1~2시에 거의 모든 가게가 문을 닫는다.

게으른 시간을 보낼 수 있는

소정방폭포

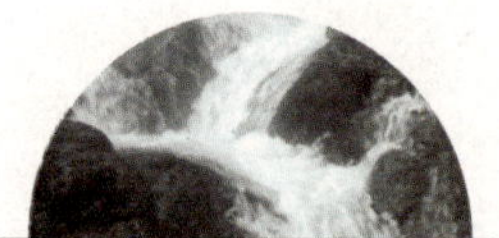

info **주소** 서귀포시 서귀동
소요시간 30분
주차장 있음

car **소정방폭포 주차장, 정방폭포 주차장** 검색

bus **제주시외버스터미널 앞 제주버스터미널 정류장**

1. 181번 승차
2. 중앙로터리 하차
3. 서귀포농협 도보 3분
4. 521번 환승
5. 파라다이스호텔입구 하차
6. 5분 도보

도착

서귀포버스터미널 정류장

1. 201번 승차
2. 주공 3, 4단지 하차
3. 15분 도보

도착

'정방폭포 옆 작은 폭포'라해서 붙여진 이름, 소정방폭포. 정방폭포와 약 300m 정도 떨어져 있는 이곳은 정방폭포의 아류 같은 느낌과 지근거리의 명소 때문에 이정표가 있어도 대부분 지나치는 여행지이다. 그래서 일부러 소정방폭포를 찾는 여행자들만 까만 바위 위로 떨어지는 폭포와 주상절리대를 볼 수 있다. 또한 폭포수가 흘러 들어가는 바다에서는 크고 하얀 포말을 동반한 야성적인 파도를 감상할 수 있다.

소정방폭포로 가는 길에는 난대림이 이어진다. 이곳도 사람이 없어 혼자 독차지할 수 있다. 옛 올레사무국 앞 전망대에서는 탁 트인 서귀포 앞 바다를 조망할 수 있으며 해가 질 무렵, 어등을 환하게 켠 배가 바다를 밝히는 풍경은 덤으로 볼 수 있다.

방언 〉
할망, 아주망은 할머니, 아주머니를 뜻한다.

해마다 음력 7월 15일이면 조용했던 이곳이 시끌벅적해진다. 약 7m가량의 높이에서 떨어지는 폭포수를 맞으면 신경통이 완화된다고 알려져 있어 할망, 아주망 등 많은 사람이 모이기 때문이다. 신경통 때문이 아니더라도 여름이면 폭포 아래로 들어가는 여행자를 종종 볼 수 있다. 하지만 물이 차갑기 때문에 여행자들은 금세 밖으로 나온다.

소정방폭포로 가는 방법은 두 가지가 있다. 첫 번째는 파라다이스호텔 옆의 좁은 길로 들어가는 방법이다. 내비게이션을 이용할 경우 대부분 이 길을 안

내한다. 주차장에서 소정방폭포까지는 도보로 약 5분가량 소요되는데 이곳만 둘러보고 이동할 여행자에게 추천한다. 두 번째는 정방폭포 주차장 끝에서 이어지는 길을 이용하는 방법이다. 도보로는 약 10분가량 소요되는데 일부러 찾아도 좋을 만한 해안산책로까지 덤으로 걸을 수 있다. 게다가 정방폭포까지 연계하여 여행할 수 있다. 혹시나 길을 찾기 어렵다면 올레길 이정표인 리본을 따라 걸으면 된다.

Advice ⓢ

폭포 앞 계단에 앉아 시원한 바람을 쐬고 바다를 즐기며 게으르게 여행할 수 있는 최적의 장소 중 하나이다.

WEST JEJU

내일을 응원하는 일몰 쇼

수월봉과 차귀도포구

info **수월봉**

주소 제주시 한경면 고산리
소요시간 20분
주차장 있음

car **수월봉 주차장** 검색

bus **제주버스터미널 정류장**

① 102번 승차 ② 고산환승정류장 하차 ③ 고산1리 도보 1분
④ 761-1번 환승 ⑤ 한장동 하차 ⑥ 15분 도보 도착

서귀포버스터미널 정류장

① 102번 승차 ② 고산환승정류장 하차 ③ 고산1리 도보 1분
④ 761-1번 환승 ⑤ 한장동 하차 ⑥ 15분 도보 도착

info **차귀도포구**

주소 제주시 한경면 고산리
소요시간 30분
주차장 있음

car **제주시 한경면 고산리 3615-11, 고산포구** 검색

bus **제주버스터미널 정류장**

① 102번 승차 ② 고산환승정류장 하차 ③ 고산1리 도보 1분
④ 771-1, 2번 환승 ⑤ 차귀포구 하차 도착

서귀포버스터미널 정류장

① 102번 승차 ② 고산환승정류장 하차 ③ 고산1리 도보 1분
④ 771-1, 2번 환승 ⑤ 차귀포구 하차 도착

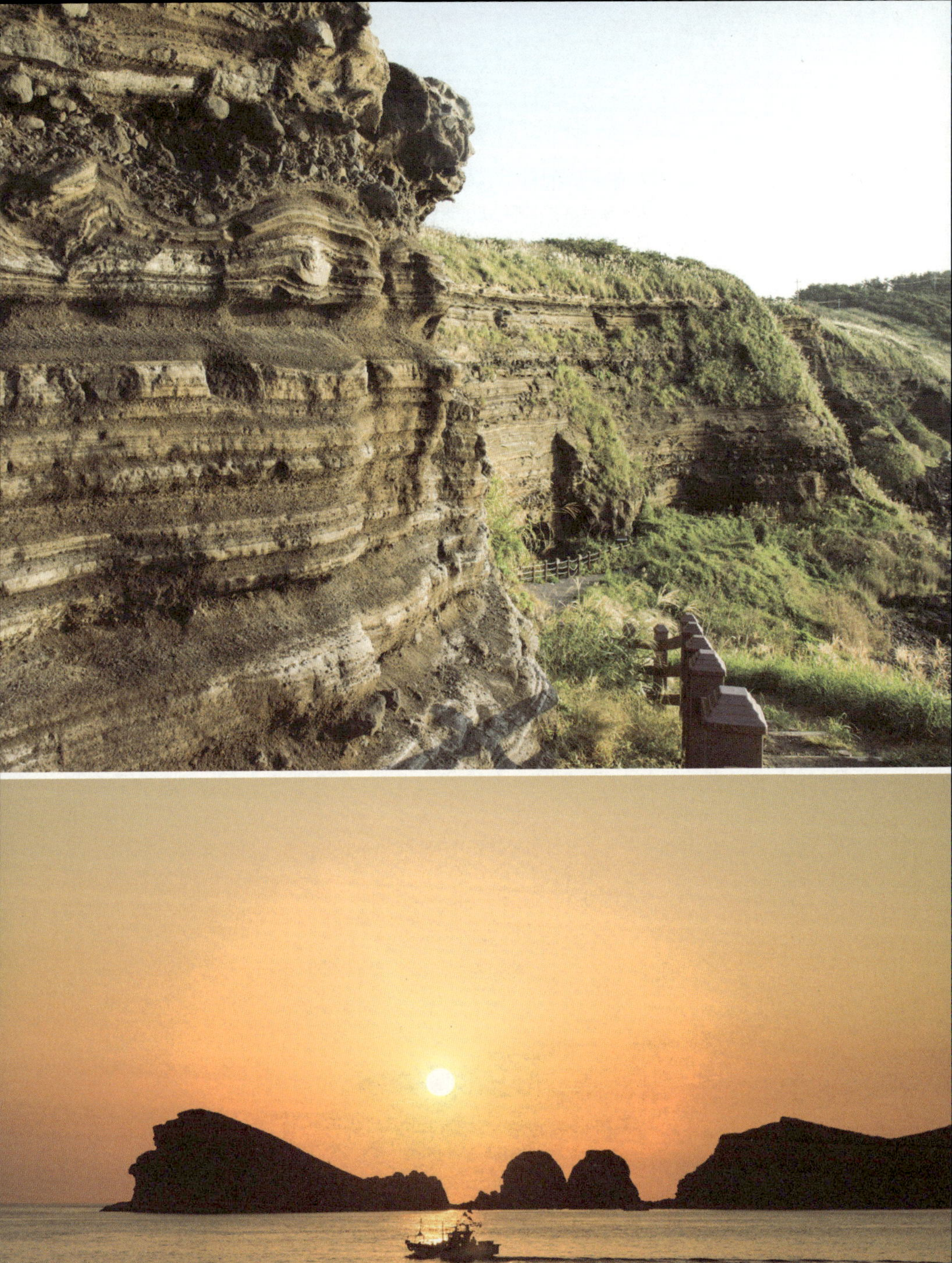

수평선으로 해가 떨어질 때 쯤 노을로 물든 하늘은 보는 이로 하여금 사색에 잠기게 한다. 특히 여행지에서 맞이하는 일몰은 더 특별하게 기억된다. 수월봉과 차귀도포구는 제주 서남쪽에 위치해 있어 아름다운 일몰 장소로 유명하다. 특히 차귀도포구는 전문 사진가들이 항상 있을 만큼 공인된 일몰 명소라고 할 수 있다. 붉은 해가 차귀도 사이로 떨어질 때 섬의 윤곽만 드러나는 풍경은 가히 압권이다.

항구에서는 한치와 준치를 해풍에 말리는 소소한 풍경도 만날 수 있다. 다닥다닥 붙어 있는 노점상에서는 꼬들꼬들 잘 말린 한치나 준치를 구워서 한 마리씩 판매한다. 굽지 않은 것은 크기에 따라 가격이 조금씩 다르다. 포구에는 해녀와 어부의 안전과 풍요를 기원하는 갯당(신당)이 있으며 일제시대에 세워진 도대불(돌등대)이 원형 그대로 보존되고 있다. 도대불은 고산–목포 간 화물선의 유도등으로 사용되었다.

수월봉의 높이는 77m에 불과하지만 길이 가파르다. 하지만 정상에 오르면 고산 지역 일대의 평야와 눈이 부시도록 푸른 바다, 차귀도, 송악산, 단산을 한눈에 볼 수 있다. 자세히 보고 싶다면 망원경을 이용하면 된다. 정상에는 기우제를 지내던 수월정이 있고 인근에는 서쪽 날씨를 알려 주는 고산기상대가 있다.

수월봉과 차귀도포구 사이의 엉앙길은 지질이 특이하여 학술적 가치가 높은 곳으로 평가되고 있지만 걷는 이에게는 그저 매력적인 풍경일 뿐이다. 이 길

은 올레12코스와 수월봉엉앙길도 지난다. 알맹이만 쏙 빼먹듯 걷고 싶다면 수월봉에서 차귀도포구까지 걸으면 된다. 편도는 2km이고 30분이면 걸을 수 있지만 풍경에 마음을 빼긴다면 턱없이 부족한 시간이다. 수월봉에 올라 고산 일대의 평야와 바다를 감상한 후 내려오면 엉앙길과 만나는 지점에 수월봉 아래를 탐방할 수 있다. 나이테처럼 차곡차곡 쌓인 지층과 커다랗게 뚫린 갱도진지를 볼 수 있다. 제주에서 자주 볼 수 있는 진지는 지난 세월의 아픔을 이야기한다. 엉앙길은 깎아지른 듯한 절벽 아래의 해안길이다. 예전에는 차가 지나다니는 길이었지만 지금은 도보로만 이용되고 있다.

‹ 각주
일제강점기에 일본군이 만든 군사 시설이다.

Advice ⓙ

멋있는 일몰을 볼 수 있는 곳으로는 도두봉, 이호테우해변, 용수포구, 사라봉, 한림항, 신창해안도로 등이 있다. 엉앙길에서 볼 수 있는 지질지대는 세계적으로 특이한 형태를 갖추고 있다. 사전 조사를 하고 간다면 더 유익한 여행이 될 것이다.

Advice ⓢ

수월봉은 정상부까지 차량으로 오를 수 있다.

목장을 여행하는 완벽한 방법

신례리공동목장

info **주소** 서귀포시 남원읍 신례리
주차장 이승악탐방휴게소 주차장 이용

car **이승악탐방휴게소 주차장**(서귀포시 서성로 308) 검색

bus **버스로 이동하는 방법** 없음

넓은 초지가 펼쳐진 중산간에는 제주만의 공동목축문화가 있고 그 역사는 제법 길다. 고려 말에는 몽골인들이 군마를 사육하였고, 조선시대에는 국영 목장으로 이용되었다. 그리고 일제강점기에 국영 목장을 해체해 마을의 공동 목장 지대로 만들었으며 지금까지 이어져 오고 있다.

4월에 목장을 방문한다면 입구에 흐드러지게 피어 있는 보랏빛 갯무꽃과 야생초 때문에 외국에 있는 착각이 들지도 모른다. 또한 이곳에는 제법 잘 가꿔진 산책로가 있다. 제주말로 '쑥대낭'이라고 부르는 삼나무길과 벚꽃길이 번갈아 이어져 있고 그 옆으로는 발을 내딛을 때마다 부스럭거리며 밟히는 붉은 화산송이도 깔려 있다. 탁 트인 초지의 이국적인 산책로를 즐기다 보면 말처럼 탄탄한 근육을 뽐내는 한우를 쉽게 볼 수 있다. 간혹 길 잃은 소가 산책로를 차지하고 앉아 있다. 사람이 위협을 느낄 수는 있지만 공격하지는 않는다고 하니 무서워 말고 가던 길을 가자.
산책로 끝은 야성적인 선이 돋보이는 이승이오름 입구와 연결되어 있어 여유가 있거나 편안한 복장을 갖췄다면 등반해 보자. 날이 따뜻할 때에는 진드기가 있을 수 있으니 긴 하의와 목이 높은 양말을 착용하자. 예쁜 스커트와 반바지를 입었다면 산책로를 벗어나지 않는 편이 좋다. 이승악오름은 신례리생태탐방로2코스와도 이어지니 연계해 걸을 수 있다.

Advice Ⓢ

목장을 관리하는 차량이 드나드는 임도가 있기 때문에 차를 몰고 출입할 수 있다. 하지만 길이 좁아서 반대쪽에서 차량이 나올 때에는 후진해야 한다. 운전이 서툴다면 목장 맞은편에 마련된 주차장을 이용하자.

Advice Ⓙ

공동 목장 중간에 도시락 까먹고 낮잠 자기 좋은 오두막이 있다.

바다 위를 걷는 산책로

신창리해안도로

info **주소** 제주시 한경면 신창리
소요시간 1시간
주차장 싱계물공원 주차장 이용

car **제주시 한경면 신창리 1321-2** 검색

bus **제주버스터미널 정류장**

1 202번 승차 → 2 구한경의원 앞 하차 → 3 10분 도보 → 도착

서귀포버스터미널 정류장

1 202번 승차 → 2 구한경의원 앞 하차 → 3 10분 도보 → 도착

6

제주도에는 저마다 다른 매력을 가진 해안도로가 있다. 그중 신창리해안도로는 곡선미 넘치는 해안선과 곳곳의 풍력발전기 때문에 이국적인 풍경을 선사한다.

이곳에는 두 가지의 즐길 거리가 있다. 첫 번째는 풍력발전기 사이의 해안산책로를 걷는 것이다. 산책은 바다 위에 놓인 육교에서 시작하는 것이 좋다. 육교의 길이는 186m로, 해상 낚시터의 역할도 하고 전망대의 역할도 한다. 산책로의 하이라이트는 청량함이 돋보이는 하얀 등대를 향해 바다 위로 뻗은 길이다. 바다를 향해 넓게 분포한 마리여코지와 그 위의 마리여등대는 담담한 바다를 감성적으로 만든다. 해안산책로에는 원담체험장도 있다. 원담은 얕은 바다를 돌담으로 막아 밀물 때 들어온 물고기가 썰물 때 빠져나가지 못하게 한 뒤 거두는 전통 조업 방식이다. 원담이 보이면 썰물 때이니 안에 물고기가 있는지 살펴보고 직접 잡아 보자.

방언 〉
코지는 바다를 향하여 부리 모양으로 뾰족하게 뻗은 육지를 뜻하는 곶의 제주 방언이다.

두 번째는 바닷가에서 노천욕을 즐길 수 있는 싱계물공원이다. 싱계물은 '바닷가에서 새로 발견한 갯물'이란 뜻으로, 맑고 시원한 용천수가 솟아오른다. 남탕과 여탕은 20m 정도 떨어져 있다. 아담하고 아늑한 여탕에 비해 남탕은 넓고 바다를 보며 노천욕을 즐길 수 있다. 여름에 마을의 할망, 하르방들이 이용하는 곳이니 함부로 들여다보지 말자. 바닷물에 발을 담갔다면 노천탕의 시

원한 용천수에 소금기를 닦아 내도 좋다.

육교로 가고 싶은 자가용 여행자는 싱계물공원 맞은편 주차장에 주차를 하고 바닷길을 따라 싱계물공원으로 가거나 한경해안로 521을 검색한 후 도착 지점의 옆길을 따라가는 방법이 있다.

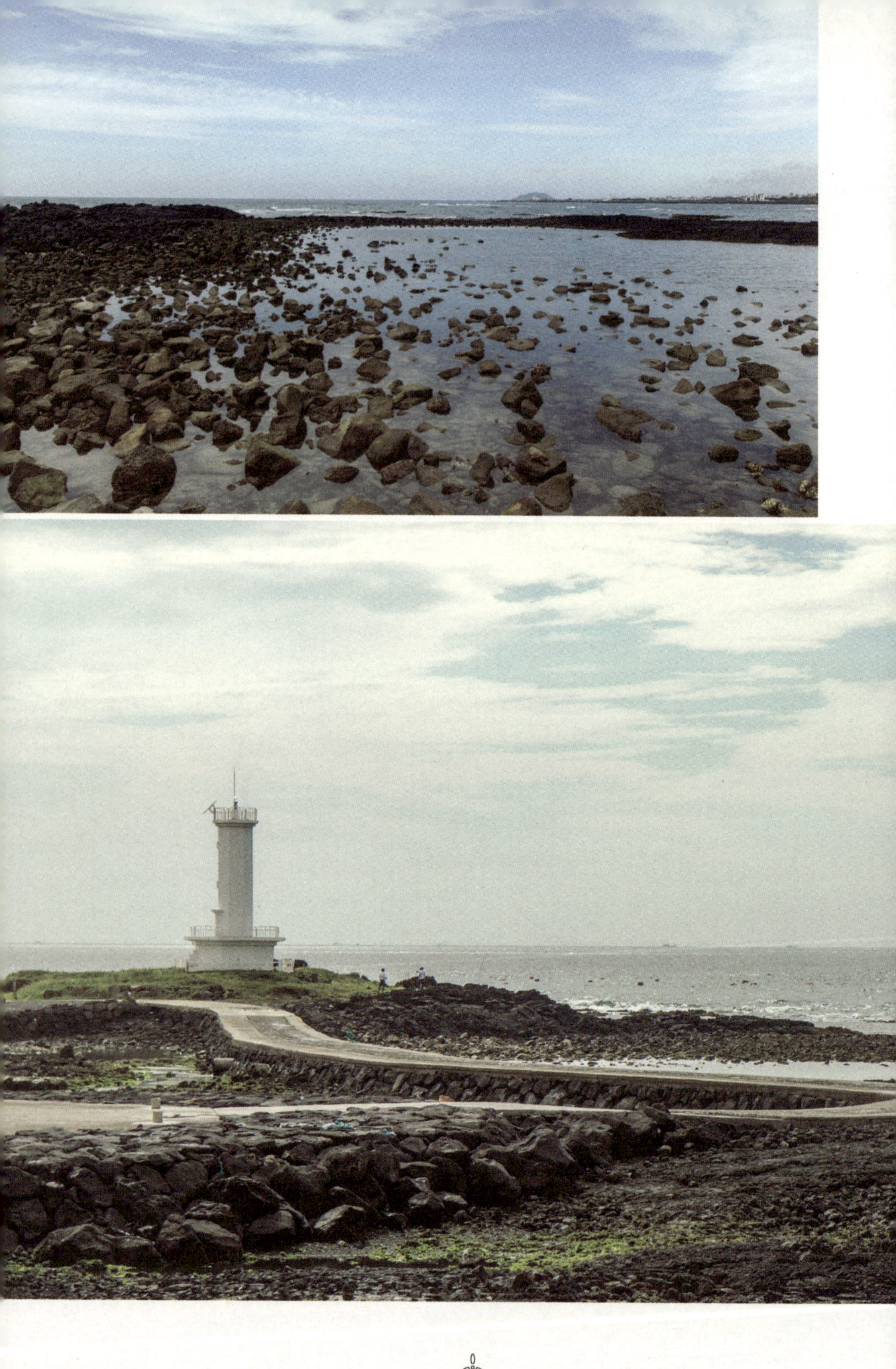

Advice ⓢ

싱계물공원 맞은편에는 습지와 억새가 펼쳐진 벌내물공원이 있다. 바닥이 평평해서 유모차 및 휠체어도 들어갈 수 있다.

Advice ⓙ

신창교차로에서 용수리포구까지 4.5km에 달하는 해안도로는 드라이브 코스로 손꼽힌다. 특히 노을이 질 때 드라이브를 하면 붉게 물든 바다의 눈부신 매력 때문에 자꾸만 차를 멈추게 될 것이다.

EAST JEJU

초 원 을 만 난 바 다

신풍리 신천바다목장

info **주소** 서귀포시 성산읍 일주동로 5417
소요시간 1시간
주차장 갓길에 주차할 곳 있음

car **신풍목장** 검색

bus **제주시외버스터미널 앞 제주버스터미널 정류장**

① 121번 승차 ② 표선환승정류장 하차 ③ 표선환승정류장 도보 3분
④ 201번 환승 ⑤ 고망난돌입구 하차 ⑥ 10분 도보 도착

서귀포버스터미널 정류장

① 101번 승차 ② 표선환승정류장 하차 ③ 표선환승정류장 도보 4분
④ 731-2번 환승 ⑤ 고망난돌입구 하차 ⑥ 10분 도보 도착

※ 와 은 서로 다른 정류장입니다. 정류장 이동 방법은 16쪽을 참고하시기 바랍니다.

초록 들판이 펼쳐져 있고 파란 하늘에 흰 구름이 떠 있는 고즈넉한 목장이 있다. 여기에 역동적으로 포말을 일으키는 바다도 볼 수 있는 곳, 바로 신풍리신천바다목장이다. 멀리 바다 한 자락이 겨우 보이는 그런 곳이 아니다. 큰 파도를 만드는 바다와 마주한 곳으로 바다 향을 맡으며 소의 곁을 걷는 낭만적인 경험도 할 수 있다.

목장은 규모를 가늠할 수 없을 정도로 넓다. 목장길에 걸쳐 있는 해안선만 약 0.7km, 전체 면적은 5만 2천 평이다. 이 넓은 초지는 사유지이지만 2008년 올레3코스를 개장하면서 민간인도 출입할 수 있게 되었다. 목장의 출입구에는 소의 안전과 자연을 훼손하지 않도록 당부하는 안내문이 있다.

올레3코스를 따라 걷는 것은 바다목장을 가장 극적으로 즐기는 방법이다. 힘들게 오름과 중산간을 돌아 해안으로 내려오다 만나는 바다목장은 그야말로 기쁨과 감동을 주기 때문이다. 하지만 감성 가득한 여행자라면 굳이 힘든 여정 끝에 이곳에 도달하지 않아도 목장이 가진 아름다움과 여유로움을 느낄 수 있다.

바다목장에서는 하절기에 소를 방목하여 키우고 동절기에는 감귤 껍질을 말린다. 연 5만 톤의 감귤 껍질을 가공하는데 흔히 '진피'라고 불리는 한약재나 차의 재료로 쓰인다. 건조된 귤껍질 사이를 걸으면 바다 향에 새콤한 귤 향이 함께 섞여 독특한 향을 맡을 수 있다. 게다가 파란색과 초록색, 감귤색이 더해진 강렬한 풍경은 시각적인 즐거움을 준다. 컬러 테라피에서 파란색은 예민하고 스트레스가 쌓였을 때 안정을 줄 수 있으며 초록색은 감정의 균형을 맞춰 주는 효과가 있다고 한다. 도시 생활에 지쳤다면 이곳으로 와 힐링하기 바란다.

Advice ⓢ

신천목장 바로 옆에는 말을 키우는 신풍목장이 있다. 바다를 바라보며 승마체험을 할 수 있는 승마장도 운영하고 있으니 참고하기 바란다.

Advice ⓙ

바다를 마주한 목장은 푸르고 푸르다. 그곳에 앉아 쉬고 싶겠지만 벤치가 따로 없어서 잔디 위에 앉아야 한다. 딱딱해진 잔디가 옷을 뚫고 들어와 피부를 찌를 수 있으니 조심하기 바란다.

신 비 스 러 운 그 곳

안덕계곡

info **주소** 서귀포시 안덕면 감산리 1946

car **안덕계곡 주차장** 검색

bus
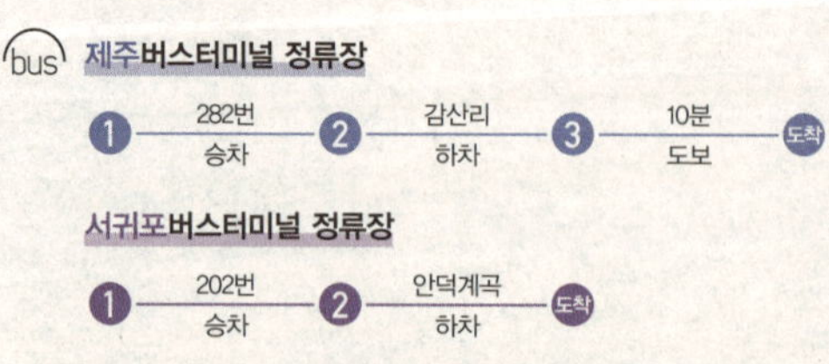

드라마를 보면 가끔 놀랍고 신비스러운 풍경을 자랑하는 곳이 있다. 드라마 '구가의 서'에서 달빛정원으로 나오는 곳, '추노'에서 주인공들이 밤을 지새우던 곳, '구암 허준', '거상' '김만덕' 등 촬영지로 유명한 안덕계곡도 그 중 한 곳이다. 안덕계곡은 일주서로 바로 옆에 있어 버스로도 차로도 여행하기 좋은 장소이다. 접근성 뿐 아니라 풍광도 좋아 여행객은 물론이고 도민들도 많이 찾는다.

주차 후 2분만 걸으면 계곡 초입에 도착하고 아름드리 나무가 만든 터널이 반겨준다. 그 속을 걸어 들어가다 보면 21세기가 아닌 18세기와 만나게 된다. 누군가는 갓을 쓰고 있고 또 다른 이가 고운 한복을 입고 있다 해도 어색하지 않을 풍경이다. 혹 선사시대처럼 가릴 곳만 가린 사람이 있다 해도 말이다.

좀 더 들어가면 병풍처럼 기괴한 절벽과 넓게 펼쳐진 암반 바닥으로 흐르는 물이 멋스러운 운치를 뽐내고 계곡 양쪽 기슭에는 금방이라도 쓰러질 듯한 나무들이 아슬아슬하게 늘어서 있다. 천연기념물 제 377호로서 곳곳에는 구실잣밤나무, 참식나무, 호박나무 등의 상록수림대가 형성되어 있고 각종 양치식물과 희귀식물인 담팔수, 상사화 등이 자생하고 있다. 완만한 산책로는 오랜 시간 만들어진 것으로 시간의 흐름과 흔적을 느끼며 걷기에 안성맞춤이다.

안덕계곡 산책로 끝은 추사유배길 3코스인 사색의 길로 이어진다. 짧은 감흥을 뒤로하기 아쉽다면 창고천을 따라 사색의 길을 걸어 보자. 창고천은 용암이 지나간 형태를 그대로 간직하고 있어 그 모습을 보며 걷는 것만으로도 즐거운 산책길이 된다.

Advice ⓢ

안덕계곡 출입로에서 오른편으로 이어지는 산책로 끝에는 '샛소'가 있다. 안덕계곡이 흐르는 창고천의 하류 지점이며 예전에는 마을 사람들의 식수가 용출되어 나오는 곳이다. 수영을 할 수 있을 만큼의 수량이 되어 샛소라고 부른다고 한다. 사람이 많이 드나들지 않아 시원하게 시간을 보내기 좋은 곳이다.

폭 포 가 아 니 어 도 괜 찮 아

엉또폭포

info **주소** 서귀포시 강정동
입장시간 09:00~18:00
소요시간 30분
주차장 있음

car **엉또폭포 정류장** 검색

bus **제주시외버스터미널 앞 제주버스터미널 정류장**

① 182번 승차 → ② 중문환승정류장 하차 → ③ 655번 환승 → ④ 월산동 하차 → ⑤ 25분 도보 → 도착

서귀포신시가지 정류장

① 643번 승차 → ② 월산동 하차 → ③ 25분 도보 → 도착

방언 〉

엉또는 '바위 그늘(엉)의 입구(또)'라는 뜻이다.

큰비를 동반한 태풍이 지나가면 제주 지역 신문은 꼭 이런 기사를 싣는다. '태풍이 만들어 낸 비경 엉또폭포, 장관!' 삼대가 덕을 쌓아야 볼 수 있다는 한라산의 백록담보다 더 보기 힘든 것이 엉또의 폭포수이니 기사에 실리는 건 당연한 일이다.

250m가량의 폭포 진입로는 원시 난대림의 일부분을 빌려 만들었다. 엉또부터 이어지는 악근천을 자양분 삼아 하늘 높은 줄 모르고 솟아오른 천연의 난대림은 이곳을 비밀스럽게 꽁꽁 숨겨 놓는다. 그래서 진입로를 걷는 사람들은 폭포의 낙수를 확인하기 위해서 종종 "소리 들려?"라고 버릇처럼 말한다. 엉또를 방문한 날에 물줄기가 떨어지지 않는다고 서운해 할 필요는 없다. 바위 그늘이 생긴다는 50m의 기암절벽을 볼 수 있기 때문이다. 기암절벽은 수직으로 잘라 낸 것 같아 절도가 느껴지기도 하지만 몽글몽글한 난대림을 머

리에 얹은 것 같아 귀엽게도 보인다. 절벽 아래에는 짙은 옥빛의 엉알이 있다. 폭포수가 떨어지는 날에는 물줄기를 온전히 받아내며 하얀 포말에 뒤덮여 흔적도 찾을 수 없으니 기암절벽과 마찬가지로 비가 오지 않는 날에만 볼 수 있다.

‹ 방언
엉알은 '바위 그늘(엉) 아래(알)'라는 뜻이다.

엉또폭포 주변은 온통 감귤밭이다. 4~5월에는 달큼한 향을 풍기는 하얀 감귤꽃이 만개하고 늦가을과 겨울에는 잘 익은 감귤이 풍성함을 더한다. 탐방로를 나가는 길에는 '엉또산장'이라는 무인 카페가 있다. 추운 계절엔 따뜻한 차 한잔, 여름엔 시원한 커피 한잔을 할 수 있고 폭포를 보지 못한 여행자를 위해 폭포수가 쏟아지는 동영상을 틀어 주니 꼭 들러 보기 바란다.

Advice ⓢ

마음 급한 여행자들은 탐방로 시작 지점에 차를 세우느라 애쓴다. 그러지 말고, 붐비는 탐방로 앞을 지나 안으로 조금만 들어오면 넓은 주차장이 있으니 여유롭게 이용하자.

제 주 라 서 더 좋 은 녹 차 의 맛

오설록

info

주소 서귀포시 안덕면 신화역사로 15
전화번호 064-794-5312~3
홈페이지 osulloc.com/kr/ko/museum
소요시간 1시간
오설록티뮤지엄 관람시간 09:00~18:00, 5~8월 09:00~19:00
주차장 있음

car

오설록티뮤지엄 검색

bus

제주버스터미널 정류장

① 151, 255번 승차 → ② 오설록 하차 → 도착

서귀포시외버스터미널 맞은편 제주월드컵경기장 서귀포버스터미널 정류장

① 181번 승차 → ② 동광환승정류장 하차 → ③ 동광환승정류장 도보 2분 → ④ 771-1, 2번 환승 → ⑤ 제주오설록티뮤지엄 하차 → 도착

※ 🚌와 🚌은 서로 다른 정류장입니다. 정류장 이동 방법은 16쪽을 참고하시기 바랍니다.

싱그러운 초록빛으로 눈과 마음을 편안하게 해 주는 오설록은 'origin of suloc', 즉 '설록차의 고향'이라는 뜻이다. 제주에 녹차밭을 만든 이유는 연평균 15℃, 1,800mm의 풍부한 강수량을 가진 기후와 칼슘, 마그네슘, 산화철 등 유기물 함량이 높고 천연 필터 기능까지 있는 비옥한 땅이 있어서다. 그러나 서광다원을 조성할 당시에는 징으로 돌을 부순 후 흙을 보충하고 빗물을 받아 식수로 사용했다고 한다. 평화로워 보이는 지금의 녹차밭을 봐서는 믿어지지 않는 이야기이다.

봄에는 다년생 차나무에서 새순이 올라오기 때문에 여행자들은 연둣빛 잎을 볼 수 있지만 농장 사람들에게는 바쁜 시기이다. 여름철에는 녹차나무도 녹음이 짙어진다. 가을이 되면 유난히 새파란 하늘과 찻잎이 어우러져 이국적인 장면을 연출한다. 10월 중순부터는 꽃술이 큰 녹차꽃이 피는데 이때는 조용했던 녹차밭이 꿀벌들의 날갯짓 소리로 요란해진다. 겨울에 눈이 쌓이면 멀리 한라산과 어울린 제주의 풍경을 볼 수 있다.

오설록티뮤지엄과 이니스프리제주하우스를 잇는 길도 좋지만 느긋하게 산책하려면 티뮤지엄 건너편에 있는 다원으로 가야 한다. 일반 차량은 출입할 수 없는 농로는 비교적 잘 닦여 있어 걷기 편하지만 입구 쪽에서 보이는 작은 쉼터를 제외하고는 앉을 만한 벤치를 찾을 수 없다. 하지만 벤치가 없다고 산책을 포기하기에는 아까운 길이다. 다원 깊숙이 들어오는 여행자가 드물어 혼자만의 산책을 즐길 수 있기 때문이다.

녹차밭과 함께 빼놓을 수 없는 곳이 오설록티뮤지엄이다. 차와 다구의 역사를 보여 주는 차문화실, 동서양에서 즐기는 차의 역사와 세계의 찻잔, 산지에서 채취한 잎을 덖는 과정을 시연하고 판매하는 덖음차 공간이 있다. 오설록티스톤에서는 차를 깊이 배울 수 있는 티클래스를 진행한다. 뮤지엄 안에서는 녹차 본연의 맛을 내는 세작, 우전 등과 다양한 블렌딩 차를 판매하고 있다.

티뮤지엄 왼편에 자리한 티스톤에서는 차 문화를 경험할 수 있으니 시간이 있다면 참가해 보는 것도 좋다. 티스톤 위층에는 차를 즐겨 마셨던 추사 김정희 선생의 전시장이 있고 아래층에는 제주 땅의 기운과 시간의 가치로 숙성된다는 발효차 삼다연의 숙성고가 있다.

Advice ⓙ

오설록 티클래스는 연중 무휴, 일 5회 운영한다. 50분간 오설록과 차를 좋아했던 추사 김정희 일화, 그리고 차를 우리는 방법 등을 설명해 준다. 마시고 남은 차는 가져갈 수 있도록 포장 용기가 제공된다. 수업 후에는 삼다연 숙성고 방문이 이어진다. 강의 비용은 2인 기준으로 30,000원. 전화문의:010-2661-5312

Advice ⓢ

올레14-1코스는 오설록을 지난다. 오설록만 보고 가기 아쉽다면 오설록 뒤의 곶자왈을 잠깐이라도 걸어 보자. 빨간색과 파란색으로 만들어진 올레 리본을 따라가면 금세 울창한 숲을 만날 수 있다.

시간이 쌓은 신비로운 절경

용머리해안

info **주소** 서귀포시 안덕면 사계리
전화번호 산방산관리사무소 064-794-2940
입장료 성인 2,000원, 청소년·어린이 1,000원, 산방산·용머리해안 통합관람 성인 2,500원, 청소년·어린이 1,500원
관람시간 09:00~18:00(현지 상황에 따라 관람시간은 변동될 수 있음)
주차장 있음

car **용머리해안 주차장** 검색

bus

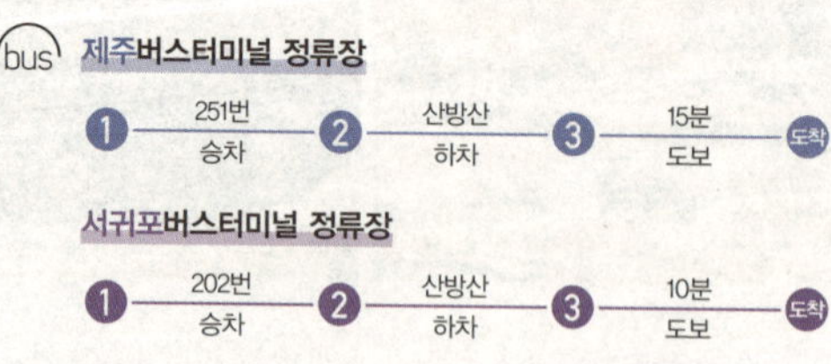

사암층 암벽으로 이루어져 세계지질공원으로 인증 받은 용머리해안은 용이 바다로 들어가는 형상과 비슷하다고 하여 붙여진 이름이다. 해풍에 부딪혀 만들어진 무채색 바위와 제주 바다가 이국적인 풍경을 만들어 낸다. 그 모습을 놓칠세라 사람들은 포즈를 취하고 셔터를 누른다. 이곳은 사암층이기 때문에 바닥이 움푹 파이거나 물이 고여 있으니 미끄러지지 않게 조심해서 걸어야 한다. 600m에 달하는 용머리해안은 30분 정도면 충분히 걸을 수 있다. 하지만 수평층리, 풍화혈, 돌개구멍, 해식동굴 등 자연의 경관을 모두 즐기려면 30분으로는 부족하다. 해식동굴에 다다르면 카메라에 담기 힘들 만큼 높은 지층이 눈앞에 펼쳐진다. 깊고 어두운 동굴은 진한 푸른빛을 내는 바다와 어우러져 시간이 거꾸로 흐르는 것 같은 착각을 불러일으킨다. 이 멋진 경관은 매일 볼 수 있는 것이 아니다. 바다와 가깝기 때문에 물때와 날씨 등의 이유로 일 년 중 절반은 입장할 수 없으니 꼭 확인한 후에 방문하자.

용머리해안에는 해산물을 판매하는 할머니가 있다. 빨간 고무 대야에는 제주 어디서나 쉽게 볼 수 있는 소라, 해삼, 멍게 등이 있는데 가격은 비싼 편이지만 바다를 마주 보고 먹을 수 있으니 그 값이 아깝지 않다. 더불어 장식품으로 사용할 수 있는 소라, 조개, 보말 껍데기 등도 판매하니 한 아름 사서 목걸이도 엮고 귀걸이도 만들어 보자. 손재주가 없다면 예쁜 유리병에 담아 놓고 가끔 제주를 추억하는 것도 의미 있을 것이다. 썰물 때 바다 가까이에 가면 바위에 다닥다닥 붙어 있는 홍합, 거북손, 따개비 등을 발견할 수 있다.
용머리해안을 둘러본 후 올레10코스 이정표를 따라 산방산 쪽으로 올라가면 용머리해안의 전체 모습을 볼 수 있고, 가을에는 용머리 위에 갈기처럼 갈대가 흔들리는 모습도 볼 수 있다. 산방산을 등진 채 왼쪽을 보면 이국적인 모습의 검은모래사장도 찾을 수 있다.

Advice ⓢ

용머리해안 탐방로 앞에 가까운 주차장이 있지만 걷기를 좋아하는 여행자라면 산방산 공영주차장을 이용하는 것을 추천한다. 바로 옆 산방연대에서 시작해 해안 출입구까지 이어지는 시원한 풍광이 일품이다.

Advice ⓙ

용머리해안 입구에는 헨드릭 하멜이 제주도에 표착한 것을 기념하여 건립한 하멜상선전시장이 있다. 하멜은 13년 동안 조선에서 지낸 일을 기록하였고 고향인 네덜란드로 돌아가 「하멜표류기」를 출간했다. 이 책은 베스트셀러가 되어 최초로 우리나라를 유럽에 알리는 계기가 되었다. 전시장은 무료로 관람할 수 있다.

바 닷 가 에 뿌 리 내 린 선 인 장

월령선인장 자생지

info **주소** 제주시 한림읍 월령리 일대
주차장 있음

car **한림읍 월령1길 34**(휠체어나 유모차로 이동 시 추천), **한림읍 월령리 317-1**(월령포구) 검색

bus **제주버스터미널 정류장**

1 202번 승차 → 2 월령리 하차 → 도착

서귀포버스터미널 정류장

1 102번 승차 → 2 신창환승정류장 하차 → 3 202번 환승 → 4 월령리 하차 → 도착

제주 해안도로에서 만날 수 있는 풍경 중 가장 생소한 것은 사막에나 있을 법한 선인장이 바닷가에 자라고 있는 장면이다. 중산간도 아닌 바닷가에 야생하는 이유는 선인장 씨앗이 멕시코에서 쿠로시오 난류를 타고 밀려와 바닷가에 안착했기 때문이다.

천연기념물 제429호인 월령선인장자생지는 군락지만 1,500평이고 재배 면적은 200만 평에 달한다. 생김새가 손바닥 같아 '손바닥선인장'이라고도 불리고, 백 가지 효능이 있다하여 '백년초'라고도 불리는 이것은 국내에서 자생하는 유일한 선인장이다. 최대 2m까지 자라며 5~6월이면 샛노란 꽃이 피어 관상용으로도 인기 있다. 보랏빛 열매는 선인장 국수, 선인장 주스 등의 음식 재료로 쓰이며 한의학에서는 어혈을 풀어 혈액 순환을 개선해 주고 독을 정화하는 약으로 사용한다. 또한 아미노산과 비타민이 많아 면역력이 약한 사람이 먹으면 좋다고 한다. 민간요법으로 소염제, 해열제로 쓰였고 주민들은 집 근처에 선인장을 심어 쥐나 뱀이 들어오지 못하게 했다.

월령마을은 예전부터 '거문질', '가문질'이라고 불렸는데 이는 검은색 현무암이 많아 붙여진 이름이다. 곶자왈인 마을에는 검은 빌레와 돌이 많았다. 예전만큼은 아니지만 지금도 많은 돌을 볼 수 있다. 따라서 선인장도 검은 현무암에 뿌리를 내리고 있다.

선인장 군락이 형성된 곳에는 해안산책로를 만들어 놓았다. 폭이 넓은 나무 데크를 300m 정도 깔아서 유모차나 휠체어도 다닐 수 있게 했다. 산책로 중간에는 휴식을 취할 수 있는 정자와 음식을 만들어 판매하는 식당도 있다.

Advice ⓙ

선인장 열매에는 작은 가시가 많으므로 손으로 만지지 말자.

Advice ⓢ

산책로 입구에 백년초 음료를 판매하는 카페가 있다. 한적해서 바다를 보며 시간을 보내기에 좋다.

과거와 현재가 함께하는 미항

위미항

info **주소** 서귀포시 남원읍 위미리
소요시간 1시간
주차장 갓길 주차

car **위미항** 검색

bus **제주시외버스터미널 앞 제주버스터미널 정류장**

① 131번 승차 ② 남원생활체육관 하차 ③ 231, 232, 510번 환승
④ 상원동 하차 ⑤ 10분 도보 도착

서귀포버스터미널 정류장

① 201번 승차 ② 상원동 하차 ③ 10분 도보 도착

'한국의 3대 미항'은 위미항에 자주 붙는 수식어 중 하나이다. 하지만 왜 이런 수식어가 붙었는지는 아무도 모른다. 어쩌면 여행자들이 위미항의 아름다움을 쉽게 표현하려는 것에서 비롯된 것일지도 모르겠다. 그만큼 위미항은 아름다운 항구이다.

위미항의 입구는 남쪽 바다를 향해 열려 있다. 길이 500m의 동방파제는 남서쪽으로 나 있고, 길이 190m의 서방파제는 동남쪽 방향으로 나 있다. 두 개의 방파제는 걷기 좋은 길이다. 방파제 위에 올라서면 마을과 지귀도를 포함한 서귀포 앞바다를 감상할 수 있다. 해 질 녘이면 두 방파제 사이로 보이는 노을 진 남쪽 바다가 소소한 감동을 준다. 방파제 끝에 있는 등대에서는 바다를 배경으로 예쁜 사진을 찍을 수 있다. 참고로 동방파제에는 빨간색 등대, 서방파제에는 하얀색 등대가 있다.

위미항에는 현대적인 시설만 있지 않다. 예전부터 이곳은 '광포'라고 불릴 만큼 넓고 수심이 깊은 바다에 위치하여 일제강점기에는 제주와 오사카를 잇는 정기여객선의 기항지 역할을 했다. 그래서 현무암으로 차곡차곡 쌓아 만든 앞개포구와 서앞개포구와 같은 옛날식 포구도 볼 수 있다. 날만 좋다면 포구 위에 걸터앉아 배가 들고 나는 것을 보는 낭만도 즐길 수 있다.

위미항은 보는 즐거움에서 끝나지 않는다. 국가에서 지정한 어항인 이곳은 수산 자원이 풍부해 연근해 어업이 활발하다. 덕분에 어업을 마치고 들어온 배에서 싱싱한 해산물을 저렴한 가격에 바로 구입할 수 있다. 일부러 배가 들어오는 시간에 맞춰 이곳을 찾는 도민들도 쉽게 볼 수 있다. 위미수협활어회센터에서는 싱싱한 횟감을 직접 보고 저렴하게 사 갈 수 있으니 편안한 장소에서 회를 먹고 싶은 여행자에게 추천한다.
지근거리에는 영화 〈건축학개론〉의 촬영지였던 서연의집이 있다. 지금은 영화사에서 카페로 운영한다. 바다를 모두 담을 것 같은 넓은 창을 앞에 두고 향긋한 차 한잔에 첫사랑을 떠올릴 수 있는 곳이다.

Advice ⓢ

내비게이션에 리치웨이 펜션을 검색하면 조배머들코지가 있는 부둣가로 안내한다. 이곳에서 위미항을 둘러본 후 서연의집을 재검색하면 이동하는 길에 서앞개포구와 서방파제를 볼 수 있다. 버스 여행자라면 201번 탑승(서귀포버스터미널) 후 대화동에서 내린 후 걸으면 된다.

유쾌 발랄한 예술 시장

이중섭거리

info
주소 서귀포시 이중섭거리
이중섭미술관 전화번호 064-760-3567
이중섭미술관 홈페이지 culture.seogwipo.go.kr/jslee/
입장료 성인 1,500원, 청소년·군인 800원, 어린이 400원
매표시간 10월~6월 09:00~17:30, 7~9월 09:00~17:30
관람시간 10월~6월 09:00~18:00, 7~9월 09:00~20:00
(매주 월요일, 1월 1일, 설날, 추석 휴무)
주차장 있음

car
이중섭미술관 전용 주차장 검색

bus
제주버스터미널 정류장

① 281번 승차 → ② 동문로터리 하차 → ③ 10분 도보 → 도착

서귀포시외버스터미널 앞 제주월드컵경기장 서귀포버스터미널 정류장

① 510, 531, 532번 승차 → ② 남군농협 하차 → ③ 5분 도보 → 도착

가로등에는 이중섭 그림이 걸려 있고 보도블록에는 그림이 그려진 곳. 이중섭 그림을 형상화한 조형물도 있는 이 거리는 마치 이중섭 작가의 전시장 같다. 이중섭거리는 입구와 출구가 따로 있지 않다. 서귀포올레시장의 끝부터 이중섭미술관을 지나 차도가 나오기 전까지의 길을 이중섭 거리라고 보면 된다. 길 이름도 이중섭로이다.

경사가 가팔라서 높은 곳에 서면 이중섭거리와 탁 트인 바다를 한꺼번에 볼 수 있다. 지대가 낮은 곳에서 이곳을 보면 아기자기한 시골 마을처럼 보인다. 이처럼 보는 방향에 따라 다양한 풍경을 볼 수 있으니 미술을 잘 몰라도 즐겁게 구경할 수 있다.

이중섭미술관이 서귀포에 있는 이유는 가족과 그림이 전부였던 그가 1년 남짓 최고의 시간을 보냈기 때문이다. 그 시간의 감정은 〈서귀포의 환상〉, 〈물고기와 노는 아이들〉, 〈두 아이와 물고기와 게〉 등 그의 작품에 잘 드러나 있다. 은지화는 경쾌하고 유연한 필선을 인정받아 현재 뉴욕현대미술관에 소장되어 있다.

이중섭공원 안에 있는 남아 있는 그의 집은 '초가'라는 말이 어울릴 정도로 무척 허름하다. 주인이 묵는 방 옆의 쪽방이 그의 아내와 두 아들이 함께 살았던 공간이다. 여기서 어떻게 살았을까 싶을 정도로 작은 방에는 그가 유일하게 지은 시, 〈소의 말〉이 적혀 있는데 가족에 대한 그리움과 사랑을 말하는 것 같다.

거리에는 공방과 카페가 줄지어 있다. 미술관 앞에 위치한 이중섭공방에서는 이중섭 그림을 모사한 다양한 작품을 제작, 판매한다. 동판을 이용해 만든 작품은 소장하기도 좋고 선물로도 안성맞춤이다. 카페도 저마다 개성이 뚜렷하다. 올레사무국에서 운영하는 카페 바농은 간세인형을 판매한다. 다 만들어진 간세 인형에 스티치만 하는 바느질체험도 할 수 있다. 바느질이 익숙하지 않은 사람이라면 손가락에 힘이 들어갈 수 있어 쉽지만은 않다. 매주 토요일에는 서귀포예술시장이 열린다. 제주에서 손재주 있는 사람들이 모여 드로잉, 천을 이용한 작품, 가죽, 손수 만든 먹거리 등을 판매하는데 구경만 해도 즐겁다. 이처럼 이중섭거리에는 작은 가게들이 옹기종기 모여 있고 그 사이를 개와 고양이가 어슬렁거린다. 한적한 이곳을 방문한다면 시간이 느리게 흘러가는 것을 느낄 수 있다.

Advice ⓘ

이중섭 거주지에는 사람이 살고 있으므로 큰 소리로 떠는 것은 삼가자.

예 술 을 담 은 건 축

제주도립미술관

info **주소** 제주시 1100로 2894-78
전화번호 064-710-4300
홈페이지 jmoa.jeju.go.kr
입장료 성인 5,000원, 청소년·군인 4,000원, 어린이 3,000원 (전시에 따라 별도의 관람료가 책정될 수 있음)
매표시간 09:00~폐장 30분 전
관람시간 10~6월 09:00~18:00, 7~9월 09:00~20:00(매주 월요일, 1월 1일, 설날, 추석 휴무)
작품설명 11:00, 15:00
주차장 있음

car **제주도립미술관** 검색

bus **제주버스터미널 정류장**

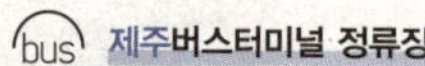

① 240번 승차 — ② 제주도립미술관입구 하차 — 도착

서귀포버스터미널 정류장

① 202, 282번 승차 — ② 중문초등학교 하차 — ③ 1100도로입구 도보 3분

④ 240번 환승 — ⑤ 제주도립미술관입구 하차 — 도착

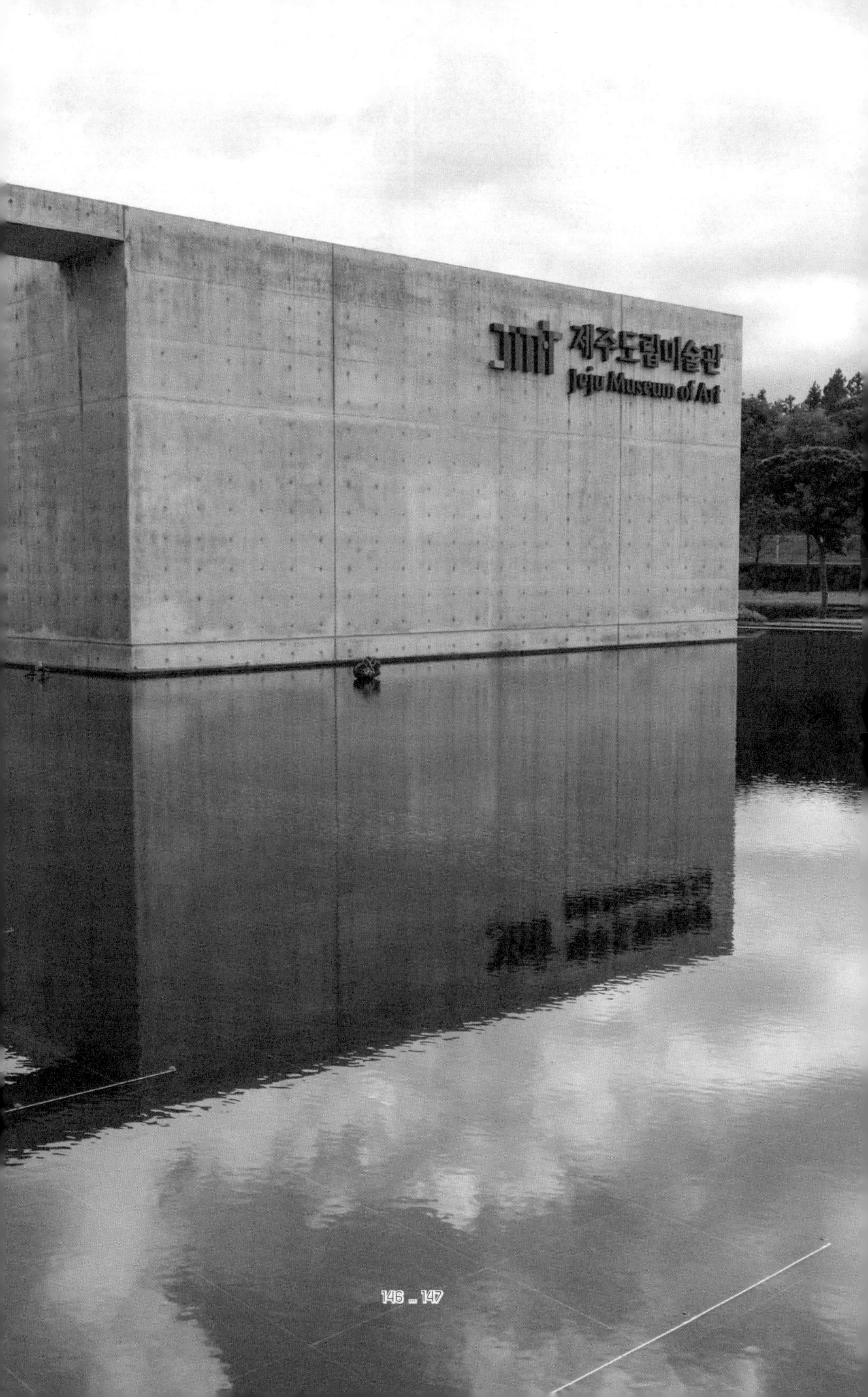
제주도립미술관
Jeju Museum of Art

1100로를 향하는 길에 보기 드문 형상의 건물이 눈에 들어왔다. 한라산을 배경으로 두고 넓은 정원을 갖춘 제주도립미술관이다. 2009년에 개관했으며 그해 한국건축문화대상 우수상을 수상했다.

미술관 입장 전 눈에 띄는 것은 거울연못이다. 거울연못은 탐라도 정취의 투영이자 정갈한 마음으로 예술 작품을 감상하고자 하는 세신(洗身)의 의식을 표현한 것이다. 이 사실을 아는지 모르는지 여행자들은 사진 찍기 바쁘다. 바람이 불면 바람 부는 대로 물결치는 거울연못을 보고 있으니 마음이 차분해진다.

1층에는 장리석기념관, 기획전시실1, 기획전시실2, 뮤지엄숍, 강당, 시민갤러리 등이 있고 2층에는 상설전시실과 옥상정원이 있다. 장리석기념관은 상시 전시장이다. 한국 구상미술의 대가인 장리석 화백은 평양 출신으로, 1.4후퇴 때 제주와 인연을 맺었다. 4년 후 서울로 올라갔지만 제주를 제2의 고향으로 삼은 그는 제주도립미술관에 작품을 기증했다. 기획전시실과 상설전시실에서도 지역 문화 발전에 도움이 되고자 지속적으로 전시를 하고 있다.

입구 오른쪽에서는 사랑의 엽서 보내기를 운영하고 있다. 엽서는 미술관 내에 비치된 우체통에 넣으면 된다. 도립미술관 전경 사진이나 미술관 소장 작품으로 제작한 엽서에 도립미술관 기념우표를 사용하면 제주에서의 특별한 추억을 남길 수 있다. 미술관 뒷마당은 옥외정원이다. 제주 정원의 소박함을 담은 정원은 소규모 그룹의 야외 활동이 가능하다. 또한 백록담 모형의 야외무대가 있어 음악회 등 다양한 문화 공간으로 이용할 수 있다. 산책로도 있으니 길을 따라 걸으며 미술관에서의 여운을 마무리하는 것도 좋겠다.
이외에도 학술심포지엄, 미술사 아카데미 등 어른을 위한 강의부터 어린이 미술학교, 자유학기제 프로그램 등 어린이와 학생을 위한 다양한 행사도 진행하고 있다.

Advice ⓙ

옥외정원은 2층 전시실 밖에 있다. 테이블과 의자만 있는 다소 협소한 공간이지만 소풍 나온 듯 도시락을 먹고 담소를 나누기에 좋은 장소이다.

Advice ⓢ

도슨트 프로그램(작품 설명)은 1일 2회 운영하며 시간은 오전 11시, 오후 3시이다.

낭만적인 숲을 가로지르는 3단 폭포

천제연폭포

info
주소 서귀포시 중문동
전화번호 천제연폭포 관리소 064-760-6331
입장료 성인 2,500원, 청소년·군인·어린이 1,350원
매표시간 08:00~18:00
소요시간 30~40분
주차장 있음

car **천제연폭포 주차장** 검색

bus **제주버스터미널 정류장**

① 282번 승차 ― ② 천제연폭포 하차 ― 도착

서귀포버스터미널 정류장

① 202, 282번 승차 ― ② 천제연폭포 하차 ― 도착

천제연 일대는 천연 난대림으로 구실잣밤나무, 참식나무, 감탕나무와 활엽수인 푸조나무, 팽나무 등이 자란다. 잎이 풍성하여 선임교 위에서 보면 브로콜리가 옹기종기 모여 있는 것 같다. 이 밖에 덩굴식물과 관목류, 양치식물과 제주에서 좀처럼 보기 힘든 솔잎난을 볼 수 있다. 1폭포 암벽에 자라고 있는 담팔수는 지방기념물 제14호로 지정되었다. 폭포로 유명한 곳이지만 숲의 가치가 높아 난대림 지역은 천연기념물 제378호로 지정되었다.

1폭포로 가는 길은 새소리와 물소리가 끊이지 않아 다른 세계에 온 것 같다. 1폭포의 폭포수는 비가 많이 내려야 볼 수 있다. 하지만 폭포수를 보지 못해도 사시사철 맑은 옥빛 소와 깎아지른 듯한 주상절리가 있어 아쉬움을 달랠 수 있다. 동쪽에 있는 작은 동굴은 항시 물이 흐르고 있어 소소한 멋을 느낄 수 있다.

2폭포로 향하는 길에는 형태만 남은 관개수로가 있다. 1905년 1.9km로 개설한 관개수로는 당시 도민의 생활상과 농업 환경을 알 수 있게 해 주는 귀중한 자원이다. 2폭포에 도착하기도 전에 폭포수 떨어지는 소리가 요란하게 들려온다. 30m 아래로 낙하하는 폭포수로 인해 물보라가 얼굴을 스친다. 관광 팸플릿에서 보던 천제연폭포의 모습 그대로다.

2폭포에서 3폭포로 가는 길에는 오작교 형태로 건설된 선임교를 지난다. 수면으로부터 50m 위에 있는 선임교는 야간에는 석등을 환하게 밝혀 여행자들의 눈길을 사로잡는다. 3폭포 입구에는 커다란 담팔수 향이 가득하다. 1, 2폭포에 비해서 폭포와 관람 장소 사이의 거리가 멀어 아쉬움이 남지만 쉼터가 마련되어 있고 아늑하여 잠시 쉬어 가기 좋다.

Advice ⓘ

3폭포까지 보고 난 후 왼쪽은 나가는 방향이고 오른쪽으로 가면 베릿네 오름으로 연결된다. 가파르게 오르내리는 길이 아니어서 걷기 좋다.

밝고 여린 서정의 숲

청수곶자왈

(info) **주소** 제주시 한경면 청수리
소요시간 1시간
주차장 곶자왈 입구에 주차할 수 있는 공간 있음

(car) **제주시 한경면 청수리 98** 검색

(bus) **제주버스터미널 정류장**

① 151번 승차 → ② 오설록 하차 → ③ 제주오설록티뮤지엄 도보 2분
④ 771-2번 환승 → ⑤ 청수리평화동 하차 → ⑥ 10분 도보 → 도착

서귀포시외버스터미널 맞은편 제주월드컵경기장 서귀포버스터미널 정류장

① 181번 승차 → ② 동광환승정류장 하차 → ③ 동광환승정류장 도보 2분
④ 771-2번 환승 → ⑤ 청수리평화동 하차 → ⑥ 10분 도보 → 도착

※ 와 은 서로 다른 정류장입니다. 정류장 이동 방법은 16쪽을 참고하시기 바랍니다.

때 묻지 않은 원시림을 보고 싶다면 곶자왈을 추천한다. 곶자왈은 자갈과 바위가 산재한 곳에 나무와 덩굴 따위가 한데 엉켜 만들어진 숲이다. 곶자왈은 독립적인 말로도 쓰이지만 본래 곶은 '수풀', 자왈은 '돌과 자갈이 모여 있는 곳'이라는 뜻이다.

제주 서남부에 있는 한경-안덕곶자왈 중심부에 속하는 청수곶자왈은 숯을 만들어 생계를 이어 나가던 척박한 지역으로, 산림청이 지정한 희귀식물이 자라는 곳이다. 백서향도 희귀식물 중 하나로, 청수 곶자왈의 봄을 알리는 키 작은 나무이며 꽃의 향기가 천 리를 간다고 해서 '천리향'이라고도 불린다.

이곳은 목장으로도 운영되기 때문에 입구에 있는 철문을 꼭 닫아야 한다. 출입문에서 300m쯤 걸으면 길이 나뉘는데 관찰로를 따라가면 곶자왈지대를 탐방할 수 있다.

30~40년밖에 되지 않은 수목의 수령 때문인지 동백동산이나 제주곶자왈도립공원 등에 비해서 숲의 규모는 작지만 식생은 거의 비슷하다. 고사리과 식물은 물론이고 콩짜개덩굴, 아왜나무, 동백나무 등 다양한 식생이 서식한다. 겨울과 봄에는 상수리나무에서 떨어진 도토리들이 길가에 가득하고 꽃망울 맺은 백서향도 쉽게 볼 수 있다. 청수곶자왈 일대에는 방목된 말이 물을 마시고 쉬어 가는 곳도 있다. 길가 혹은 숲 속에서 말과 마주한다면 당황하지 않고 자리를 피하면 된다.

Advice ⓢ

탐방로 내의 이정표를 따라서 걷는다면 출입구-임도-숲-임도-출입구를 한 바퀴 돌아서 나올 수 있다. 숲을 더 즐기고 싶다면 숲 끝에서 이정표를 따라 걷지 말고 왔던 길로 돌아 나오자.

사 진 찍 기 좋 은 동 백 수 목 원

카멜리아힐

info

주소 서귀포시 안덕면 병악로 166
전화번호 064-792-0088
홈페이지 camelliahill.co.kr
입장료 성인 8,000원, 청소년·군인·경로 6,000원, 어린이·장애인·국가유공자 5,000원(만 65세 이상·만 3세(36개월) 이하 무료)
소요시간 2시간
관람시간 12~2월 08:30~17:00 / 3~5월, 9~11월 08:30~17:30 / 6~8월 08:30~18:00
주차장 있음

car

카멜리아힐 검색

bus

제주버스터미널 정류장

1 282번 승차 – 2 상창보건진료소 하차 – 3 상창보건진료소 도보 2분
4 752-1번 환승 – 5 동백동산 하차 – 도착

서귀포시외버스터미널 맞은편 제주월드컵경기장 서귀포버스터미널 정류장

1 181번 승차 – 2 창천리 하차 – 3 752-1번 환승
4 동백동산 하차 – 도착

※ 와 은 서로 다른 정류장입니다. 정류장 이동 방법은 16쪽을 참고하시기 바랍니다.

카멜리아힐에 입장하면 가장 먼저 보이는 표지판이 있다. SLOW DOWN ENTERING STRESS-FREE ZONE. 이것을 읽는 것만으로도 조급했던 마음이 한 박자 늦춰진다. 표지판 옆에는 동백의 종류만큼이나 다양한 꽃말이 쓰여 있고 추운 겨울 움츠러든 마음마저 붉은빛 사랑의 에너지로 따뜻하게 만들어 줄 꽃길이 이어진다.

양언보 씨는 30년간 80개국에서 자생하는 동백나무 500여 품종을 가져와 약 6,000여 그루를 심고 열정으로 이곳을 가꾸었다. 덕분에 저마다 개화 시기가 다른 동백나무가 가을부터 봄까지 꽃을 피운다. 매달 꽃이 가장 예쁘게 핀 길을 선정해 '이달의 아름다운 길'이라는 안내문을 세워 놓는다. 카멜리아힐이 가장 아름다운 시기는 가장 많은 종류의 꽃이 피는 12월과 1월이다. '가장 눈부신 순간에 스스로 목을 꺾는 동백꽃을 보라'라는 시구처럼 열정적으로 만개한 동백꽃과 떨어진 꽃의 아름다움을 동시에 만끽할 수 있다.

산책로를 걷는 데 소요되는 시간은 40분 정도지만 다양한 테마의 산책로가 발길을 붙잡아 지체되기 십상이다. 동백이 피지 않는 계절의 빈자리를 채워주는 야생화길, 흐드러지게 핀 동백꽃터널을 지나는 유럽동백숲을 지나게 된다. 동백나무터널은 사람이 없을 때 걸으면 더 좋다.

아담하지만 정갈한 돌담과 돌집이 있는 올레길 어귀에는 수국이 초여름을 화려하게 장식한다. 돌집은 출입이 가능하니 꼭 방문하여 바깥 풍경을 즐기자. 온실에는 은은한 꽃향기와 귀한 자태를 뽐내는 크고 화려한 동백이 계절에 상관없이 지천이다. 보순연지에는 연못과 정자가 있어 쉬었다 갈 수 있다. 참고로 이곳에는 천연 암반수를 마실 수 있는 약수터도 있다. 전망대에 서면 서귀포 앞바다와 산방산 앞까지 내려다볼 수 있으니 지나치지 않기 바란다. 산책로 끝에는 갤러리 카페가 있다. 메뉴는 평범하지만 동백꽃을 주제로 한 기획 전시회를 일 년 내내 관람할 수 있으며 동백오일과 동백비누 등 예쁜 패키지 상품을 구입할 수 있다.

Advice ⓢ

카멜리아힐 입장료는 이 책에서 소개하는 장소 중 비싼 편에 속한다. 하지만 모바일 할인 쿠폰을 이용하면 35%까지 할인받을 수 있으니 잊지 말고 알뜰하게 챙기자.

Advice ⓙ

카멜리아힐의 명칭은 동백수목원, 동백원과 혼용된다. 간혹 동백동산과 혼동하는 여행자들이 있으나 동백동산은 선흘곶자왈에 포함된 곶자왈 숲이다.

절벽 위 상냥한 걷기 여행

큰엉해안산책로

info **주소** 서귀포시 남원읍 남원리
소요시간 40분
주차장 있음

car **서귀포시 남원읍 남원리 1383-2** 검색

bus **제주시외버스터미널 앞 제주버스터미널 정류장**

① 131, 132번 승차 → ② 남원생활체육관 하차 → ③ 10분 도보 → 도착

서귀포버스터미널 정류장

① 201번 승차 → ② 동부보건소 하차 → 도착

방언 〉
엉은 바닷가나
절벽 등에 뚫린 바위 그늘
(동굴)을 뜻한다.

큰엉해안산책로는 해안가 근처 날카롭게 깎인 절벽 위에 있다. 이곳에는 다른 해안산책로에서 볼 수 없는 숲터널이 있어 포근하게 덮인 나뭇잎 밑으로 산책을 즐길 수 있다. 또한 유모차, 휠체어도 지나갈 수 있을 만큼 길이 매끈하게 닦여 있어 구두를 신어도 편하게 걸을 수 있다. 숲터널 곳곳에는 사람들의 눈을 피해 쉴 수 있는 쉼터가 있어 혼자만의 시간을 갖기에도 좋다.

편도 1.5km의 숲터널에는 대한민국 지도를 찾을 수 있는 포인트가 있다. 조금만 주의를 기울이면 쉽게 찾을 수 있어 소소한 재미를 준다. 바다를 가까이서 보고 싶다면 갯바위로 내려갈 수 있는 계단을 이용하자. 탁 트인 망망대해를 즐길 수 있지만 바닥이 울퉁불퉁하기 때문에 조심히 걸어야 한다.

자가용으로 여행한다면 금호제주 리조트 옆길로 들어가 큰엉 주차장에 주차하고 산책로로 이동한다. 천천히 걸어도 왕복 40분 정도 걸리는 짧은 산책로라서 힘들지 않다. 버스 여행자는 두 가지 방법으로 편도 산책을 할 수 있다. 첫 번째는 동부보건소에서 하차하여 금호제주 리조트 옆길을 따라 큰엉해안산책로 입구까지 걷는다. 산책로를 걸은 후 남태해안로를 따라가면 광지동 정류장이 나온다. 이곳에서 버스를 타고 다음 여행지로 가면 된다. 두 번째는 광지동 정류장에서 하차하여 산책로를 지나 동부보건소 정류장에서 다음 여행지로 가는 것이다. 왕복하고 싶다면 광지동 정류장이 산책로와 더 가까우므로 참고한다.

Advice ⓢ

산책로 중간에는 깨끗한 화장실이 있다. 큰엉전망대로 이용했던 큰엉서각갤러리이다. 화장실을 가는 길에 예쁜 서각과 캘리그라피를 전시한 갤러리를 볼 수 있다. 갤러리 2층에서는 큰엉을 포함한 바다 전경을 한눈에 볼 수 있다.

Advice ⓙ

영화를 좋아한다면 산책로 중간에 위치한 신영영화박물관에 들러 보자. 한국 최초이자 최대 영화박물관으로, 한국 영화사의 모든 기록을 접할 수 있다. 과거에 사용했던 촬영 소품 및 장비가 전시되어 있으며 7D 서클라이더, 5D 라이더, 4D 상영관을 체험할 수 있다.

입장료:성인 9,000원, 미성년 8,000원, 경로자/장애인/국가유공자 8,000원, 36개월 미만 무료

관람시간:10:00~18:00(매월 셋째 주 월요일 휴무), 7월~8월 10:00~19:00

전화번호:064-805-0008

풍류를 즐길 수 있는 예스런 돌담마을

하가리

info **주소** 제주시 애월읍 하가리
전화번호 하가리사무소 064-799-1598
주차장 공영주차장

car **애월읍 하가리 1569-5** 검색

bus
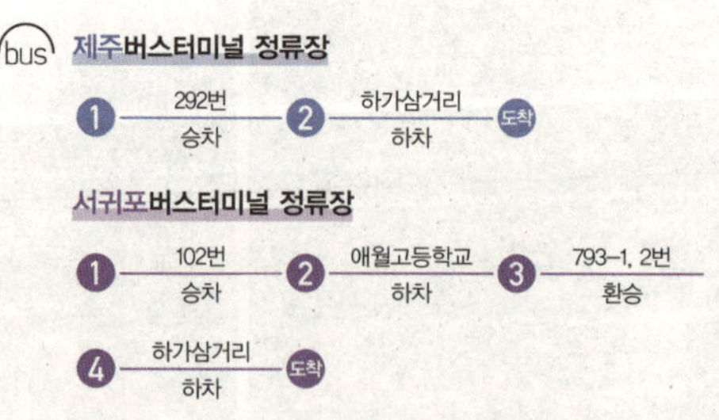

하가리의 더럭분교는 몇 해 전 휴대전화 CF로 방송을 타 유명해진 초등학교이다. 이곳은 색채 디자이너인 장 필립 랑클로와 국내 기업이 함께 진행한 컬러 프로젝트의 배경이 되었다. 아이들의 꿈만큼이나 다채로운 색으로 채워진 더럭초등학교는 학생 수가 줄면서 애월초등학교 더럭분교가 되었다. 폐교될 수도 있었지만 마을 사람들의 노력으로 현재는 전학 오고 싶은 학교가 되었다.

더럭분교 옆에는 제주에서 가장 큰 연못인 연화못이 있다. 하가리 같은 중산간에서는 빗물을 직접 받은 봉천수를 식수로 사용했는데 연화못이 바로 그 역할을 했다. 상수도를 설치한 후에는 식수로 사용하지 않고 정자와 산책로를 사람들이 쉴 수 있는 공간으로 조성했다. 산책로를 걸으면 약 20분이 소요된다. 연화못은 연꽃이 유명하다. 6월 말에서 8월 말 사이에 가장 화사하게 피어오르며 이때에는 어느 곳에서든 분홍색 연꽃을 배경으로 사진을 찍을 수 있다. 연화못 주변의 버드나무 아래에 앉으면 하늘거리는 나뭇가지 사이로 연꽃과 정자를 한눈에 담을 수 있다. 만약 조선 시대의 풍류가들이 이곳에 있었다면 아름다움에 취해 시 한 소절 뽑아내지 않았을까.'

하가리는 제주 마을의 특징을 잘 보존한 문화유산이다. '올레'라고 하면 해안가를 걷는 트레킹 코스를 떠올리겠지만 올레는 본래 거리에서 대문으로 이어지는 좁은 길을 뜻한다. 옛 제주 사람들은 사생활을 중요하게 여겼는지 올레를 일부러 길고 구불구불하게 만들어 집 안을 바로 볼 수 없게 했다. 하가리의 올레는 다른 곳보다 유난히 긴 편이다. 그래서 다른 곳으로 넘어가는 길인가 싶어 들어섰다가 남의 집 대문 앞이기 일쑤다.

올레를 따라 만든 돌담은 성글게 한 겹으로 쌓아 올렸거나 정교하게 두 겹 혹은 세 겹 이상으로 쌓여 있는 등 형태도 다양하다.

하가리를 산책할 때는 더럭분교–연화지–마을 순서로 동선을 짜자. 더럭분교 아래에 연화지 입구가 있고 입구 반대쪽에서 연화못 산책로가 끝나면 마을로 갈 수 있기 때문이다. 연화지를 빠져나와 아래쪽으로 걷다 보면 버스 정류장과 함께 팽나무 한 그루가 보인다. 그 골목에서부터 마을길을 돌아보고 나온 후 하가리사무소가 있는 옆 골목까지 산책하면 된다. 하가리사무소 옆 골목은 한라산을 배경으로 하는 돌담길로 이어진다. 또한 제주 초가집의 형태가 고스란히 남아 있는 문시행 가옥이 잘 관리되어 있다.

Advice ⓢ

길게 이어지는 하가리의 돌담은 비 오는 날의 추천 여행지 중 한 곳! 까만색 현무암이 빗물을 머금어 반짝반짝 빛나기 때문이다.

Advice ⓙ

돌담은 쓰임새에 따라 명칭이 다르다. 초가의 외벽을 쌓는 돌담은 '축담', 마당과 거리를 잇는 돌담은 '올렛담', 밭과 밭의 경계를 나누는 돌담은 '밭담', 산소를 두른 돌담은 '산담'이라 일컫는다.

가파른 절벽과 유채꽃이 어우러진

한담해안산책로

info **주소** 제주시 애월리
소요시간 왕복 1시간
주차장 있음

car **한담공원** 검색

bus **제주버스터미널 정류장**

1 202번 승차 → 2 한담동 하차 → 3 10분 도보 → 도착

서귀포버스터미널 정류장

1 102번 승차 → 2 고산환승정류장 하차 → 3 202번 환승

4 한담동 하차 → 5 10분 도보 → 도착

한담해안산책로는 해안도로와 매우 가깝지만 절벽 아래에 숨어 있어 쉽게 만날 수 있는 곳은 아니다. 지금은 여행자 대부분이 가고 싶어 하는 여행지 중 한 곳이지만 얼마 전까지만 해도 아는 사람만 아는 곳이었다.

한담공원에서 바라보는 해안산책로는 새까만 현무암과 새파란 바다, 수평선과 구름이 만든 장관은 오랫동안 기억에 남는다. '장산철 산책로' 비석 앞에서는 꼬불꼬불한 산책로를 한눈에 볼 수 있다.

산책로는 1.2km로, 한담부터 곽지과물해수욕장까지 이어진다. 천천히 걸어도 왕복 1시간이면 충분하다. 제주에서 바다를 가장 가까이 두고 걸을 수 있는 길이니 파도 소리도 귓가에 크게 와 닿는다. 산책로 중간 지점에는 소소한 느낌의 작은 해변 두 개가 있다. 용암바위가 구역을 나눠 좁은 해변이 만들어진 것으로, 바닷물에 발을 담그면 오롯이 나만의 해변이 된다. 맑고 화창한 날에는 걷기 좋지만 먹구름이 몰려올 때는 바닷물에 젖을 수 있으니 인근에 있는 전망 좋은 카페에서 차를 마시거나 라면 가게에서 식사를 하자.

해안산책로 시작 지점에는 유명한 가게가 많기 때문에 주차하기 까다로울 수

있다. 그래서 한담공원 주차장을 이용하는 것이 편리하다. 한담공원 주차장에도 자리가 없다면 곽지과물해수욕장 주차장을 이용하자. 산책로를 왕복해야 하는 자가용 여행자가 가장 수월하게 주차할 수 있는 곳이다.
산책로 끝에 위치한 곽지과물해수욕장에는 용천수가 솟는 과물노천탕이 있다. 남녀가 따로 들어가며 무료로 이용할 수 있다.

Advice ⓙ

오르막과 내리막의 경사가 심하지 않고 잘 닦인 길이어서 유모차, 휠체어는 들어갈 수 있지만 자전거, 스쿠터는 들어갈 수 없다.

바 다 와　오 름 을　아 우 르 는　길

함덕서우봉해변

info **주소** 제주시 조천읍 함덕리
여름철 야간개장 시간·기간 19:00~21:00(매년 7월 중순~8월 중순 경)
주차장 있음

car **함덕서우봉해변 공영주차장** 검색

bus **제주시외버스터미널 앞 제주버스터미널 정류장**

① 101번 승차 — ② 함덕환승정류장 하차 — 도착

서귀포버스터미널 정류장

① 101번 승차 — ② 함덕환승정류장 하차 — 도착

함덕서우봉해변은 산호바다 같은 에메랄드 빛깔로 여행자의 발길을 멈추게 한다. 하지만 이곳의 진짜 모습은 서우봉에 올라야 볼 수 있다. 정주항부터 서우봉 아래쪽까지 이어지는 용암빌레와 하얀 모래사장 때문에 외국에 온 듯한 느낌이 든다. 아마도 모래도 새하얗고 바다도 흔히 볼 수 없는 에메랄드빛을 띄기 때문일 것이다.

방언 〉
여는 '바위', '암반'이라는 뜻으로, '물 위로 나온 암반'이라는 뜻이다.

정주항부터 올린여 입구까지는 해벽이 있다. 해벽은 해안을 보호하기 위해 물가에 쌓은 돌담이나 벽을 말한다. 올린여 왼쪽에 있는 작은 해변은 썰물이면 사구가 드러난다. 5월엔 사구 너머로 팔뚝만 한 물고기들이 뛰어논다. 수심이 낮아 어린아이들도 마음 편히 놀 수 있다.

올린여 갯바위에는 육지와 연결된 돌다리가 있다. 다리가 없었다면 썰물 때만 갯바위로 갈 수 있었을 텐데 이제는 언제나 드나들 수 있는 곳이 되었다. 밤이면 불을 켜 놓아 연인들의 데이트 코스로 큰 인기를 얻고 있다.

올린여 오른쪽에 있는 해변은 함덕해수욕장에서 가장 큰 해변으로, 여름철에 야간개장을 하는 곳이다. 이곳도 수심이 낮고 모래가 부드러워 가족들이 많이 찾는다. 해변을 지나면 운동장이 나온다. 운동장에서 바다를 향하는 쪽의 산책로는 서우봉 아래에 있는 해수욕장까지 이어져 있다. 서우봉 아래쪽 해수욕장은 다른 곳보다 수심이 깊어 어린아이들보다 어른들이 많다. 여름철이면 수영복을 입고 몸매를 뽐내려는 사람들이 이곳으로 모인다.

함덕해수욕장에서는 카약을 즐기는 사람들을 자주 볼 수 있다. 어느 방향으로 바람이 불어도 바다가 잔잔해서 카약을 즐기기에 최적의 조건을 갖췄기 때문이다.

서우봉은 올레19코스에 해당하는 길이다. 함덕으로 다시 되돌아와야 한다면 서우봉산책로나 서우봉둘레길을 추천한다. 서우봉둘레길은 서우봉 아래에서 보이는 팔각정까지 100m 정도 올라간 후 왼쪽 길로 가면 나온다. 짧은 코스이고 대부분 평탄하다. 팔각정을 지나 더 오르면 오름 한 바퀴를 크게 도는 산책로 입구에 다다른다. 망오름 쪽으로 출발해도 되고 서우봉 쪽으로 출발해도 된다. 여기서부터는 숲길, 흙길을 걷는 코스이다. 쉼터가 곳곳에 있어 중간중간 쉴 수 있다. 놀멍쉬멍 오를 수 있는 오름길이다.

Advice ⓙ

함덕서우봉해변은 밤에도 불을 켜 놓기 때문에 바다 야경과 산책을 동시에 즐길 수 있다.

Advice ⓢ

해수욕장에는 씻을 곳이 많지만 대부분 따뜻한 물이 나오지 않는다. 찬물로 씻기 싫다면 해변 앞 대명 리조트에 있는 사우나를 이용하자.
이용시간:06:00~21:00, 이용요금:대인 10,000원, 소인 7,000원

정 원 이 아 름 다 운 미 술 관

현대미술관

info
주소 제주시 한경면 저지 14길 35
전화번호 064-710-7801
홈페이지 jejumuseum.go.kr
입장료 성인 2,000원, 청소년·군인 1,000원, 어린이 500원
관람시간 09:00~18:00, 7~9월 09:00~19:00
(매주 월요일, 1월 1일, 설날, 추석 휴무)
매표시간 09:00~17:30, 7~9월 09:00~18:30
소요시간 1시간
주차장 있음

car
저지예술인마을 주차장 검색

bus
제주버스터미널 정류장

1. 151번 승차
2. 오설록 하차
3. 제주오설록티뮤지엄 도보 2분
4. 784-1번 환승
5. 신흥동 하차
도착

서귀포시외버스터미널 맞은편 제주월드컵경기장 서귀포버스터미널 정류장

1. 181번 승차
2. 동광환승정류장 하차
3. 동광환승정류장 도보 2분
4. 784-1번 환승
5. 신흥동 하차
도착

※ 와 은 서로 다른 정류장입니다. 정류장 이동 방법은 16쪽을 참고하시기 바랍니다.

welcome
KIMSOU
제주현대미술관
JEJU MUSEUM OF CONTEMPORARY ART
濟州現代美術館

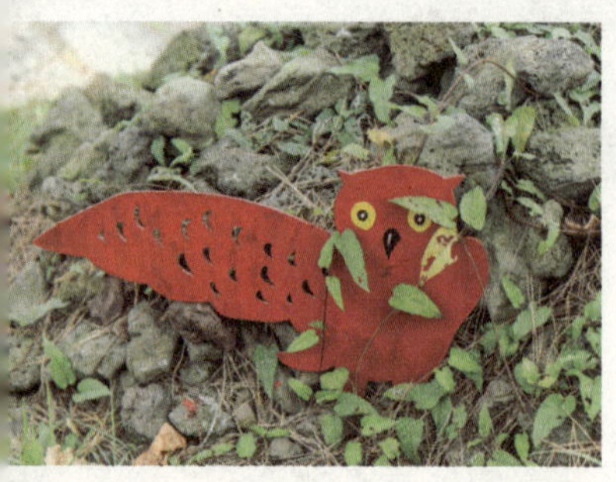

제주에는 예술인들이 모여 사는 저지문화예술인마을이 있다. 그곳에 상징처럼 자리하고 있는 곳이 제주현대미술관이다. 미술관 주차장에는 제주 향기가 물씬 나는 송이석을 깔아 놓았다. 송이길 옆에는 아담한 석상들과 부부 석상, 돌하르방이 있다. 미술관 초입에 있는 분관은 오로지 전시장으로만 사용된다. 분관을 관람한 후 길을 따라 걸으면 현대미술관 본관에 도착한다.

본관은 특별전시실, 상설전시실, 기획전시실, 수장고, 자료실 등으로 나뉘어 있으며 주기적으로 전시회가 열린다. 국내 작가의 작품뿐만 아니라 해외교류전 같은 특별 전시회도 열린다. 박물관 마당에는 세계 각국의 현대조각가 9명의 작품을 영구 전시하고 있다. 뒷마당에는 아트숍, 어린이조각공원, 부엉이 섬이 있고 본관 뒷벽에서는 이중섭 작가의 그림도 볼 수 있다. 이중섭 작가의 그림은 주로 게와 아이들을 주제로 그렸던 것이 모사되어 있는데 모르고 보든 알고 보든 천진난만함이 느껴지는 그림이어서 웃음이 난다. 어린이조각공원에는 장미 얼굴을 한 공룡, 머리는 없고 몸만 있는 말, 몸은 양인데 얼굴은 원숭이인 조각 등 상상 속에서나 있을 법한 동물 조각이 전시되어 있다. 아트숍에서는 지금까지 미술관에서 진행했던 전시 도록과 제주 관련 상품을 구입하고 차를 마실 수도 있다. 아트숍을 지나면 안윤모 작가의 작품인 부엉이 섬이 있다. 빨간 컨테이너로 만든 섬 안에는 작가의 작품뿐만 아니라 아이들과 함께 만든 작품도 있다.

저지문화예술인마을은 미술관 뒷길과 자연스럽게 연결되어 있다. 마을 입구에 저지문화예술인마을 안내도가 있으니 참고하면 된다. 이곳은 헤이리마을처럼 집만 있는 곳도 있고 전시실을 겸한 곳도 있다. 전시실을 매일 여는 곳은 드물기 때문에 미리 연락하고 방문하자. 국내 작가뿐 아니라 팝아트 〈째진눈〉으로 유명한 중국의 평정지애, 제주갈옷 몽생이의 대표도 입주해 있다. 조랑말 작가

이명복은 갤러리 노리를 운영하고 있다. 빨간 간판을 달고 상시 개방하는 갤러리 노리는 젊은 작가의 작품 전시가 많다.
페이지유(page U)는 저지문화예술인마을에 하나뿐인 게스트하우스이다. 게스트 한 명 한 명을 한 권의 책으로 생각한다는 주인장이 지은 이름이다. 산책하며 조용히 머물고 싶은 여행자에게 추천한다. 저지문화예술인마을에서 가장 눈에 띄는 집은 '선장헌'이라 부르는 한옥이다. 제주 곶자왈 지형 위에 세워진 집으로, 평소에는 문이 닫혀 있다. 마을에서 문화 행사를 할 때는 일반인에게 집을 공개하고 전시도 한다. '글오름집'이라 이름 지은 규당미술관, 야생초를 전시하는 방림원도 있다.

Advice ⑤

중산간에 저지문화예술인마을 인근에는 저지오름, 미술관, 마을 산책로 등 걸을 수 있는 코스가 다양하다. 시간적 여유가 있다면 마을에서 머무는 것도 색다른 경험이 될 것이다.

당 신 이 꿈 꾼 바 다

협재해변

info

주소 제주시 한림읍 협재리
개장기간 매년 6월~8월
여름철 야간개장 시간·기간 19:00~21:00(매년 7월 중순~8월 중순 경)
주차장 있음

car

제주시 한림읍 협재리 2447-45, 제주시 한림읍 협재리 2447-22, 협재해수욕장 주차장 검색

bus

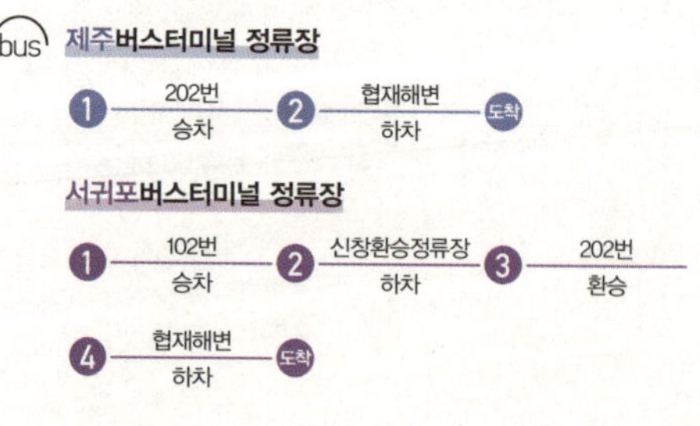

신경숙 작가는 단편 「깊은 숨을 쉴 때마다」에서 협재바다를 '파란 빛의 유쾌함'이라고 표현했다. 수평선 끝에서 파란색 물감을 잘못 흘려 해안가로 밀려온 것 같은 겹겹이 다른 색의 바다가 여행자들을 맞이하는 곳, 협재해변이다. 어떤 한 가지 색으로 표현할 수 없는 아름다운 물빛을 만들어 낸 건 8할이 하얀 모래 덕분이다. 제주 바닷가에는 검은 현무암이 둘러싸여 있어 모래사장을 만나기 어렵다. 하얀 모래는 물속에서 햇빛을 반사하여 푸른빛을 낸다. 협재해변부터 비양도까지 분포된 모래사장 덕분에 수심이 완만하게 깊어져 푸른 물빛이 겹쳐지는 것을 볼 수 있다.

아름다운 바다 덕에 주차장은 언제나 차량으로 넘치고 주차장 앞의 현무암 바위와 근처 모래사장은 사람들로 북적인다. 그래서 물허벅을 진 제주 여인상 근처에서 비양도를 바라보며 사진만 찍고 돌아가는 사람들도 많다. 하지만 비양도를 바라본 것만으로 협재해변을 즐겼다고 말하기엔 아쉽다. 사락사락 발바닥에 부드럽게 감기는 모래사장을 걸어서 처음 입장한 해변의 반대편으로 향하자. 주 해변을 지나 현무암 바위 무리 너머 작은 해변까지 걸어가면 인파

에서 벗어나 호젓한 해변을 즐길 수 있다. 긴 시간을 여유롭게 보내고 싶은 사람들은 일광욕을 즐기며 책을 읽어도 좋다. 그 옆으로는 누군가의 간절한 바람인지 모를 돌탑들이 줄지어 있다. 해안가를 더 걸어가면 금능해변까지 이어지는 길을 만날 수 있다.

아름다운 바다를 시기하는 것인지 협재는 제주의 다른 어느 지역보다 바람이 세다. 바람에 밀려 바다는 하얀 파도를 더욱 자주 만들어 내고 모래를 멀리 날려 보낸다. 꽤 멀리까지 날아간 모래는 해안사구를 만들어 푸른 식물들과 해송이 자랄 수 있게 해 주었다. 덕분에 소나무 그늘 아래로 텐트를 치고 밤을 지새우며 제주의 낭만을 즐기는 사람들을 쉽게 볼 수 있다.

협재가 각광을 받기 시작한 것은 그리 오래되지 않았지만 어느새 많은 여행자들이 들르는 곳이 되었다. 덕분에 분위기 좋은 카페들도 생기고 편의 시설도 잘 갖춰져 있다. 카페에서 보내는 시간도 좋지만 향긋한 음료를 든 채 한적한 해변을 찾아 바람을 느끼며 시간을 보내는 것은 어떨까.

Advice ⓢ

협재해변이 있는 마을은 좁은 도로, 낮은 집, 사철 푸른 가로수가 있는 곳이다. 해변과 함께 마을 한 바퀴 걸어 보는 것도 좋다.

Advice ⓙ

협재해변과 금능해변 사이 소나무숲에는 야영장이 있는데 성수기에는 유료, 비수기에는 무료이다.

SPECIAL
JEJU

1100로

제주 시내(공항 및 시외버스터미널)에서 한라산 남쪽인 중문관광단지가 있는 중문동으로 연결이 되는 도로

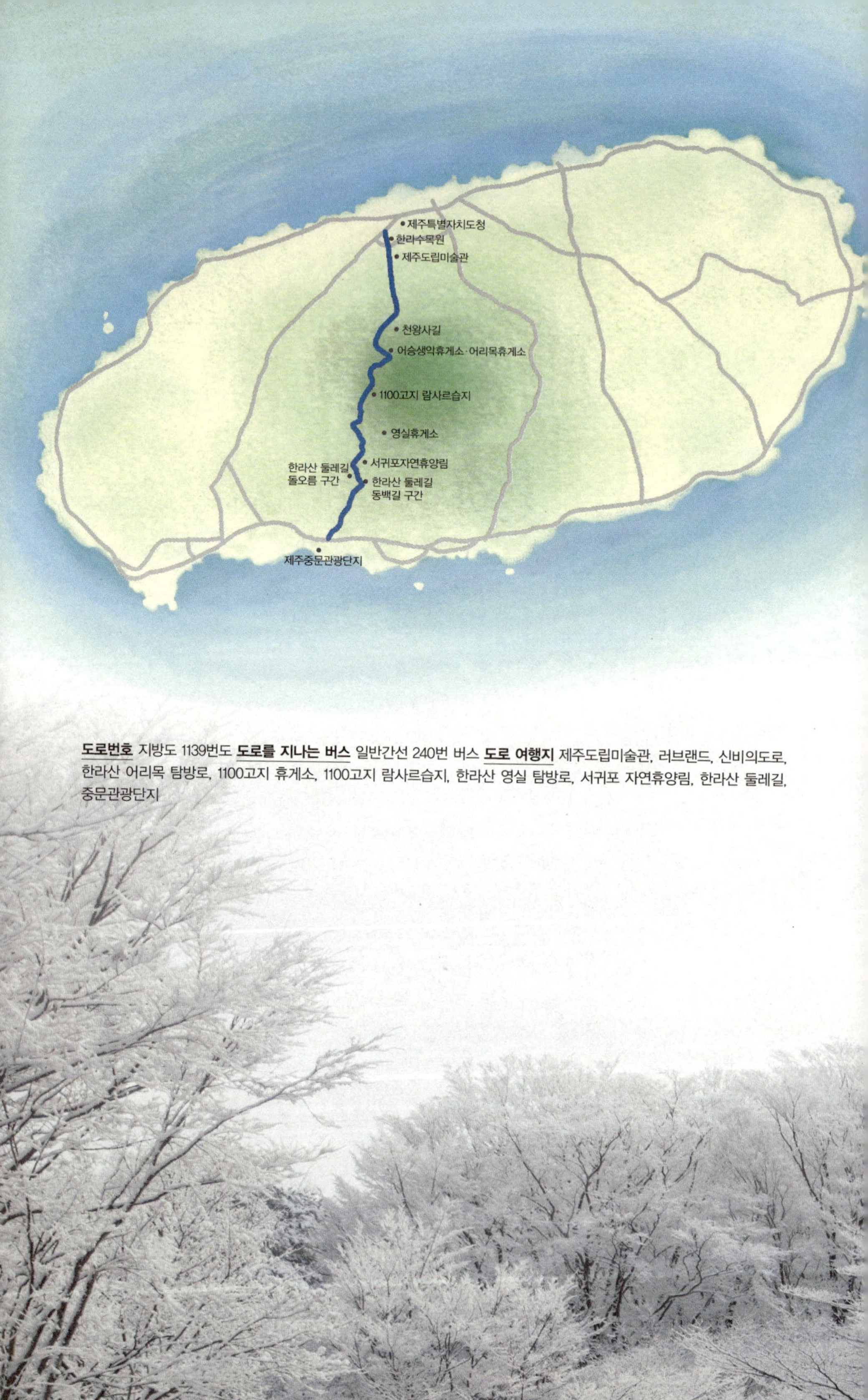

도로번호 지방도 1139번도 **도로를 지나는 버스** 일반간선 240번 버스 **도로 여행지** 제주도립미술관, 러브랜드, 신비의도로, 한라산 어리목 탐방로, 1100고지 휴게소, 1100고지 람사르습지, 한라산 영실 탐방로, 서귀포 자연휴양림, 한라산 둘레길, 중문관광단지

1100로는 제주시와 중문관광단지가 있는 중문동을 연결한다. 이 도로는 한라산의 한가운데를 지나며 해발 1100m에 도로가 위치하여 고지에서 이름을 따왔다. 평화로가 신설되면서 1100로는 관광도로의 역할을 하고 있다. 1100로의 가장 높은 지점에는 휴게소, 전망대, 람사르습지가 있다.

1100로는 계절에 따라 옷을 바꿔 입는다. 여름의 초록은 물론이거니와 가을의 단풍은 제주도 내에서도 손꼽힌다. 특히 어리목탐방소 앞은 붉게 불붙은 듯한 한라산 단풍을 만끽할 수 있다. 겨울이면 1100로는 순백의 옷으로 갈아입는다. 한라산에는 해안 지역보다 눈이 많이 오는데 1100로는 해발 고도가 높아 웬만해서는 눈이 녹질 않는다. 그래서 대폭설이 온 뒤 짧게는 2~3일 길게는 일주일이 넘도록 설국을 즐길 수 있다. 아이들과 함께 온 부모님들이 1100로 구석구석에서 천연 눈썰매를 태워주는 모습도 재미있다. 다만 폭설이 내릴 때에는 미리 교통 상황을 파악하자.

1100로에는 가로등이 없기 때문에 운전이 미숙하다면 평화로를 이용하자. 또한 노루가 도로로 가끔 뛰어드는 경우가 있어 야간 운전은 추천하지 않는다.

버스 여행자는 일반간선 240번 버스를 이용해서 1100로를 이용할 수 있다. 주로 한라산 어리목 코스와 영실코스를 이용하는 여행자가 많이 이용한다. 한라산 한가운데를 지나는 도로이기 때문에 버스 여행자에게는 버스를 타고 내리는 것만으로도 좋은 여행이다.

Advice Ⓢ

눈이 많이 내린 1100로를 즐길 때 도로 옆의 숲으로 들어갔다가 허리까지 눈 숲에 빠져 홀딱 젖을 수 있다. 웬만하면 다져진 부분의 눈길을 이용하고 사람의 발길이 닿지 않은 곳에는 들어가지 않는 것이 좋다.

J E J U

목표 달성처럼 앞만 보고 달리는

걷기 여행은 그만.

가끔은 느리게 걷거나 멈춰 서서 제주를

온전히 느껴 보세요.

향기로운 숲과 새의 지저귐,

낯설지만 편안한 마을 너머 푸른 바다가 당신의

지친 삶을 응원할 것입니다.

9月 쏟아지는 햇살을 받으며

걷고 싶은 제주

지 켜 져 야 하 는 숲 의 진 면 목

곶자왈도립공원

info

주소 서귀포시 대정읍 보성리
전화번호 064-792-6047
홈페이지 jejugotjawal.or.kr
입장료 일반 1,000원, 청소년·군인 800원, 어린이 500원
탐방시간 11~3월 09:00~17:00, 4~10월 09:00~18:00
입장시간 11~3월 09:00~15:00, 4~10월 09:00~16:00
주차장 있음

car

제주곶자왈도립공원 탐방안내소 검색

bus

제주버스터미널 정류장

① 151, 255번 승차 → ② 삼정지에듀 하차 → ③ 15분 도보 → 도착

서귀포시외버스터미널 맞은편 제주월드컵경기장 서귀포버스터미널 정류장

① 181번 승차 → ② 동광환승정류장 하차 → ③ 동광환승정류장 도보 2분
④ 151번 환승 → ⑤ 삼정지에듀 하차 → ⑥ 15분 도보 → 도착

※ 와 은 서로 다른 정류장입니다. 정류장 이동 방법은 16쪽을 참고하시기 바랍니다.

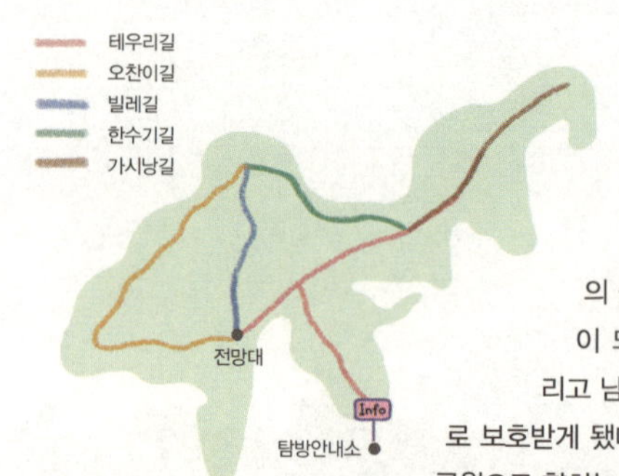

곶자왈도립공원은 제주 서남부 지역의 영어교육도시 안에 있다. 정확하게 말하면 영어교육도시는 곶자왈을 밀어내고 만들어졌다. 화산이 만들고 제주인의 생활사를 함께 했던 유일무이한 독특한 식생의 숲은 대형 주거 단지가 되고 대형 교육기관이 되어 '제주의 허파'라는 말이 무색해졌다. 그리고 남은 곶자왈 지대는 위태롭게나마 도립공원으로 보호받게 됐다. 대정읍 에듀시티로가 주소인 곶자왈도립공원으로 향하는 길은 조금은 낯설고 어딘가 어색하다.

곶자왈도립공원에는 특징별로 나눈 5개의 길이 있다. 그리고 그 길을 탐방 시간과 거리별로 조합해 5개 코스로 구성했다. 이 공원을 방문하는 모든 탐방객이 걷게 되는 테우리길, 신평리 공동목장의 관리를 위해 만들어졌던 오찬이길, 넓고 평평한 바위를 뜻하는 빌레 지대를 걷는 빌레길, 지역 주민들의 농사를 짓기 위해 만들어진 한수기길 그리고 유일한 왕복 구간으로 숯가마와 4.3 유적지가 있는 가시낭길이 있다.

1코스는 탐방안내소를 출발해 테우리길 일부를 지나 전망대를 기점으로 왕복한다. 부분 부분 데크가 놓여 있어 걷기 쉽고 짧은 거리로 사철 푸른 숲에서 산림욕을 즐기기 좋다. 약 1.8km로 40분이 소요된다. 2코스는 테우리길과 한수기길, 빌레길을 걷는다. 탐방로는 한 사람이 다닐 정도로 좁다. 한수기길에 들어서면 울퉁불퉁한 화산석이 깔린 구간이 길어 체력 소모가 제법 많다. 하지만 빌레길에 들어서면 마치 시멘트 바닥을 걷는 것 같이 평평해 크게 힘들지 않다. 이 코스는 난초 군락지나 가는쇠고사리 같은 양치식물로 둘러싸인 구간으로 걸음마다 변화하는 식생을 즐기는 재미가 있다. 약 3.8km로 80분이 소요된다.

3코스는 테우리길, 오찬이길과 빌레길을 걷는 약 4.0km 90분이 소요된다. 용암대지인 빌레와 물이 흐르는 용암협곡을 걸으면 겨울에는 따뜻한 공기, 여름에는 찬 공기가 나오는 숨골을 볼 수 있다. 오찬이길의 일부는 거친 돌길을 걸어야 하므로 주의해야 한다. 4코스는 테우리길과 한수기길, 오찬이길을 이용해 크게 한 바퀴를 도는 코스이다. 한수기길과 오찬이길 모두 거친 구간의 탐방로가 많고 오르내리는 구간이 짧게 이어진다. 따라서 약 4.5km의 거리지만 다른 코스에 비해 힘든 편이다. 공원의 공식 안내에는 약 100분이 소요된다고 하지만 걷기 여행이 익숙하지 않은 여행자라면 시간을 더 넉넉하게 잡아야 한다.

5코스는 4코스에 가시낭길이 더해진 코스이다. 가시낭은 가시나무라는 뜻으로 초입에 멸종 위기 식물인 개가시나무가 군락을 이뤄 붙여진 이름이다. 가장 곶자왈 본 모습 그대로를 즐길 수 있는 곳인 만큼 지형이 험해서 체력 안배에 주의해야 한다. 총 6.7km로 150분이 소요되는데 더 여유 있게 탐방 시간을 잡자. 가시낭길을 왕복해 돌아 나와 한수기길에서 체력적으로 힘이 든다면 비교적 걷기 쉬운 빌레길로 나와도 좋다. 각 길이 만나는 지점에는 쉬고 갈 수 있도록 의자와 테이블이 준비되어 있다. 체력도 보충하고 안내판을 확인해 본인의 위치도 알아 두자.

5개의 모든 코스는 전망대를 지난다. 15m 높이의 전망대에 오르면 남쪽으로는 산방산이 우뚝 서 있고 북쪽으로는 한라산을 향해 푸른 파도처럼 이어지는 곶자왈 지대가 한눈에 들어온다. 사라지지 않았다면 더 큰 파도처럼 이어졌을 숲이 아쉬워지는 풍경이다. 탐방의 시작이자 끝인 탐방 안내소에는 곶자왈에 대한 설명을 볼 수 있는 전시학습실과 쉴 수 있는 카페가 있다. 그리고 탐방로에는 화장실이 없으므로 탐방 안내소 화장실을 미리 이용해야 한다.

Advice ⓢ

5인 이상, 20명 내외라면 숲 해설 탐방을 이용할 수 있다. 탐방을 희망하는 당월의 한 달 전 1일부터 선착순으로 이뤄지고 최소 5일 전까지는 신청을 해야 한다. 전화와 인터넷을 통해서 예약할 수 있다.

Advice ⓙ

가시낭길, 한수기길을 제외하고는 길이 험하지 않고 오르내리는 길이 없어 산책하듯이 걸을 수 있다.

버 스 타 고 떠 나 는 곶 자 왈

교래자연휴양림

info

주소 제주시 조천읍 교래리
전화번호 휴양림매표소 064-710-8673
홈페이지 jejustoneparkforest.com
입장료 어른 1,000원, 청소년·군인 600원
매표시간 3~10월 07:00~16:00, 11~2월 07:00~15:00
소요시간 큰지그리오름산책로 왕복 3시간(편도 3.2km), 생태관찰로 한 바퀴 40분(1.5km)
주차장 있음

교래자연휴양림 주차장 검색

제주버스터미널 정류장

1. 231번 승차
2. 교래자연휴양림 하차
도착

서귀포버스터미널 정류장

1. 101번 승차
2. 남원환승정류장 하차
3. 비안동 도보 2분
4. 231번 환승
5. 교래자연휴양림 하차
도착

곶자왈은 대부분 차가 없으면 찾아가기 힘들다. 반면에 교래자연휴양림은 제주시외버스터미널에서 버스로 한 번에 갈 수 있다.

독특한 식생을 자랑하는 이곳은 휴양지구, 야영지구, 생태체험지구, 삼림욕지구로 나뉘어 있다.

걷는 코스로는 생태체험지구 안에 있는 생태관찰로와 삼림욕지구 안에 있는 큰지그리오름산책로가 있다. 생태관찰로는 약 40분 정도 소요된다. 좁은 산길이기 때문에 트레킹화를 신는 게 좋으며 유모차와 휠체어는 들어갈 수 없다. 큰지그리오름산책로는 편도 3.2km에 왕복 3시간 정도 소요되며 생태관찰로에 비해 길이 좁고 험해서 조심히 걸어야 한다. 중간에 초원길과 숲길로 나뉘고 오름 입구에서 길이 합쳐진다. 초원길은 11월 초까지 진드기에게 물릴 수 있기 때문에 출입을 통제한다. 정상에서면 오름 아래에서 한가로이 풀을 뜯고 있는 소를 쉽게 볼 수 있다. 제주마를 볼 때와는 사뭇 다른 경치이다. 날씨가 좋아 시야가 트일 때는 멀리 성산 바다도 보이고 한라산도 손에 잡힐 듯 가깝게 보인다.

휴양지구 안에 있는 숙박시설인 숲속의초가는 옛 초가를 본떠 지어졌으며 매달 예약 전쟁을 방불케 할 만큼 인기가 있다. 야영지구는 입구까지 차를 타고 갈 수 있고 운동장, 취사실, 화장실 등 편의시설 등이 잘 갖춰져 있다.

Advice ⓙ

생태관찰로와 큰지그리오름산책로에는 화장실이 없으니 미리 다녀오자.

Advice ⓢ

큰지그리오름산책로는 울퉁불퉁한 돌이 깔려 있으며 오르막과 내리막 길이 많다. 게다가 오름도 올라야 하기 때문에 체력 분배를 잘해야 한다.

너, 나, 우리가 함께 걷는 길

너나들이길

info
주소 제주시 봉개동
전화번호 절물자연휴양림 064-728-1510
홈페이지 jeolmul.jejusi.go.kr
입장료 성인 1,000원, 청소년 600원, 어린이 300원
소요시간 편도 2시간(3km)
주차장 있음(1일 요금:경형자동차 1,000원, 중·소형 2,000원, 대형 3,000원)

car
절물자연휴양림 주차장 검색

bus
제주시외버스터미널 앞 제주버스터미널 정류장

① 343번 승차 → ② 절물자연휴양림 하차 → 도착

서귀포버스터미널 정류장

① 182번 승차 → ② 제주지방법원 하차 → ③ 고산동산 도보 4분 → ④ 343번 환승 → ⑤ 절물자연휴양림 하차 → 도착

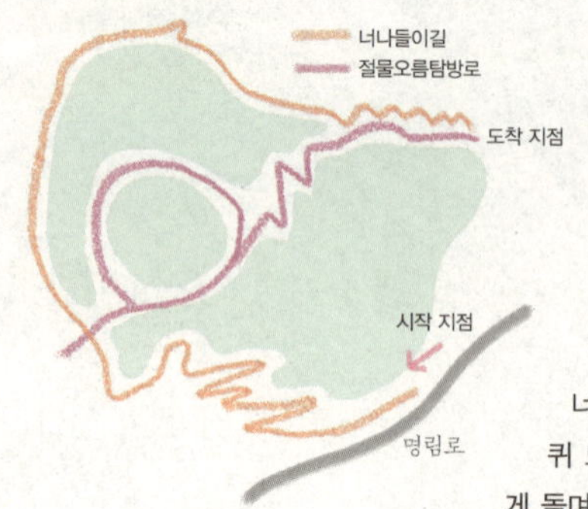

절물자연휴양림에는 많은 길이 있다. 대표적으로 장생의숲길 시작 지점이고 편백나무 숲길도 이곳을 지나간다. 그뿐만 아니라 생이소리길, 오름길 등 다양한 길로 절물오름과 휴양림을 즐길 수 있다. 그중 너나들이길은 반기문 UN사무총장이 걸었던 반기문 산책로를 연장해서 만든 길이다.

너나들이길은 휴양림 내의 절물오름을 크게 한 바퀴 도는 길이다. 총 길이는 3.2km로 오름을 완만하게 돌며 거의 정상에 미치는 높이까지 올랐다가 내려올 수 있다. 이 길은 단 한 개의 계단도 없이 평평한 나무 데크로 이루어져 있다. 천천히 걷는 사이 '이렇게 높이 올라왔어?'라는 생각이 들 만큼 완만한 길이 이어진다. 유모차는 말할 것도 없고 계단이 부담스러운 노약자와 휠체어 여행자도 편하게 다닐 수 있다.

장생의숲길과 만나는 구간의 삼나무숲을 제외하면 대부분 활엽수가 서식한다. 여름에는 높게 솟은 나무의 푸른 잎들이 뜨거운 볕을 막아 주고 가을에는 울긋불긋 화려한 색으로 변해 정취를 더한다. 숲 사이로는 절물오름의 정상을 바라볼 수 있다. 오름 중반부에 자라는 나무에는 이름표가 붙어 있다. 까마귀베개, 덜꿩나무 등 재미있는 이름을 찾아보자. 또한 이름표에 QR코드를 인식하면 해당 나무와 관련된 내용을 볼 수 있다.

너나들이길로 가는 방법은 여러 가지가 있다. 휴양림방문자센터 옆에 있는 길을 따라 오르는 것과 생이소리길 입구에서 시작하는 것이다. 또는 오름산책로 입구의 오른쪽 길로 오를 수 있는 방법도 있다. 어차피 오름을 한 바퀴 돌아 내려오면서 모두 거칠 수 있는 곳이기 때문에 시작은 어디에서 해도 무방하다.

절물자연휴양림에는 이미 많은 숲길이 연계되어 있는데 절물오름에 기둥을 박고 나무 데크를 설치하는 등 자연을 훼손하여 길을 또 만드는 이유가 있느냐는 항의도 있었다. 자연이 희생을 감내하며 더 많은 사람이 쉽게 이곳에 다녀갈 수 있도록 허락해 주었으니 부디 깨끗하고 조용히 길을 빌리는 마음으로 이곳을 걸었으면 한다.

Advice ⓢ

절물자연휴양림에서 트레킹을 원한다면 장생의 숲길을 이용하자. 절물오름만 오르고 싶다면 오름탐방로를 이용하자. 또한 삼나무와 소나무가 울창한 휴양림을 크게 한 바퀴 돌 수 있는 길 등 다양한 테마로 휴양림을 즐겨 보자.

사 려 깊 은 곶 자 왈 의 한 때

동백동산

info
주소 제주시 조천읍 선흘리
전화번호 탐방안내소:064-784-9445
사무실:064-784-9446
람사르마을 홈페이지 ramsar.co.kr
(홈페이지에서 동백동산 해설 프로그램 예약 가능)
관람시간 09:00~18:00
주차장 있음

car
동백동산탐방안내소(제주시 조천읍 동백로 77) 검색

bus
제주시외버스터미널 앞 제주버스터미널 정류장

1. 101번 승차
2. 함덕환승정류장 하차
3. 704-4번 환승
4. 동백동산습지센터 하차 — 도착

서귀포버스터미널 정류장

1. 101번 승차
2. 🚌 함덕환승정류장 하차
3. 🚌 함덕환승정류장 도보 1분
4. 704-4번 환승
5. 동백동산습지센터 하차 — 도착

※ 🚌와 🚌은 서로 다른 정류장입니다. 정류장 이동 방법은 16쪽을 참고하시기 바랍니다.

연중 습도 100%, 겨울 평균 온도 18℃, 여름 평균 온도 21℃. 선흘곶자왈의 습지 지역인 동백동산의 안내문이다. 실제로 이곳에서는 한겨울에도 따뜻하고 피부가 촉촉해지는 것을 느낄 수 있다. 여름에는 땀이 주룩주룩 흐를 만큼 습도가 높지만 온도가 낮아 비교적 시원하다.

곶자왈의 특이한 기후 때문에 나무 씨앗은 바위틈에서도 발아하고 뿌리가 땅속으로 뻗을 수 있었다. 그래서 이곳은 남방한계 식물과 북방한계 식물이 공존하고 열대우림처럼 나무뿌리와 바위가 뒤엉키게 되었다. 하지만 지대가 빌레인 탓에 땅속으로 깊게 뿌리 내리지 못한 나무가 쓰러져 고사하는 모습도 종종 볼 수 있다. 제주 본연의 식생 형태가 고스란히 남아 있는 동백동산은 높이 솟은 나무 때문에 조각난 햇빛이 숲 사이로 드문드문 내려앉는다. 깊은 숲으로 들어갈수록 주위는 어둡고 어지러워진다.

동백동산 곳곳에는 용암 때문에 생긴 동굴이 있다. 동굴은 땅 속의 열과 습도를 밖으로 분출하여 곶자왈의 기후를 조성하고 빗물을 흘려보내 지하수를 만들었다. 더불어 크고 작은 물웅덩이와 연못을 만들어 냈는데 그 중 가장 큰 연못이 먼물깍이다. 이 연못은 가축에게 물을 먹이던 곳이었지만 현재는 람사르 습지로 등록되었으며 멸종위기 야생식물인 순채로 뒤덮여 있다.

출입구는 동백로 방향의 동백동산습지센터와 함덕초등학교 선흘분교장 인근에 있다. 이 두 곳을 잇는 거리는 약 2.1km로 35분 정도 소요된다. 버스 여행자나 렌터카 여행자 모두 어느 곳에서 출발을 해도 좋다. 다만 탐방로 전체를 다 걸을 수 없는 렌터카 여행자라면 먼물깍을 지나는 선흘분교장 인근에 주차를 하고 걷는 것을 추천한다. 선흘 1리 정류장에서 여행을 시작하는 버스 여행자라면 동백동산을 걸은 후 동백동산습지센터 정류장을 이용해 다음 여행지로 이동하면 된다. 동부 관광지 순환버스를 이용해 다음 여행지로 쉽게 이동할 수 있다.

Advice Ⓢ

여름에 동백동산은 습지도 많고 습도도 높아서인지 모기가 많다. 따라서 긴팔 옷은 필수이며 아이들과 함께 여행을 한다면 여름은 피하는 것이 좋다.

Advice Ⓙ

선흘1리는 람사르마을세계1호로 지정되었으며 생태관광 코스로 알려져 있다.

머 체 골 을 둘 러 싼 온 기 넘 치 는 숲

머체왓숲길

info **주소** 서귀포시 남원읍 서성로 755
전화번호 머체왓숲길 방문객지원센터 064-805-3113
소요시간 한 바퀴 3시간
주차장 있음(주차비 무료)

car **서귀포시 남원읍 서성로 755** 검색

bus **버스로 이동하는 방법** 없음

머체왓숲길 입구에는 오승철 시인의 〈터무니 있다〉 시비가 있다. 이곳은 예부터 돌(머체)이 많아 '머체골'이라고 불리던 마을이었다. 주로 목축업을 하며 살아가던 머체골 주민은 4.3사건에 휘말려 학살당하고 의귀터만 남긴 채 마을은 사라졌다. 현재는 머체왓숲길이 되어 여행자들을 맞이하고 있다.

숲길은 새색시 같은 한라산을 마주보고 느쟁이왓목장을 가로지르며 시작한다. 짧은 목장길이 끝나면 숲길이 시작된다. 제남방기원 쉼터에는 큰 바위를 집어삼킬 듯 끌어안은 나무가 기운차게 서있다. 누군가 쌓았을 돌탑 앞에서 소원을 빌어 보자. 큼직한 삼나무 사이로 난 흙길을 따라가면 조록낭숲길에 다다른다. 이 곳의 조록낭들은 서로 더 많은 햇빛을 받으려는 듯 나뭇가지가 덩굴처럼 위를 향해 꼬여 있거나 늘어져 있다. 평화로운 숲과는 다르게 건천을 가운데 두고 얽히고설킨 나무들의 기괴한 풍경이 감탄을 자아낸다. 완만한 오르막을 오르면 남원 앞바다를 볼 수 있는 머체왓전망대에 다다른다. 이곳에는 조록낭숲과는 다른 곳임을 알리듯 두 그루의 나무가 표식처럼 서있다. 여기까지 왔다면 머체왓숲길을 1/2 정도 걸은 것이다.

방언 〉
낭은 제주 방언으로 나무라는 뜻이다.

전망대를 지나면 완만한 내리막길의 후반부 코스이다. 말을 방목하는 넓은 초지대를 지나면 편백나무숲과 삼나무숲을 지나는 산림욕길이 이어진다. 이 길에는 형태를 잘 유지한 상잣이 있다. 삼나무 숲 가운데 돌담으로 만들어진 길을 따라 들어가면 마을 터가 나오는데 이곳이 머체골이다. 지금은 집터, 통시(화장실)터, 우영팟(텃밭)을 구분하는 담만 남아 있지만 쉽게 마을의 모습을 상상할 수 있다. 산림욕길이 끝나면 짧은 임도를 거쳐 서중천숲터널로 들어선다. 이 길은 참꽃나무 군락지로 5월이면 진한 다홍빛의 꽃터널이 만들어지고 여름이면 햇빛을 가려주는 초록의 숲터널로 모습을 바꾼다. 서중천은 건천임에도 물이 고인 모습을 자주 볼 수 있는데 '올리튼물'이라고 부르는 크고 넓은 연못도 만날 수 있다. 서중천 구간이 끝나고 도로가 나오면 길은 시작 지점으로 돌아간다.

각주 〉
상잣은 중산간에 돌담을 쌓아 방목한 소와 말이 한라산 방향으로 도망가지 못하게 만든 담. 마을 방향으로 내려가지 못하게 쌓은 담은 하잣이라고 부른다.

머체왓숲길은 약 6.7km로 여유롭게 걸으면 3시간 정도 걸린다. 혹시 이 길이 짧거나 아쉽다면 편백숲 삼림욕을 할 수 있는 머체왓소롱콧길을 걸어보자. 서중천길로 들어서기 전에 소롱콧길의 이정표를 따라가면 된다. 소롱콧길을 연계해 걸을 경우에는 약 4시간 20분 정도의 시간이 소요된다. 머체왓소롱콧길은 머체왓숲길과는 전혀 다른 독립된 코스로 걸을 수도 있다. 총 길이는 약 6.3km로 머체왓숲길을 걷는 것과 비슷한 시간이 걸린다.

Advice ⓢ

목장 근처에는 작은소참진드기가 채집되곤 한다. 머체왓숲길에도 야외 활동이 활발한 5~9월에 많이 발견된다. 이 때에는 두껍고 긴 양말을 신고 긴바지를 입어 피부를 드러내지 않는 게 좋다.

Advice ⓙ

시간이 없는 여행객은 약 한 시간 정도 걸리는 서중천숲터널이라도 꼭 걷길 바란다. 종점부터 뻗어 나가는 이곳은 평탄한 길이며 새소리, 물소리 들을 수 있다.

EAST JEJU

접 근 성 좋 은 깊 은 숲 을 걷 다

붉은오름 자연휴양림

info

주소 서귀포시 표선면 남조로 1487-73
전화번호 064-782-9171
홈페이지 healing.seogwipo.go.kr
입장료 일반 1,000원, 청소년·군인 600원
주차장 있음(1일요금:경형자동차 1,000원, 중·소형자동차 2,000원, 대형자동차 3,000원)

car

붉은오름자연휴양림 검색

bus

제주버스터미널 정류장

① 231, 232번 승차 → ② 붉은오름휴양림 입구 하차 → 도착

서귀포버스터미널 정류장

① 101번 승차 → ② 남원환승정류장 하차 → ③ 비안동 도보 2분 → ④ 231, 232번 환승 → ⑤ 붉은오름휴양림 입구 하차 → 도착

붉은오름자연휴양림은 제주시와 서귀포시를 잇는 남조로 가운데에 있다. 덕분에 자동차와 대중교통 모두 접근성이 좋아 제주시와 서귀포시를 가로지르는 일정에 넣기 좋은 여행지이다. 또한, 다양한 탐방로는 여행자의 시간과 사정에 맞게 선택할 수 있고 어떤 길을 걸어도 깊은 숲을 만날 수 있어 만족스럽다. 비교적 문을 연 지 얼마 되지 않아 시설이 깨끗하고 관리가 잘 되어 있어 쾌적하게 이용할 수 있다.

휴양림을 크게 한 바퀴 돌아 여러 탐방로로 드나드는 관문인 상잣성 숲길은 가장 많은 여행자가 찾는다. 방문자센터를 지나자마자 시작되는 3.2km의 길은 해송림을 시작으로 천연림과 삼나무림을 걷게 된다. 숲길 중간에는 마장(馬場)과 경계를 이루는 돌담인 상잣성을 지나는데 넓고 시원한 초지와 한가로운 말을 볼 수 있는 전망대가 있어 숲과 대조되는 풍경을 감상할 수 있다. 이 마장은 한국마사회에서 조성한 제주 경주마 육성 목장이다. 탐방로는 야자수 매트로 정비되어 있고 거의 전 구간이 평지로 걷기 쉽지만 운동화는 필수다. 소요 시간은 약 1시간이다.

해맞이 숲길은 휴양림에서 말찻오름까지 이어지는 약 6.7km의 긴 길이다. 삼나무가 가지런히 놓인 숲길을 시작으로 낙엽활엽수가 주종을 이루는 깊은 숲을 걷다 보면 심심치 않게 노루를 만날 수 있다. 시작점에서 말찻오름 입구까지 고도차이가 100m가량 있어서 오르막이 익숙하지 않다면 체력을 안배해서 걷고 말찻오름 입구에서 더 오를 것인지 판단해야 한다. 야자수 매트와 흙길이 번갈아 이어지므로 운동화보다 등산화를 권한다. 소요 시간은 말찻오름 등반 시간을 포함해서 약 2시간이다.

말찻오름과 함께 휴양림에서 탐방 가능한 붉은오름에도 약 1.7km 길이의 붉은오름정상등반로가 있다. 붉은오름은 흙의 색이 붉다고 해서 붙은 이름인데 실제로 오름 대부분이 붉은 화산 송이로 덮여 있다. 오름의 초입에는 상산나무가 즐비한데 잎사귀에 닿으면 레몬 혹은 더덕 같은 산뜻한 향이 퍼져 탐방을 이채롭게 한다. 정상부에 오르면 울창한 숲을 이룬 분화구를 한 바퀴 돌 수 있고 전망대에서는 한라산을 향해 첩첩이 쌓인 오름군과 가시리 풍력발전단지를 넘어 성산 앞바다까지 한눈에 볼 수 있다. 등반로는 야자수 매트와 나무계단으로 되어 있어 걷는데 어려움은 없지만 운동화를 추천한다.

붉은오름자연휴양림의 탐방로는 상잣성길을 중심으로 다양한 코스로 조합해 걸을 수 있다. 걷기 여행이 익숙한 여행자라면 상잣성길–해맞이숲길–상잣성길의 약 9.9km의 코스를 계획할 수 있고, 다양한 풍경을 즐기고 싶다면 상잣성길–붉은오름정상등반로–상잣성길의 코스도 고려해볼 만하다. 다만 본인의 체력을 틈틈이 점검하고 중간에 빠질 수 있는 길을 알아 두자.
휴양림 내에는 걷는 길 외에도 다양한 편의시설이 있다. 삼나무 데크와 해송림에는 넓은 평상이 있어 돗자리나 텐트를 가지고 오면 온종일 삼림욕이 가능하다. 그리고 다양한 인원을 수용 가능한 숙박 시설이 있어 한밤의 고즈넉한 휴양림을 즐길 수 있다. 야외 공연장이나 세미나 시설도 갖춰져 있어 숙박 시설 이용과 함께 단체 행사의 진행이 가능하다. 또한, 나무를 활용한 어린이 놀이 시설과 생태 연못에서 아이들과 시간을 보내도 좋다. 휴양림 내 숙박 예약은 홈페이지에서 매월 1일 오전 9시부터 다음 달 예약을 할 수 있다.

Advice ⓢ

모든 탐방로에는 중간에 이용할 수 있는 화장실과 음수 시설이 없다. 미리 물과 간식을 준비하고 방문자센터에서 미리 화장실을 이용하자.

Advice ⓙ

숲길이라고 하지만 산길에 가깝고 깊은 숲까지 들어간다. 혼자 걷기보다는 같이 걷기를 추천한다.

비자림로 따라 숲에서 오름까지

사려니-민오름트레킹

info **주소** 제주시 조천읍
소요시간 편도 약 1시간 20분(5.2km)
주차장 있음

car **사려니숲길 입구(장애인 등 부득이한 경우 이용 가능)** 검색

bus **제주버스터미널 정류장**

① 212, 222, 232번 승차 → ② 사려니숲길 하차 → 도착

서귀포버스터미널 정류장

① 182번 승차 → ② 교래입구 하차 → ③ 15분 도보 → 도착

사려니숲이 유명세를 타기 전부터 비자림로로 불리는 1112번 도로는 유명한 드라이브 코스였다. 높게 자란 삼나무숲이 2차선 도로를 고즈넉하고 로맨틱하게 만들기 때문이다. 사려니-민오름트레킹은 이 도로를 따라 만들어진 숲길을 걷는다. 도로 때문에 자동차 소리만 들릴 것 같지만 새와 바람 소리만 들리는 완벽한 숲길 트레킹 코스이니 걱정하지 말자.

시작 지점은 사려니숲(물찻오름 방향)이다. 휴식을 즐기려는 여행자들로 북새통을 이루는 사려니 출입구 왼편으로 향하면 한가한 삼나무숲에 두 사람 정도 들어설 수 있는 좁은 길과 민오름 이정표가 나온다. 이곳이 본격적인 트레킹 코스의 시작 지점이다. 바닥에는 야자수 매트가 깔려 있고 나뭇가지에는 한글, 영어, 일본어, 중국어로 적힌 붉은색 리본 이정표가 많이 걸려 있다. 변변한 이름조차 없는 트레킹 코스이지만 길 잃을 염려는 없다.

각주 〉
높이 1~2m,
긴 타원형의 잎을 가진
볏과의 작은 대나무이다.

삼나무숲길을 지나면 건천과 조릿대 등 다양한 수종이 혼재한 숲을 걷게 된다. 오르막길과 내리막길이 자주 있지만 바닥이 울퉁불퉁하지 않아 체력 소모가 많지 않다. 이 길을 따라 걷다 보면 도로가 나타난다. 지도에는 명도암입구교차로를 지난 지점으로 표시된다. 이곳에서 도로를 건너고 숲을 걸으면 민오름 등반로 이정표가 나타난다. 오름 높이는 136m로 높고 가파르다. 걸어온 숲길이 난이도 하라면 민오름을 오르는 길은 중·상이다. 하지만 등반로가 나무 계단이어서 위험하지 않다. 또한 그늘이 있어 여름에도 햇볕을 피해 오를 수 있다. 오름 정상에 올라서면 한라산과 동부 오름군은 물론 초지와 울창한 숲이 묘한 조화를 이룬 풍경을 볼 수 있다.

민오름 정상에 오르면 트레킹 코스는 끝난다. 민오름 정상에서는 여러 곳으로 하산할 수 있는데 그 중에서 절물자연휴양림 방향으로 하산하는 것이 좋다. 정상부에서 조금만 내려오면 이정표와 폐타이어 매트를 볼 수 있다. 하산길 끝에는 목장이 있다. 그 길을 따라 도로로 나가면 버스 정류장을 발견할 수 있다.

사려니-민오름트레킹 코스는 편도 약 5km로 1시간 20분 정도 소요된다. 짧고 편히 걸을 수 있어 다음 여행지와 연계해도 좋다. 근처의 절물자연휴양림으로 이동하여 삼나무숲에서 삼림욕을 즐기거나 휴양림 내에 있는 너나들이길을 걸어도 좋다. 걷기 여행이 익숙하다면 절물오름도 오를 수 있는 장생의숲길도 가자.

Advice ⓙ

트레킹 코스의 불편한 점 중 하나가 화장실 문제이다. 사려니-민오름트레킹에도 중간에 화장실이나 휴게시설이 없으니 사려니숲길 입구에 있는 화장실을 미리 이용하자.

안 개 비 내 리 는 숲 으 로 의 초 대

사려니숲길

info **주소** 제주시 조천읍 교래리
전화번호 064-900-8800
소요시간 편도 3시간(10km, 일부 구간 자연휴식제로 인해 폐쇄 기간 있음)
주차장 있음

car **입구1 사려니숲길 입구(장애인 등 부득이한 경우 이용 가능)** 검색
입구2 서귀포시 표선면 가시리 산158-4 검색

bus **입구2 제주시외버스터미널 앞 제주버스터미널 정류장**

① 131, 132번 승차 → ② 붉은오름 하차 → 도착

입구2 서귀포버스터미널 정류장

① 101번 승차 → ② 남원환승정류장 하차 → ③ 비안동 도보 2분 → ④ 231, 232번 환승 → ⑤ 붉은오름 하차 → 도착

※ **입구1**의 버스 이동 방법은 222쪽을 참고하시기 바랍니다.

버스를 타고 사려니숲길 입구를 찾아가는 방법은 쉽다. 고대 원시림 분위기가 풍기는 비자림로를 먼저 느껴 보고 사려니숲길로 가고 싶다면 급행 112, 132번이나 일반간선 281번 버스를 타고 교래입구 정류장에서 내린 후 왼쪽으로 빠지자. 비자림로 입구 오른편에 좁은 샛길이 있는데 그 길을 따라 15분 정도 걸으면 사려니숲길 입구에 도착한다. 물론 숲길 입구까지 가는 버스도 있다. 출구쪽에는 붉은오름 정류장이 있어 제주시 또는 서귀포시로 쉽게 이동할 수 있다.

방언 〉
아기자기하고 사랑스러우며 예쁘다라는 뜻이다.

사려니숲길은 '아꼽다'라는 말이 잘 어울린다. 숲길 근처에 1m내외로 자라 7월에 절정을 이루는 산수국은 흔히 보는 수국처럼 화려하지 않다. 하지만 아기자기하고 사랑스런 모양새가 이곳과 잘 어울린다.

본래 사려니숲길은 1112도로인 비자림로에서 물찻오름과 사려니오름까지 15km에 달하는 길이지만 현재는 자연휴식년제로 인해 물찻오름에서 붉음오름까지 가는 길만 개방되어 있다. 이 길은 10km에 달하며 3시간 정도 소요된다. 물찻오름과 붉은오름 양방향으로 출입할 수 있다. 트레킹 여행자는 완만한 내리막길인 물찻오름을 시작 지점으로 정한다. 따라서 10km에 달하는 사려니숲길을 완주하고 싶다면 물찻오름에서 시작하기 바란다.

숲길 시작 지점에는 리플렛을 받거나 숲에 대한 정보를 들을 수 있는 숲에on 정보센터가 있다. 이곳은 비가 많이 내리면 사람이 다닐 수 없을 정도로 물이 불어난다. 게다가 중간에 빠져나올 수 있는 출구가 없어 고립될 위험이 있다. 정보센터는 이러한 상황에 대비하여 숲길을 통제하는 역할을 한다.

이 얘기를 들으면 비가 오는 날에는 사려니숲길을 여행 코스에서 빼야할 것 같지만 사려니숲길의 숨은 비경은 비가 왔을 때만 볼 수 있다. 다만 소나기나 장마가 아닌 보슬비가 내리는 날 가야한다. 옷이 젖을 듯 말 듯 내리는 비는 숲을 몽환적인 세계로 만든다. 촉촉이 젖은 잎은 제 빛깔을 찾고 숲의 향기는 온 몸을 감싼다. 자욱한 안개 사이로 보이는 숲은 다른 세계로 향하는 입구처럼 보인다. 날씨, 계절마다 다른 풍경을 만들어 내는 사려니숲길의 매력은 어디까지인지 알 수 없다.

숲길의 시작 지점부터 중간 지점까지는 양치식물과 나무가 뒤엉켜 마치 〈반지의 제왕〉에 나오는 호빗마을과 같은 분위기를 풍긴다. 1.5km를 지나는 구간에는 제주도를 상징하는 참꽃나무숲과 천미천의 일부인 새왓내가 있다. 5km 지점에 있는 월든숲은 '치유와 명상의 숲'이라고도 불린다. 기존 길에서 조금 벗어나 나무 데크로 만들어졌다. 차량 한 대가 지날 수 있을 만큼의 넓은 길을 걷다 좁은 데크길로 들어서니 숲이 더 가까이 다가오는 기분이다. 하지만 쿵쿵거리는 소리가 들리는 데크보다 자박자박 흙 밟는 소리가 나는 오솔길이었으면 더 좋을 것 같다. 숲의 중간 지점부터는 쭉 뻗은 삼나무로 가득하다. 40m까지 자라는 삼나무는 압도적인 분위기를 풍긴다. 특히 겨울에 눈으로 뒤덮인 삼나무길은 겨울 왕국에 온 것 같은 기분을 마음껏 누릴 수 있다.

〈방언
억센 벌판사이를 흐르는 냇물이라는 뜻이다.

Advice ⓘ

사려니숲길에서 붉은오름으로 가는 길은 통제되어 있다. 붉은오름에 오르고 싶다면 붉은오름자연휴양림을 이용하자. 붉은오름자연휴양림 입구는 사려니숲길 출구인 붉은오름 버스정류장에서 제주시 방향으로 1km 정도만 걸으면 보인다. 붉은오름자연휴양림 안에는 붉은오름 정상 등반길, 상잣성숲길, 해맞이숲길 등 걷는 코스도 있다.

Advice ⓢ

내비게이션에서 사려니숲길을 검색하면 대부분 물찻오름 입구 방향을 안내한다. 하지만 물찻오름 입구는 차량을 주차할 수 없다. 근처에 주차장이 있지만 30분 가량 숲길을 따라 이동해야 한다. 짧은 시간 사려니숲길만 걷고 싶은 여행자라면 남조로의 붉은오름 방향 출입구를 이용하자. 정식 주차장은 아니지만 비교적 넓은 공간이 있어 주차하는 데 전혀 어려움 없이 숲으로 갈 수 있다. 또한, 삼나무 숲길이 더 길게 이어지는 구간이라 여행 기간이 짧은 여행자라면 붉은오름 방향 출입구에서 시작하는 여행을 추천한다.

80만 년의 시간을 품은 길

산방산-용머리해안 지질트레일

info **주소** 서귀포시 안덕면 사계리, 덕수리, 화순리 일대
산방산 관광지 관리사무소 전화번호 064-794-2940
소요시간 A코스:한 바퀴 3시간 30분 내외(13.2km)
A단축코스:한 바퀴 3시간 내외(10.5km)
B코스:한 바퀴 3시간 내외(10km)
주차장 A코스, B코스 용머리해안 주차장 이용

car **용머리해안 주차장** 검색

bus **제주버스터미널 정류장**

① 251번 승차 – ② 산방산 하차 – 도착

서귀포버스터미널 정류장

① 202번 승차 – ② 산방산 하차 – 도착

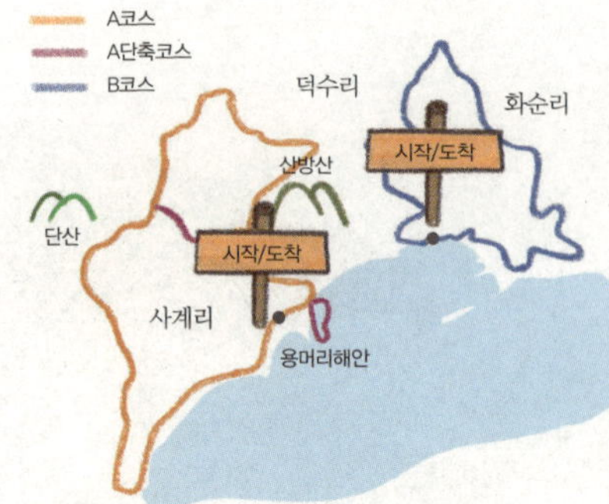

제주는 80만 년의 시간을 고스란히 품은 화산섬으로 2010년에 섬 전체가 유네스코 지질공원으로 지정되었다. 그중 뛰어난 경관의 산방산과 용머리해안을 포함한 총 12곳이 핵심지질 명소로 지정되었다. 산방산-용머리해안 지질 트레일은 경이로운 지질 자원과 척박한 화산섬에 뿌리내린 마을의 역사 및 문화를 함께 볼 수 있다.

산방산과 용머리해안은 이 코스의 시작 지점이자 도착 지점이며 이곳을 중심으로 두 개의 코스로 나뉜다. A코스는 선 굵은 풍경을 즐길 수 있다. 사계포구에서 시작하여 약 1.6km의 해안 구간에서는 산방산과 한라산을 한눈에 담을 수 있다. 또한 멀리서 볼 때는 고양이 귀 같고 가까이에서 보면 날카로운 벼랑과 바위로 둘러싸인 칼날 같은 단산도 눈길을 끈다. 이 코스 내에 포함된 덕수리는 담부터 집까지 온통 돌로 쌓은 오래된 마을길과 울퉁불퉁한 근육을 떠올리게 하는 산방산의 뒷면을 마주보고 걸을 수 있다. 차 한 대가 겨우 지날 너비의 조면암 돌담으로 이어진 농로를 걸으면 온갖 농작물이 자라는 밭은 물론 '산듸쌀'이라고 부르는 밭에서 자라는 벼도 볼 수 있다. 남쪽의 망망대해가 한눈에 들어오는 산방연대를 거치면 코스는 끝이 난다. B코스는 촉촉함이 느껴지는 길이다. 물이 귀한 제주에서 하강물, 엉덕물, 곤물 등 깨끗한 용천수가 솟는 마을을 만날 수 있다. 또한 바다와 만나는 현무암 계곡인 황개천도 지나는데 물이 좋아 여름철 동네 수영장으로 이용되며 가뭄이 들면 농수원으로 활용된다. 천의 중간 지점인 절벽 아래에는 개끄리민소가 있다. 풍부한 수량을 증명하듯 깊이를 알 수 없는 진한 물빛을 자랑한다. 또한 바위의 옆을 쪼아 만든 수로도 볼 수 있다. 마을길을 벗어나면 습도 높은 화순곶자왈의 숲길을 즐길 수 있다.

A코스는 총 13.2km로 3시간 30분 정도 소요되는데 단산을 오르는 코스를 선택할 경우에 40분이 더 소요된다. 덕수리마을을 거치지 않는 단축 코스도 있는데 이 경우에는 총 10.5km로 약 3시간이 걸린다. B코스는 총 10km로 약 3시간이 소요된다. 약 3km의 화순곶자왈을 탐방할 경우 40분가량의 탐방 시간이 더 소요된다. A코스에 포함되는 용머리해안은 밀물 때나 파도가 심할 때 탐방이 제한되니 코스 시작 전후에 선택하여 방문하자.

Advice ⓢ

걷기 전에 산방산 혹은 용머리해안의 매표소 및 안내소에서 무료 탐방 지도와 해설서를 받자. 탐방 지도에는 코스 안내, 식당과 매점 정보 및 화장실 위치가 표시되어 있다. 해설서에는 장소에 얽힌 이야기나 지질학적 가치에 대한 설명이 있다. 또는 jejugeopark.com에서 안내 자료를 다운로드 받을 수 있다.

제 주　숲 길 의　종 합　선 물　세 트

삼다수숲길

info

주소 제주시 조천읍 교래리
소요시간 1코스:편도 1시간 30분(5.2km),
2코스:편도 2시간 30분(8.2km)
주차장 있음

car

교래복지회관 검색(교래복지회관 입구에 숲길 안내판 있음)

bus

제주시외버스터미널 앞 제주버스터미널 정류장

1. 112, 122, 132번 승차
2. 교래사거리 하차
3. 30분 도보
→ 도착

서귀포버스터미널 정류장

1. 182번 승차
2. 교래입구 하차
3. 비자림로교래입구 도보 2분
4. 212, 222, 232번 환승
5. 교래사거리 하차
6. 30분 도보
→ 도착

1코스
2코스
반환점
출구
입구

삼다수숲은 제주특별자치도 개발공사와 교래리의 삼다수마을이 함께 개발한 곳이며 유명한 생수인 삼다수의 상류 수원지를 지난다. 인공적인 숲길일 것 같지만 삼다수숲길은 제주 숲길의 '종합 선물 세트'라고해도 과언이 아니다.

이곳은 피톤치드로 유명한 삼나무와 편백나무가 군락을 이루고 있다. 숨 쉴 때마다 피톤치드가 몸속으로 들어오고 푹신한 흙길까지 걸으니 지쳐 있던 몸과 마음이 제대로 힐링되는 것 같다.

삼다수숲길의 1코스는 2코스까지 걷기 어려운 사람들을 위해 중간을 가로지를 수 있게 만든 길이다. 비가 올 때 물이 흘러 대부분 울퉁불퉁한 돌이 많다. 따라서 목이 짧거나 바닥이 얇은 운동화를 신었다면 발목이 다치지 않게 조심해서 걸어야 한다. 그럼에도 이 길이 좋은 건 봄에는 복수초 군락, 여름에는 산수국 군락, 가을에는 단풍이 있기 때문이다. 산수국은 삼다수숲길 입구에도 피어 있는데 제대로 보려면 1코스를 추천한다.

삼다수숲길의 하이라이트는 단연 2코스이다. 2코스에 진입하면 1코스에서는 볼 수 없었던 계곡 같은 천을 만날 수 있으며 물가에 앉아 여유를 누릴 수 있다. 제주 물길 대부분은 건천이어서 이런 풍경이 더욱 반갑기만 하다. 드문드문 마주칠 수 있는 곶자왈에는 깍깍거리는 까마귀가 있는데 제주에서만 볼 수 있는 신비로운 광경이다. 까마귀 근처에 앉아 간식을 먹으면 똑똑한 놈들은

뭐라도 하나 흘리지 않을까하여 주변에서 떠날 줄 모른다. 곶자왈을 지나면 생명력 강한 나무가 큰 화산석을 끌어안은 채 아치 형태로 자란 길을 마주친다. 2코스는 1코스와 같은 길로 마무리 된다.

2코스는 길어야 3시간 반 정도 소요된다. 아침 일찍 숲길을 걸었다면 점심쯤에 끝날 것이고 그보다 조금 늦게 출발해도 저녁 전에는 코스를 모두 걸을 수 있다.

Advice ⓢ

삼다수숲길이 위치한 교래리는 맛있는 토종닭 샤브샤브 식당이 많다. 숲길을 걷기 전후로 식사를 할 때에 강력 추천! 혼자라면 닭칼국수를 추천한다.

Advice ⓙ

여행자는 교래사거리에서 천미천을 건넌 후 교래 2길을 따라 삼다수숲길 초입까지 2km 정도 더 걸어야 한다.

제 주 도 민 의 여 름 피 서 지

서귀포 자연휴양림

info

주소 서귀포시 하원동 산1-1
전화번호 064-738-4544
홈페이지 huyang.seogwipo.go.kr
입장료 성인 1,000원, 청소년 600원, 어린이 300원
주차장 있음(경형자동차 1,000원 중·소형 2,000원, 대형 3,000원)

car

서귀포자연휴양림 주차장2 검색

bus

제주버스터미널 정류장

① 240번 승차 – ② 서귀포자연휴양림 하차 – 도착

서귀포버스터미널 정류장

① 202, 282번 승차 – ② 중문초등학교 하차 – ③ 1100도로입구 도보 3분

④ 240번 환승 – ⑤ 서귀포자연휴양림 하차 – 도착

서귀포자연휴양림은 산책, 물놀이, 생태학습, 야영, 드라이브 등을 즐길 수 있는 '종합휴양지'라고 해도 과언이 아니다. 그 중에서 난이도에 따라 누구나 걸을 수 있는 다양한 코스를 소개해 보겠다.

먼저 코스는 세 개로 나뉜다. 첫 번째는 생태관찰로와 건강산책로를 하나의 코스로 묶은 건강산책로이다. 이 코스는 약 2.2km로 천천히 걸으면 40분 정도 소요된다. 생태관찰로에서는 표고버섯 재배장, 야생동물 관찰장 및 식생에 대한 설명을 볼 수 있다. 건강산책로에는 지압돌이 있어서 신발을 벗고 걸으며 산림욕을 즐길 수 있다. 길 중간에 물놀이장에서 시원한 계곡물로 땀을 식혀 갈 수도 있다.

두 번째 코스는 약 4.8km로 휴양림을 크게 한 바퀴 도는 숲길산책로이다. 2시간 정도 소요되며 매표 후 휴양림관리소 맞은편 숲길산책로 이정표를 따라 걸으면 된다. 이곳은 책에 소개한 숲길 중 가장 높은 곳에 위치해 있다. 따라서 온대, 난대, 한대의 수종이 다양하게 분포 되어 있고 여름엔 도심권보다 기온이 3~4℃ 가량 낮아서 시원하고 겨울엔 푸른 나무와 눈을 볼 수 있다. 일행 중 숲길을 걷기 어려운 사람이 있다면 휴양림을 한 바퀴 도는 시멘트길인 순환로를 걸어도 좋다. 숲길산책로의 2/3 지점은 편백나무야영장인데 이곳을 지나면 건강산책로를 만나게 된다. 지압돌이 있는 건강산책로와 생태관찰로 중 하나를 선택하여 코스를 마무리 할 수 있다.

세 번째 코스는 오름 등반 코스이다. 오름 등반 코스를 즐기는 방법은 두 가지로 나뉜다. 휴양림 안의 순환로를 걷다가 약 2.7km 지점에 있는 오름 등반로 이정표 방향으로 법정악을 등반한 후 순환로, 건강산책로 순으로 걷는 방법이 있다. 이 경우에는 약 3.2km를 걷게 되며 1시간 30분가량 소요된다. 다른 방법은 숲길산책로를 걷다가 법정악오름을 탐방한 후 다시 숲길산책로를 걷는 방법이다. 법정악은 서귀포, 가파도, 마라도, 한라산을 조망할 수 있다. 이 방법으로 걷는다면 1시간 20분 정도 걸린다.

서귀포자연휴양림이 도내의 다른 휴양림과 다른 점은 '순환로'라는 임도를 차량으로 달리며 숲을 한 바퀴 돌 수 있다는 것이다. 순환로 옆으로는 노인, 아이들을 위해 약 300여 개의 평상이 준비되어 있다. 평상 주변에 있는 공간에 차량을 세운 후 평상에 자리를 깔고 시간을 즐기는 모습을 볼 수 있다. 한여름에는 시원하게 몸 던져 놀 수 있는 물놀이장도 개장을 한다. 이곳의 물은 한라산 영실에서 부터 흘러내리는 깨끗한 물이다. 물놀이장은 총 두 곳이며 평상, 탈의실이 있다. 개장 기간은 한 달 정도이지만 발을 담그고 땀을 씻는 것은 언

제나 가능하다. 가장 인기 있는 공간은 편백숲야영장이다. 야영장은 본인이 원하는 번호의 평상을 예약하면 된다. 매월 15일에 다음 달의 예약을 받는다. 편백숲야영장은 예약을 받는 평상을 제외하고는 주간제로 이용할 수 있기 때문에 편백숲산림욕을 하면서 하루를 쉴 수 있다. 서귀포휴양림 이용 방법은 주차 후 매표를 하고 산책한 후 순환로로 차를 몰고 나가면 된다. 야영이나 평상 이용자들은 차량으로 순환로를 따라 운전한 후 원하는 장소의 주차장에 주차 후 평상을 이용하면 된다. 버스 여행자는 정류장이 바로 앞에 있는 휴양림 입구 방향으로 돌아가는 것이 좋다.

차량으로 순환로를 돌 때 반드시 주의해야 할 점이 있다. 순환로는 일방통행이다. 때문에 짧은 구간이라도 역주행하는 일이 없어야 하며 순환로를 걷는 사람이 많기 때문에 반드시 서행해야 한다. 또한 주차 공간을 제외한 곳에 차량을 주차하면 안 된다. 간단한 주의 사항을 잘 숙지해서 모두에게 편안하고 위로가 되는 여행이 되길 바란다.

Advice ⓢ

서귀포자연휴양림 내의 모든 약수터를 적극 이용하자. 해발 760m인 도내 최고 지대에서 뽑아내는 암반수로 어느 곳보다 건강한 물을 자랑한다. 출입구 근처의 옹달샘에는 일부러 물을 받으러 오는 도민들도 많이 있다. 휴양림을 본격적으로 즐기기 전에 시원하고 달큰한 한라산의 물을 받아 들고 여행해 보자.

태평양을 향하는 제주, 땅끝 산책로

송악산둘레길

info **주소** 서귀포시 대정읍 상모리 산 2
주차장 있음

car **송악산(서귀포시 대정읍 상모리 179-4)** 검색

bus **제주버스터미널 정류장**

❶ 282번 승차 ❷ 상창보건진료소 하차 ❸ 752-2번 환승 ❹ 산이수동 하차 도착

서귀포버스터미널 정류장

❶ 102번 승차 ❷ 화순환승정류장 하차 ❸ 752-2번 환승 ❹ 산이수동 하차 도착

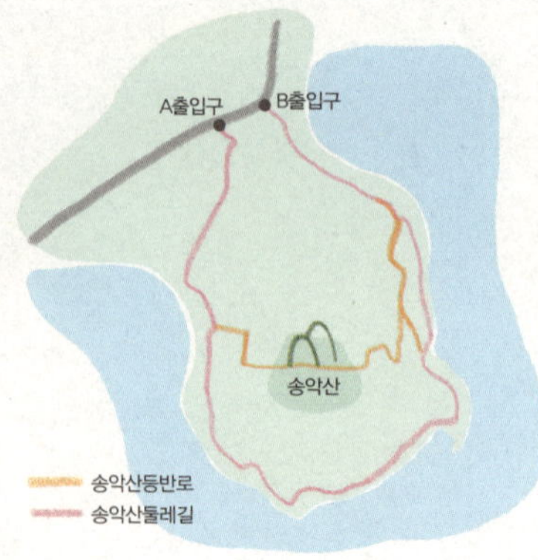

제주의 대표 여행지 중 한 곳인 송악산의 본래 이름은 절울이오름이다. 절은 제주어로 '물결'이다. 절울이는 '물결이 운다'는 뜻이며 부남코지에 있는 해식동굴에 파도가 부딪히며 내는 소리를 뜻한다.

송악산둘레길은 바다에 닿아 있어 우레와 같은 절울이 소리와 다양한 파도 소리를 들을 수 있다. 송악산 봉우리 반대편으로는 망망대해에 납작 엎드린 가파도와 마라도, 코뿔소 모양의 부남코지도 볼 수 있다. 이런 풍경들은 코스 내에 마련된 여러 개의 전망대와 쉼터에서 여유롭게 즐길 수 있다.

둘레길은 약 2.8km로 45분 정도 걸린다. 게다가 나무 데크가 깔려 있어서 남녀노소 불문하고 쉽고 편하게 걸을 수 있다. 둘레길은 시작 지점과 도착 지점이 다르다. 하지만 두 지점은 가까이 붙어 있어 어느 곳에서 걸어도 좋다. 개인적으로 일반적인 송악산 출입구(B출입구)가 아닌 소나무 숲을 지나는 출입구(A출입구)를 추천하고 싶다. 부남코지의 가장 멋있는 면을 자연스럽게 볼 수 있고 한라산과 형제섬 및 산방산의 풍경을 마주하며 걸을 수 있어 더 드라마틱한 여행이 된다. 그리고 높은 지대에서 낮은 지대로 완만한 내리막 길이기 때문에 걷기에도 수월하다.

둘레길의 바닷가 절벽에는 '일오동굴'이라고 부르는 15개의 진지 동굴이 있다. 제2차세계대전 당시 일본군이 만든 것으로 자살특공대의 은둔지이다. 전쟁의 광풍에 의해 훼손되었던 송악산은 현재 중국이 투자하는 콘도 및 숙박 시설 등 대규모 개발 사업이 진행 중이다. 섭지코지 일대에 아름다웠던 그 모습을 고급 리조트가 들어온 후 다시는 볼 수 없는 것처럼 현재의 아름다운 송악산의 풍경도 언젠가는 사진에서만 볼 수 있을지 모르겠다.

Advice ⓢ

오름은 많은 여행자의 발길이 닿아 훼손이 심하다. 따라서 자연휴식년제를 도입해 2015년 8월 1일부터 5년간 출입할 수 없다.

대표 여행지 세 곳을 한 번에 걷기

숫모르편백숲길

info

주소 제주시 516로 2596
전화번호 한라생태숲 사무실 064-710-8688
홈페이지 jeju.go.kr/hallaecoforest/index.htm
(인터넷에서 탐방프로그램 예약 가능)
입장료 무료
개장시간 하절기 09:00~18:00, 동절기 09:00~17:00
소요시간 1시간 30분~2시간
주차장 있음

car

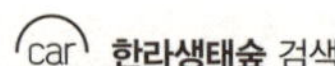

bus

제주버스터미널 정류장

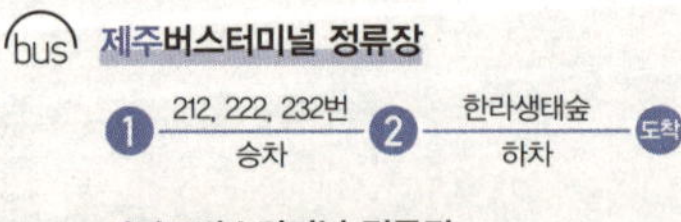

서귀포버스터미널 정류장

1 → 281번 승차 → 2 → 한라생태숲 하차 → 도착

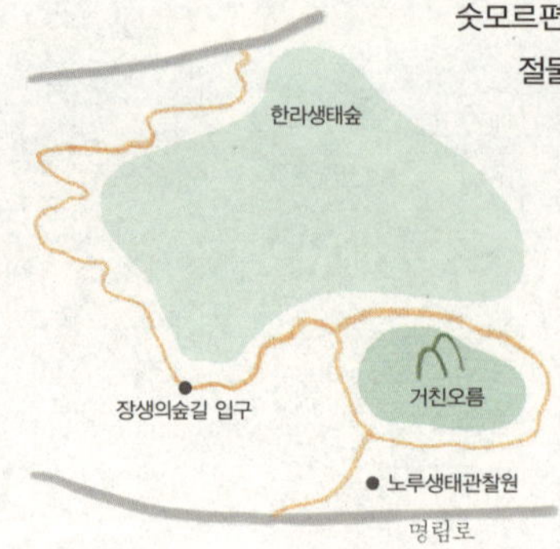

숫모르편백숲길은 중산간에 나란히 붙어 있는 한라생태숲과 절물자연휴양림, 노루생태관찰원을 지난다. 숫모르편백숲길을 걷기 전에 혼동하기 쉬운 명칭을 정리해 보자. 한라생태숲 내의 자연림을 크게 한 바퀴 도는 길은 숫모르숲길이다. 그리고 편백나무숲과 삼나무숲을 지나는 절물자연휴양림과 노루생태관찰원까지 걷는 길은 편백숲길이다. 이 명칭이 합쳐져 생긴 이름이 숫모르편백숲길이다. 숫모르숲길은 노란색 리본을 이정표로 사용하고 편백숲길은 빨간색 리본을 이정표로 사용한다. 따라서 노란색 리본만 보고 걷다가는 한라생태숲길만 돌고 다시 시작 지점으로 돌아갈 수 있다.

숫모르숲길은 한라생태숲탐방안내소에서 시작한다. 초반에는 인공적으로 조성한 산책로와 자연림을 번갈아 걷다가 이내 깊은 숲으로 들어선다. 좁지만 잘 정돈된 길을 따라 걷다 보면 소박한 건천도 지나게 된다. 곳곳에는 숲을 여유롭게 즐기고 싶은 여행자들을 배려하여 큰 나무 아래에 쉼터도 마련했다.

셋개오리오름삼거리 이정표가 보이면 숫모르숲길 구간은 끝이 난다. 이곳에서 오름탐방로 이정표를 따라 걸으면 나무 계단이 보이는데 15분 정도면 정상에 오를 수 있다. 오름 정상에서 숨을 고른 후 가파른 내리막을 걸으면 소나무들 사이로 편백나무 군락과 정갈한 삼나무숲이 나타난다. 붉은색의 몽글몽글한 화산송이 위를 걷는 건강한 숲길이다. 휴양림을 지나 임도를 따라 걸으면 노루생태관찰원으로 향하는 거친오름에 진입한다. 거친오름은 이름만 무서울 뿐 데크가 있어 편안하게 노루생태관찰원에 갈 수 있다.

앞에서 언급한 것처럼 숫모르편백숲길은 세 곳의 여행지를 지나므로 여러 번 길을 선택할 수 있다. 첫 번째로 편백나무숲에 들어선 후 조금 걸으면 임도사거리에 도착하게 된다. 이곳은 장생의숲길과 절물오름을 오르고 싶을 때 이정표를 따라 선택하면 된다. 두 번째는 임도사거리에서 절물자연휴양림으로 진입한 후 코스를 끝내는 방법이다. 가장 짧게 걷기 때문에 시간이 없거나 컨디션이 좋지 않을 때 선택하면 된다. 세 번째는 거친오름의 정상을 오르거나 둘레를 크게 한 바퀴 돌고 노루생태관찰원에서 걷기를 마무리하는 것이다.

숫모르편백숲길은 한라생태숲이나 노루생태관찰원 그리고 절물자연휴양림 어느 곳에서 시작해도 좋다. 하지만 해발 600m 지점에 위치한 한라생태숲에서 해발 500m 지점의 노루생태관찰원을 향해 걷는 코스가 완만한 내리막으로 걷기에 조금 더

수월하다. 총 길이는 약 8km이고 두 개의 오름을 오르지만 길 자체가 평탄하고 오름도 높지 않아서 누구나 여유롭게 걸을 수 있다. 왕복하기에는 꽤 길어 차량보다는 버스로 이동하길 바란다.

Advice ⓢ

한라생태숲은 무료입장이고 절물자연휴양림과 노루생태관찰원은 입장료가 1,000원이다. 하지만 숲길을 통해 들어서면 휴양림과 노루생태관찰원 모두 따로 입장료를 내지 않아도 된다.

Advice ⓙ

장생의숲길은 매주 월요일마다 휴식일이기 때문에 탐방을 제한한다. 또한 오후 3시 이후에도 탐방을 금하며 우천, 적설, 노면 불량 시에는 예고 없이 통행이 제한될 수 있다.

EAST JEJU

소 처 럼 느 긋 한 동 네 길

우도 올레1-1 코스

info

시작 지점 천진항(천진항 또는 하우목동항)
도착 지점 천진항(천진항 또는 하우목동항)
전화번호 우도 천진항 대합실 064-783-0448
우도해운 우도대합실(하우목동항) 064-782-7730
소요시간 5~6시간(11.3km)
스탬프 확인 장소 천진항(시작)-하고수동해수욕장(중간)-천진항(종점)
홈페이지(우도가는배) udoship.com

bus·ship

제주시외버스터미널 앞 제주버스터미널 정류장

1 111, 112번 승차 – 2 성산포항여객터미널 하차 – 3 우도 도항선 승선 – 4 천진항 또는 하우목동항 하선 – 도착

서귀포버스터미널 정류장

1 101번 승차 – 2 성산환승정류장 하차 – 3 111, 112번 환승 – 4 성산포항여객터미널 하차 – 5 우도 도항선 승선 – 6 천진항 또는 하우목동항 하선 – 도착

소가 누워 있는 모습과 닮아서 우도라고 불리는 섬은 성산항에서 배로 15분이면 갈 수 있다.

올레1-1코스는 섬을 한 바퀴 도는 코스로 천진항이 시작 지점이라면 도착 지점도 천진항이 된다. 반대로 하우목동항이 시작 지점이라면 도착 지점도 하우목동항이 된다.

천진항에 있는 우도해녀항일기념비를 지나면 서빈백사라고 불리는 홍조단괴해변에 도착한다. 이곳은 차와 스쿠터가 많이 다니는 해안길이니 조심해서 걸어야 한다. 홍조단괴해변은 천연기념물 438호로 지정된 국내 유일의 산호 백사장으로 흐린 날에도 에메랄드빛 바다를 볼 수 있다. 입자가 굵은 산호모래는 바닷물이 들어오고 나갈 때 다양한 소리를 낸다.

하우목동항부터는 차 한 대가 겨우 드나들 정도로 폭이 좁은 밭길로 들어선다. 밭에는 경계를 지을 때 세운 밭담이 줄지어 있는데 높은 곳에서 바라보면 다양한 높이의 밭담이 바다와 어우러져 그림 같은 장면을 연출한다.

우도봉은 '쇠머리오름'이라고 불린다. 바다를 보며 오름 정상으로 오르던 올레길은 새로운 길이 생겨 폐쇄되었다. 가파른 계단을 10분 정도 오르면 우도 전체가 한눈에 들어오는 오름 정상에 도착한다. 이곳에는 등대박물관과 세계적으로 유명한 등대를 축소하여 전시한 야외전시장, 해수를 담수로 만드는 우도 저수지가 있다. 바다를 보며 내려오고 싶다면 오름 둘레를 따라 내려오자. 우도봉 아래에 올레길이 있으니 길을 잃을까봐 걱정하지 않아도 된다.
우도 팔경에 속하는 검멀레동굴도 가길 바란다. '동안경굴'이라고도 불리는데 '고래가 살 만한 크기'라는 뜻이다. 썰물 때는 입구를 찾아 들어갈 수도 있다.

요즘은 우도 팔경보다 유명한 것이 땅콩아이스크림이다. 시원하고 고소한 땅콩아이스크림과 해녀의집에서 판매하는 보말죽, 해물짬뽕 등 유명한 먹거리가 많으니 입맛에 맞게 선택한 후 즐기기만 하면 된다.

Advice ⓙ

올레 코스는 매년 조금씩 바뀌고 있다. 지도만 보고 걸으면 올레 코스에서 벗어나기 쉬우니 표식을 확인하며 걷자.

Advice ⓢ

계절마다 우도로 들어가는 배 시간이 다르다. 동절기에는 마지막 배 시간이 이르기 때문에 시간 분배를 잘 해야 한다.

서귀포 시내를 여행하는 현명한 방법

작가의산책길

info

시작 지점 이중섭미술관
도착 지점 소암기념관
전화번호 064-732-1963
홈페이지 culture.seogwipo.go.kr/artroad
소요시간 송산동, 정방동, 천지동 일원 4.9km(약 4시간 소요)
주차장 이중섭미술관 주차장

이중섭미술관 전용 주차장 검색

제주시외버스터미널 앞 제주버스터미널 정류장

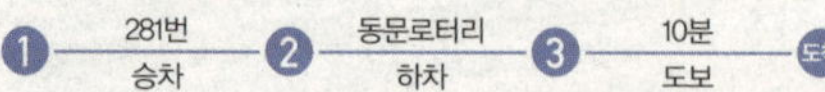

서귀포시외버스터미널 앞 제주월드컵경기장 서귀포버스터미널 정류장

① 510, 531, 532번 승차 → ② 남군농협 하차 → ③ 5분 도보 → 도착

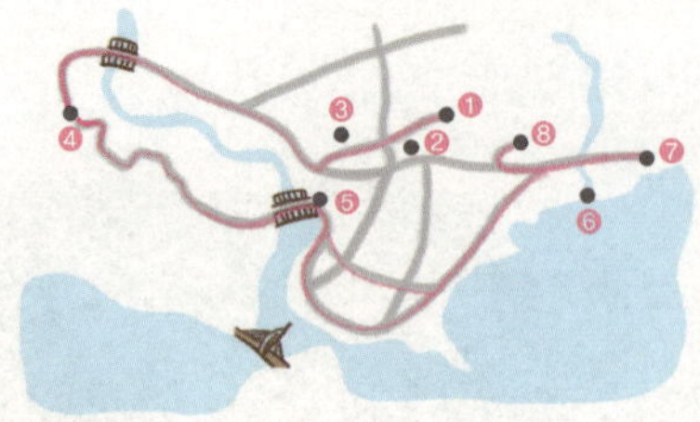

1 이중섭미술관
2 이중섭거주지
3 동아리창작공간
4 기당미술관
5 칠십리교
6 정방폭포
7 소정방폭포
8 소암기념관

작가의산책길은 서귀포에서만 만들 수 있는 길이다. 왜냐하면 수많은 예술가들이 아름다운 제주, 그 중에서도 서귀포에서 많은 작품을 완성했기 때문이다. 미술관과 박물관에 그들이 남긴 작품을 전시하고, 그들이 사랑한 장소를 이어 길을 만들었다. 현재 이곳에는 250여 명의 작가들이 참여한 43점의 작품이 전시되어 있다. 한라산과 서귀포 바다를 보며 작품을 감상할 수 있으니 마치 정원이 있는 미술관을 걷는 기분이다.

작가의산책길은 이중섭거리, 서귀포 시내의 주요 여행지, 미술관을 고루 도는 길이다. 미술관은 크게 세 개로 나뉜다. 첫 번째는 한국전쟁 때 서귀포로 피난 온 화가 이중섭의 그림을 전시하는 이중섭미술관이다. 1층은 상설전시실로 이중섭 화가의 그림과 부인에게 보낸 애틋한 편지를 볼 수 있다. 2층에서는 이중섭을 중심으로 기획전시와 창작스튜디오 입주 작가들의 작품을 전시한다. 두 번째는 한국 최초의 시립미술관인 기당미술관이다. 이곳에는 서예가 강구범과 화가 변시지의 그림이 전시되어 있다. 황토색으로 제주를 담아낸 변화백의 그림에 여행 중에 만난 제주의 풍경을 겹쳐 보면 어떨까. 마지막으로 만날 수 있는 곳은 서귀포가 고향인 소암 현중화를 기념하기 위해 만든 소암기념관이다. 이곳은 서예 전문 전시관으로 제주의 바람을 재현한 듯한 필체를 볼 수 있다.

칠십리공원에서는 한라산과 천지연폭포를 조망할 수 있으며 유토피아갤러리, 시비들을 감상할 수 있다. 자구리 해안은 화가 이중섭이 가족과 함께 게를 잡으며 시간을 보낸 곳으로 〈아이들〉에 나오는 아이들, 게, 물고기가 엉킨 풍경이 자연스레 떠오르는 곳이다. 이곳에서는 바다 옆 맑은 용천수가 솟는 소남머리의 풍경을 볼 수 있다. 마지막으로 서복전시관과 정방폭포, 소정방폭포로 이어지는 서귀포 시내의 대표 여행지를 걷는다. 전 코스는 약 2시간 정도 걸리지만 미술관과 길가의 작품을 감상하려면 여유 있게 일정을 잡자.

작가의산책로 이정표는 유토피아로 이정표와 혼용한다. 유토피아로 글자 옆이나 아래쪽에는 방향을 가리키는 화살표가 아주 작게 표시되어 있다. 예쁘기는 하지만 화살표를 보지 못해 길을 헤맬 수 있으며 이정표를 찾기 힘든 구간도 있으니 이중섭 거리에 위치한 유토피아로아트숍에서 안내 지도를 받자.

Advice ⓢ

미술관을 자유롭게 이용할 수 있는 통합티켓이 있다. 미술관 입장료가 매우 저렴하여 할인이 크지 않지만 입장할 때마다 매표를 해야 하는 번거로움을 줄일 수 있다. 이중섭미술관에서 구입하는 것이 가장 편리하다.

Advice ⓙ

서귀포 시청에서는 매주 토요일, 일요일 오후 1시, 해설사와 함께 무료로 미술관을 둘러볼 수 있는 작가의산책길 코스를 운영하고 있다. 쉬는 시간에는 작가의 숨은 이야기도 들을 수 있다. 신청자가 적을 경우에는 운영하지 않는다.
문의:064-732-1963
소요시간:약 4시간

바다와 호텔 사이의 우아한 산책

중문호텔길

info

주소 서귀포시 색달동
소요시간 편도 30분(1.5km)
주차장 있음

car

서귀포시 색달동 2950-3, 중문색달해수욕장 주차장 검색

bus

제주버스터미널 정류장

① 282번 승차 → ② 천제연폭포 하차 → ③ 천제연폭포 도보 2분 → ④ 520번 환승 → ⑤ 별내린전망대 하차 → 도착

서귀포시외버스터미널 맞은편 제주월드컵경기장 서귀포버스터미널 정류장

① 510번 승차 → ② 별내린전망대 하차 → 도착

※ 와 은 서로 다른 정류장입니다. 정류장 이동 방법은 16쪽을 참고하시기 바랍니다.

97

중문관광단지에는 최고의 풍광을 자랑하는 위치에 호텔이 있다. 그 앞쪽에는 여행자를 위한 길을 만들어 호텔에서 가꾼 세련된 정원과 제주의 경치를 함께 즐기며 걸을 수 있다.

길은 해변의 동쪽 끝인 중문색달해변 주차장부터 서쪽 끝인 하얏트 호텔로 이어진다. 어디서나 멋진 바다 풍광을 즐길 수 있으며 보는 위치에 따라 색이 바뀌는 모래사장과 그 위에 수없이 찍힌 사람들의 발자국, 야자수가 이국의 정취를 더한다. 시작 지점에서는 활처럼 휘어진 중문색달해변과 갯깍주상절리대를 한눈에 볼 수 있다.

호텔길에는 유명한 벤치가 있다. 한 곳은 영화 〈쉬리〉의 마지막 장면을 장식했던 곳으로 '쉬리 벤치'라고 불린다. 시야를 가로막는 것이 없어서 편히 앉아 파란 바다를 즐길 수 있다. 故 노무현 전 대통령과 고이즈미 전 일본 총리가 스스럼없이 앉아 이야기를 나누던 곳으로도 유명하다. 다른 한 곳은 하얏트 호텔 앞에 있다. 드라마 〈올인〉의 한 장면에 나온 후 '올인 전망대'라고 불린다. 해변의 서쪽 끝에 위치해 망망대해와 제주컨벤션센터, 대포주상절리대를 볼 수 있다. 멋진 사진을 찍을 수 있어서 벤치가 빌 겨를이 없다.

신라 호텔 구간의 나무 데크는 절벽을 둘러 촘촘하게 놓인 계단으로 이어진다. 절벽을 따라 울창한 아열대의 자연림이 자생하는데 해안의 모래 언덕까지 이어져 있다. 계단은 흑색, 백색, 회색의 중문색달해변 모래사장으로 이어진다. 맨발로 걸으면 폭신한 모래에 발자국을 남길 수 있다.

길의 시작 지점은 방심하면 놓치기 쉽다. 중문색달해변 주차장에서 해변으로 향하는 길 오른편에 해수욕장 전망대 이정표를 찾자. 나무 데크를 따라 서쪽 끝의 하얏트 호텔까지 걸은 후 현무암 돌길을 따라 다시 돌아 나오면 해안산책로와 호텔산책로를 모두 걸을 수 있다. 가파른 오르막과 내리막이 포함된 길이지만 계단의 높이가 낮고 바닥이 잘 다듬어져 있어 누구나 쉽게 즐길 수 있다.

EAST JEJU

말 몰던 테우리의 초원을 한눈에

쫄븐갑마장길

info **주소** 서귀포시 표선면 가시리 일대
소요시간 3시간(10km)
주차장 있음

car **조랑말체험공원** 검색

bus **버스로 이동하는 방법** 없음

제주에는 한라산을 중심으로 중산간을 10개의 구역으로 나누어 국영 목장을 조성하고 동부 산간 지역에 세 개의 마장을 따로 만든 목축문화가 있었다. 그 중 가장 큰 목장인 녹산장에는 쫄븐갑마장길이 있다. 이곳은 상급 말인 갑마가 있던 곳을 걷는 길이다. 갑마장길은 20km이지만 쫄븐갑마장길은 풍력발전단지를 크게 한 바퀴 도는 약 10km 거리다.

조랑말체험공원에 주차를 하고 용암이 지표면으로 솟아올라 굳어진 행기머체와 녹산로, 가시천을 따라 만든 길을 걸어 보자. 가시천 입구에서는 시계 방향 혹은 반시계 방향 중 어떤 순서로 탐방할 것인지 선택할 수 있다. 추천하고 싶은 순서는 반시계 방향의 따라비오름순이다. 왜냐하면 컨디션에 따라 단축된 길을 선택할 수 있기 때문이다.

방언 〉

쫄븐은 '짧다',
테우리는 '목동'이란 뜻의
제주 방언이다.

가시천 주변에는 연못이 많아 깊은 숲이 만들어질 만큼 토양이 비옥하다. 4~5월이면 진한 분홍의 참꽃들이 드리우고 겨울이면 붉은 동백을 볼 수 있다. 풍력발전단지를 지나면 따라비오름에 진입한다. 오름에서 능선을 자유롭게 돌아본 후 갑마장길 이정표를 따라가면 다시 탐방로에 진입할 수 있다.

따라비오름을 내려오면 삼나무 길과 함께 잣성이 나타난다. 잣성은 말들이 방목장 밖으로 나가지 못하게 쌓은 돌담이다. 큰사슴이오름까지 펼쳐진 잣성은 규모가 크며 보존 또한 잘되어 있다.

큰사슴이오름은 녹산장 역사를 대표하는 곳이다. 오름을 오르는 도중 뒤를 돌아보면 테우리와 말이 함께 거닐었을 넓은 초지대가 펼쳐져 있다. 왜 이곳에서 갑마를 키웠는지 알 수 있을 만큼 비옥한 땅과 탁 트인 풍광에 감탄사가 절로 터져 나온다. 가히 쫄븐갑마장길의 하이라이트라고 할 수 있다. 하지만 좋은 경치도 체력이 있어야 볼 수 있는 법! 컨디션이 좋지 않다면 큰사슴이오름을 오르지 말고 유채꽃프라자 이정표를 따라 나가 길을 마치자.
현재 쫄븐갑마장길은 총 14기의 풍력발전기가 있다. 시대에 따라 모습은 변했지만 예전의 아름다움을 간직한 중산간의 풍경을 볼 수 있으니 이 길을 걸어봤으면 좋겠다.

Advice ⓢ

갑마장길은 가시리마을부터 쫄븐갑마장길을 거쳐 가시리를 크게 도는 길이다. 걷는 내내 한라산의 멋진 풍경을 볼 수 있지만 3개의 오름을 오르는 등 총 7시간 이상이 소요되는 코스이다. 전 코스를 돌고자 한다면 가시리에서 1박 후 아침 일찍 출발하자.

SOUTH JEJU

숨차지 않은 한라산 탐방

한라산둘레길 돌오름길·동백길·수악길

info **돌오름길**

시작 지점 거린사슴오름
도착 지점 돌오름
전화번호 한라산 둘레길 안내센터 064-738-4280
소요시간 편도 1시간 40분(5.6km)

car **서귀포자연휴양림 주차장** 검색

bus **제주버스터미널 정류장**

① 240번 승차 → ② 거린사슴전망대 하차 → ③ 5분 도보 → 도착

서귀포버스터미널 정류장

① 202, 282번 승차 → ② 중문초등학교 하차 → ③ 1100도로입구 도보 3분 → ④ 240번 환승 → ⑤ 거린사슴전망대 하차 → ⑥ 5분 도보 → 도착

 **동백길**

시작 지점 무오법정사
도착 지점 돈내코탐방로
전화번호 한라산 둘레길 안내센터 064-738-4280
소요시간 편도 1시간 40분(13.5km)
주차장 서귀포시 1100로 740-168 검색

 **무오법정사 항일운동발상지** 검색

bus **제주버스터미널 정류장**

① 240번 승차 → ② 법정사입구 하차 → ③ 30분 도보 → 도착

서귀포버스터미널 정류장

① 202, 282번 승차 → ② 중문초등학교 하차 → ③ 1100도로입구 도보 3분 → ④ 240번 환승 → ⑤ 법정사 입구 하차 → ⑥ 30분 도보 → 도착

※ 수악길 정보는 275쪽에 있습니다.

한라산은 천지가 보이는 정상을 오르고 영실 기암을 보는 일이 전부가 아니다. 정상을 향하는 구간은 그저 높은 산의 일부분이다. 한라산 둘레길은 산을 삶의 터전으로 삼은 주민이 만든 길과 아픈 근대사가 얽힌 길을 이어 역사와 문화를 체험할 수 있는 트레킹 코스이다. 돌오름길, 동백길, 수악길, 사려니숲길을 포함하여 약 80km 정도 되는 이 길은 '환상숲길'이라고도 불린다. 돌오름길에서는 계절에 따라 모습을 바꾸는 나무와 넓은 표고버섯 재배지, 잔디처럼 깔린 조릿대를 볼 수 있다. 코스 끝에는 높이 85.5m의 아담한 돌오름이 있다. 돌오름은 한라산 정상 방향으로만 시야가 트여 있다. 덕분에 법정이오름, 삼형제 오름 등 인상적으로 펼쳐진 오름 군락을 한눈에 볼 수 있다. 돌오름 코스 끝의 임도는 다른 지역으로 이어지기 때문에 초행길이라면 왔던 길을 되짚어 나가는 게 좋다.

숲과 삶의 터전이 어우러진 동백길은 여행자에게 가장 인기 있다. 이곳은 일제강점기 항일운동의 거점이었던 무오법정사와 하치마키도로라고 불리는 병참도로를 지난다. 또한 숯가마터, 동백나무와 편백나무 군락지, 강정천, 악근천 등을 지나 시오름을 오를 수도 있다. 고지천에 물이 가득 차는 계절이면 그 어떤 곳보다 아름답다. 이 코스는 돈내코 탐방안내소에서 끝이 난다. 다른 방법으로 동백길을 즐기고 싶다면 중간에 서귀포시 서홍동에 있는 추억의숲길로 빠져도 좋다. 편백나무 군락에 다다르기 전에 추억의숲길 리본 이정표를 따라 내려가면 된다. 혹은 반대로 추억의 숲길에서 시작해 무오법정사 방향이나 돈내코 방향으로 걸을 수도 있다.

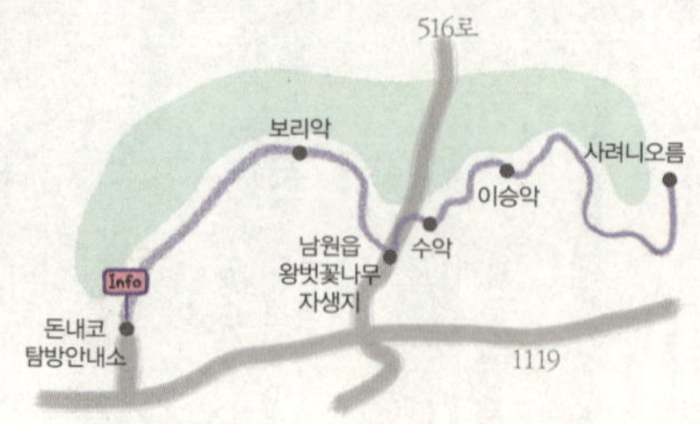

수악길은 돈내코 탐방로와 사려니오름 입구 사이의 구간이다. 물오름이라고도 불리는 수악과 신례천, 이승이 오름을 지난다. 한 번에 걷는 게 무리일 수 있으니 516로를 기점으로 하여 이틀에 걸쳐 나누어 걷거나 생태탐방로 이정표를 따라 신례리공동목장 방향으로 나가도 된다. 한 번에 다 걸어야 한다면 에너지를 보충할 음식물을 잘 챙겨야 한다. 통신사에 따라 휴대전화의 신호가 잡히지 않는 구간이 있어 배터리 소모량도 많으니 여분의 배터리도 챙기자.

한라산 둘레길은 숲이 매우 깊다. 정상을 오르지 않는다고 만만한 곳이 아니니 안전수칙을 잘 지켜야 한다. 먼저 지정된 탐방로로 이동하고 야생동물을 만날 수 있으므로 혼자 탐방하는 일은 자제하자. 또한 언제든지 날씨가 사나워질 수 있으니 미리 기상청의 예보를 확인해야 한다. 숲길은 일찍 어두워지므로 오후 2시 이전에 탐방을 시작해야 한다. 하지만 수악길을 떠나는 여행자라면 무조건 아침 일찍 출발하는 편이 좋다. 비가 오는 날과 비가 온 다음 날은 길이 미끄럽기 때문에 탐방을 자제하자. 마지막으로 본인의 체력을 넘어서는 산행은 피하며 스스로 책임 질 수 있는 산행을 해야 한다. 언제나 사고에 대비할 수 있도록 체력을 남기며 여행하자.

Advice ⓢ

숲을 걷다 보면 개 짖는 소리와 비슷한 컹컹 소리를 반드시 한두 번 쯤 듣게 된다. 난폭한 야생동물이라도 있나 싶어 두려운 마음이 들겠지만 크게 걱정하지 않아도 괜찮다. 숲에서 듣는 컹컹 소리는 대부분 노루가 경계하며 내는 울음소리다.

Advice ⓙ

돌오름길을 제외한 한라산 둘레길은 편도 코스이다. 자가용이나 렌터카를 이용한다면 시작 지점으로 돌아와야 하기 때문에 시간 분배를 잘 해야 한다.

한라산둘레길 수악길

시작 지점 돈내코 탐방로

도착 지점 사려니오름

전화번호 한라산 둘레길 안내센터 064-738-4280

소요시간 편도 4시간 10분(16.7km)

주차장 있음

차로 이동하는 방법 돈내코 주차장 검색

버스로 이동하는 방법 제주시외버스터미널 앞 제주버스터미널 정류장에서 181번 버스 승차▶서귀포산업과학고등학교 정류장 하차▶서귀포산업과학고등학교 정류장으로 이동▶611번 버스 환승▶충혼묘지광장 정류장 하차

서귀포버스터미널 정류장에서 295번 버스승차▶서귀포여자중학교 정류장 하차▶611번 버스 환승▶충혼묘지광장 정류장 하차

SPECIAL JEJU

516로

한라산을 남북으로 가로질러 제주 시내와 서귀포 시내를 직선으로 잇는 도로

산천단
한라산생태숲
제주마방목지
한라산성판악휴게소
숲터널 시작
숲터널 끝
왕벚나무자생지

도로번호 지방도 제 1131호선 **도로를 지나는 버스** 급행 181, 182번, 일반간선 281번 **도로 여행지** 산천단, 제주마방목지, 한라생태숲, 한라산성판악휴게소, 한라산둘레길, 왕벚나무자생지

516로는 군사 정변 때 만들어진 도로로, 제주시 이도 1동과 서귀포시 토평동 비석거리를 1시간 내로 갈 수 있게 만들었다. 따라서 서귀포를 여행한다면 이 도로는 꼭 지나야 한다.

이 도로는 가장 중심이 되는 두 시내를 잇기 때문에 통행량이 많다. 1100로와 마찬가지로 길이 구불구불하여 초보 운전자는 운전하기 힘들 수 있다.

516로는 한라산 가운데를 지나기 때문에 계절마다 다른 정취를 준다. 이 도로의 하이라이트는 성판악휴게소 인근에 있는 숲터널이다. 약 1.3km의 짧은 구간이지만 한여름에는 빛이 들어오지 않을 정도로 나뭇잎이 빽빽하게 하늘을 덮어 신비로움을 자아낸다. 이에 못지않게 멋있는 장소가 하나 더 있다. 수악교를 지나면 왕복 4차선 지점이 보이는데 이곳에서는 섶섬과 바다를 한눈에 볼 수 있다. 곡선의 도로를 달리면 한라산 정상이 순식간에 나타나 놀라움을 안겨 준다.

연계되는 대표 여행지로는 한라산성판악휴게소이다. 한라산 정상을 등반하려는 여행자가 많이 찾기 때문에 주차장은 언제나 차로 넘치고 겨울에는 휴게소 근처 도로에도 주차가 되어 있다. 516로에는 제주가 자생지인 왕벚나무를 볼 수 있다. 한라생태숲 맞은편에는 가장 오래된 봉개동 벚나무 자생지가 있어 드라이브를 하며 구경할 수 있다.

이 도로를 지나는 대중교통은 181번, 182번, 281번 버스이다. 제주버스터미널, 서귀포버스터미널, 서귀포중앙로터리(구 시외버스터미널) 등 제주의 핵심을 달리는 버스이다. 이 버스를 타고 여행하면 10개 이상의 작은 다리 아래로 흐르는 물길을 볼 수 있다. 비가 많이 온 후라면 건천에 물이 흘러가는 장관을 즐길 수 있다.

Advice ⓢ

버스 앞좌석에 앉아 넓은 창으로 펼쳐지는 숲터널을 즐기자.

J E J U

빠른 속도로 달려온 삶의 무게를 내려놓고

느리지만 여유로운 시간을 보내세요.

편안한 마음으로 밭담길,

골목길을 산책해 보세요.

안락한 휴식처가 되어 주는 제주 마을입니다.

유유자적한 낭만여행

머물러서 좋은제주

EAST JEJU

반짝이는 초록의 마을

가시리

info **주소** 서귀포시 표선면 가시리
전화번호 가시리사무소 064-787-1305
소요시간 50분(약 3.5km)
주차장 있음

car **서귀포시 표선면 가시로 565번길 20** 검색

bus **제주시외버스터미널 앞 제주버스터미널 정류장**

① 222번 승차 → ② 가시리 하차 → 도착

서귀포버스터미널 정류장

① 295번 승차 → ② 가시리 하차 → 도착

중산간 드넓은 평야에 있는 가시리는 큰사슴이오름, 작은사슴이오름, 따라비오름, 갑선이오름에 둘러싸여 있고 가시천이 마을을 가로지른다. 자연 그대로를 담고 있는 이곳은 가시10경을 지정해 홍보하고 있으며 조랑말체험공원, 자연사랑갤러리 등 볼거리가 많다.

마을길은 음식점과 카페가 있는 본동을 중심으로 걷는다. 산책하는 동안 보이는 아름드리나무, 대형 농기계, 주렁주렁 가지가 부러질 듯 매달린 열매, 반짝이는 나뭇잎이 동네를 돋보이게 한다.

가시리에서 만들어 놓은 길도 있다. 마을 안을 걷는 가름질과 오름을 포함해 크게 한 바퀴를 도는 갑마장길이다. 총 19.4km의 갑마장길이 길다는 사람을 위해 쫄븐갑마장길도 만들어 놓았다.

하루 십여 차례 버스가 다니는 시골 마을 치고는 볼거리도 많고 먹을거리도 많다. 단, 생필품 구매는 어려울 수 있으니 오래 머무를 계획이라면 준비를 철저히 하고 가야한다.

Advice ⓙ

종종 큰 개들이 줄에 묶여 있지 않은 것을 볼 수 있다. 위험하지는 않지만 조심하자.

Advice ⓢ

가시리 여행 후 시간이 남거나 특별히 준비된 스케줄이 없다면 따라비 오름을 다녀오자. 자연사랑갤러리 앞에서 갑마장길 이정표를 따라 걸으면 이 책의 마을 코스와는 다른 길을 걸어서 오름에 갈 수 있다.

코스 1 가시리사무소와 자연사랑갤러리를 지나는 코스이다. 문화예술인들의 거주 프로그램인 레지던시를 위한 가시리창작지원센터와 맛있기로 소문난 가시리 식당이 모여 있다. 옛 방식으로 도축하는 생고기가 유명하다. 제

주식 순대국밥은 호불호가 갈리는 편이다. 가시리사무소 앞에는 가시리마을 안내도와 가시10경이 기록된 안내판이 있다. 가시리 마을 여행자라면 눈여겨 보자.

노인회관을 지나 포토갤러리자연사랑미술관에 가는 길은 아름드리나무가 숲터널을 만들고 있다. 짧지만 운치 있는 숲터널을 지나면 자연사랑미술관이다. 이곳은 2001년 폐교한 가시초등학교를 리모델링해 개관했다. 제주 풍경을 담아낸 사진과 옛 물건, 신문기사, 가시초등학교의 옛 모습을 볼 수 있는 자료가 많아 이야기가 있는 미술관이라 말해도 어색하지 않다.

코스 2 마을 중심을 통과하는 길인 가시로를 지나는 코스이다. 청아한 빛의 무밭에서 알싸한 향기가 난다. 무 한 다발 들고 가는 아저씨 모습이 정겹게 느껴진다. 길가 곳곳에 고구마, 귤 등이 버려져 있다. 먹고 살기 힘들다는 말은 모두 옛말인가 보다.

코스 3 파란 가을 하늘 아래 골목에는 콩이나 깨를 말리는 풍경을 쉽게 볼 수 있다. 주렁주렁 가지가 부러질 듯 매달려 있는 귤을 보는 재미도 쏠쏠하다. 얼마나 탐스럽게 열렸는지 발걸음을 멈추고 한참을 봤다.

코스 4 가시천을 따라 걷다가 주쟁이교를 건너 마을에 진입하는 코스이다. 가시천에는 반짝이는 잎을 가진 식물이 많아 눈길이 간다. 주쟁이냇가에는 수령 200년에 달하는 팽나무가 보호수로 지정되어 있다. 나무의 수고는 9m, 둘레는 2.3m에 달한다.

코스 5 가시리체육공원에서 청주한씨문종회를 지나 마을삼거리로 향하는 코스이다. 코스 시작 지점에는 핸드드립으로 커피를 만들어 주는 모드락572 카페가 있다. 가시리체육공원에는 책을 빌려 볼 수도 있고 읽은 책을 가져다 놓기도 하는 작은 부스가 있는데 좋은 취지로 만든 곳이 관리가 부족해 보여 안타까웠다. 가시리민박과 청주한씨문종회로 향하는 사잇길은 동백나무가 하늘까지 자라 있고 땅바닥엔 가을에 피는 동백꽃인 추백 씨앗이 가득하다.

오 래 되 어 값 진 한 컷

금능리

info
주소 제주시 한림읍 금능리
소요시간 40분(약 2.5km)
주차장 있음

car
제주시 한림읍 금능리 1480-1 검색

bus
제주버스터미널 정류장

① 202번 승차 → ② 금능리 하차 → 도착

서귀포버스터미널 정류장

① 202번 승차 → ② 금능리 하차 → 도착

따뜻한 햇볕에 기대어 쉴 수 있는 곳. 금능리는 제주에서 아름답기로 손꼽히는 협재해수욕장 옆에 있지만 지리적으로 가까울 뿐 다른 동네라고 할 수 있다. 협재가 소란스럽고 복작복작하다면 금능리는 새가 지저귀는 소리, 파도 소리도 한적함에 묻힐 만큼 한가하고 고요하다. 이렇듯 마을이 조용한 분위기이니 도시의 번잡함에 지친 여행자를 위한 휴식처로 매우 좋다. 마을 입구에 자리한 금능해변을 바라만 보거나 슬리퍼를 신고 느릿느릿 걸어 보자. 마을 곳곳에 풀처럼 자라는 허브를 따서 생 허브차를 만들어 마시면 그 향기에 취할 것이다.

Advice ⓙ

금능마을의 원담은 제주에 얼마 남지 않은 원담 중 규모가 크며 보존도 잘 되어 있다. 7월에는 금능원담축제가 열리니 참여해 보자. 축제에 참여하지 못해도 원담위 산책은 꼭 해 보자. 단, 미끄러우니 조심해야 한다.

코스 1 비양도가 한눈에 보이는 금능해변부터 산물을 지나는 코스이다. 마을길 초입에 있는 금능해변은 협재해변과 사뭇 다른 느낌이다. 물놀이하는 사람이 많은 협재해변과 다르게 금능해변은 수심이 얕아 해수욕이 거의 불가능하기 때문에 한산한 편이다. 썰물 때는 넓게 드러나는 사구를 맨발로 걸어보자. 해변으로 돌아오는 곳곳에는 차가운 용천수가 나오니 그곳에서 발을 씻으면 된다.

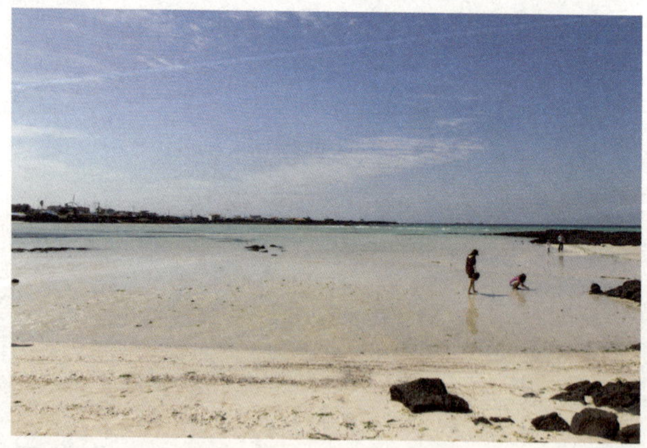

코스 2 바다를 끼고 금능포구까지 산책하는 코스이다. 코스 중간에는 바다돌담이라 불리는 돌로 만든 담, 원담을 볼 수 있다. 이것은 밀물 때 원담 안으로 들어온 고기를 썰물 때 잡는 데 사용하며 현재도 마을 주민이 이것을 이용해 물고기를 잡는다. 금능에는 4개의 원담이 있었다. 낚시꾼들 옆에 그물을 넓게 펼쳐 놓고 손질하는 할아버지와 고기를 잡으러 원담으로 들어가는 주민의 모습이 한가로운 마을과 닮아 있다.

코스 3 마을 안쪽을 산책하는 코스이다. 금능리에서는 옛 형태를 간직한 집을 쉽게 볼 수 있다. 옛날 방식의 문살을 바꾸지 않거나 외벽에 타일을 빼곡히 붙여 놓은 집이 눈에 띈다. 슈퍼의 붙어 있는 글만 봐서는 지금이 마치 70~80년도 같다.

코스 4 꼬불꼬불한 마을길을 마치고 시작 지점으로 되돌아오는 코스이다. 중간 지점에는 금능리에 하나뿐인 금능꿈차롱작은도서관을 지난다. 도서관 앞에는 제법 큰 야자수가 있는데 가지가 부러질 듯 가득 매달린 열매가 볼 만하다. 이곳에는 비정기적으로 오픈하는 카페 닐스, 게스트하우스와 카페를 같이 운영하는 릴리스토리, 그리고 북스토어 아베끄 등 새로운 가게들이 생기면서 즐길거리가 늘어났다.

수 려 한 풍 경 을 마 주 한 소 소 한 골 목

대평리

info
주소 서귀포시 안덕면 대평리
소요시간 40분(약 2.5km)
주차장 있음

car
서귀포시 안덕면 대평감산로 43(대평리사무소) 검색

bus
제주버스터미널 정류장

① 252, 253, 254번 승차 → ② 소인국테마파크 하차 → ③ 소인국테마파크 도보 1분
④ 751-2번 환승 → ⑤ 대평리사무소 하차 → 도착

서귀포시외버스터미널 맞은편 제주월드컵경기장 서귀포버스터미널 정류장

① 531번 승차 → ② 대평리 하차 → 도착

※ 와 은 서로 다른 정류장입니다. 정류장 이동 방법은 16쪽을 참고하시기 바랍니다.

남쪽 바닷가 마을 대평리는 진한 향기가 묻어나는 동네이다. 알싸한 마늘 향이 바다 냄새와 어우러져 킁킁거리게 되는 곳. 동네 어귀를 어슬렁거리며 돌아다니는 고양이도 쉽게 만날 수 있다.

동네를 한눈에 보기 위해서는 마을 뒤쪽으로 길게 자리한 군산에 오르는 게 좋다. 또는 안덕계곡 삼거리에서 대평리 방향으로 가면 제주 남쪽 바다를 한눈에 볼 수 있다. 이 풍경 때문인지 프렌차이즈 카페 및 펜션, 콘도가 많이 생겨 예전과 다른 모습으로 변하고 있다. 도시 생활에 익숙한 여행자에게는 편하게 쉬며 차 한 잔 마실 수 있는 공간이 생긴 셈이지만 제주의 풍경이 변하지 않길 바라는 여행자에게는 조금 아쉬울 수 있다.

Advice ⓙ

편리한 도시와 여유롭고 안락한 시골 생활이 공존하는 곳이다. 도시 생활에 익숙한 여행자도 마음 편히 쉴 수 있다.

Advice ⓢ

대평리의 상징인 박수기정을 오르자. 좁은 길을 헤집고 절벽 위를 올라 마을과 바다를 내려다보면 아찔하기도 하고 속이 시원해지기도 한다. 특히 여름에는 보라색 엉겅퀴꽃이 내뿜는 향기가 매력적이다.

코스 1 버스 정류장에서 마을길을 지나 바다로 향하는 코스이다. 정류장 삼거리 담벼락에는 게스트하우스와 민박 등의 정보가 빼곡히 적힌 간판이 걸려 있으니 숙소를 정하지 못한 여행자에게 도움이 될 것 같다. 마을을 한 바퀴 도는 동안 숙소를 여러 곳 지나가므로 마음에 드는 곳을 선택하자. 좁은 골목길에 유난히 눈에 띄는 집은 티벳풍경 게스트하우스이다.

코스 2 해녀의집까지 바다를 끼고 도는 코스이다. 바다를 바라보면 형제섬 뒤로 송악산이 보인다. 앞쪽에는 대평리의 상징이라 할 수 있는 박수기정이 한눈에 보인다. 주상절리로 둘러싸인 모습이 기이하면서 신비스럽다.

해녀의집에 도착하니 해녀가 물질할 때 사용하는 태왁망사리가 사이좋게 걸려 있다. 다른 곳에서 흔히 보이던 주황색 태왁망사리뿐만 아니라 꽃문양의 태왁망사리도 보인다. 내 방에도 하나쯤 걸어 두고 싶다.

코스 3 밭길에 들어서자 마늘향이 코를 찌른다. 밭에는 마늘 농사가 한창이다. 마늘밭과 돌담, 낮은 집들이 이곳만의 풍경을 만들어 낸다.

코스 4 물고기 카페가 있는 골목부터 소녀등대, 레드브라운 카페까지 걷는 코스이다. 바닷가에 다다르자 제주에서 흔히 볼 수 있는 해녀상이 보인다. 몸은 틀만 만들어 놓고 해녀의 힘들고 지친 듯한 얼굴 표정만 드러나도록 조각해 둔 것이 마음을 흔들어 놓는다. '소녀등대'라고 불리는 빨간색 등대가 있는 포구는 낚시 포인트이다. 포구 인근에 스쿠버다이빙 팻말이 보이고 바다로 입수하기 위한 사다리도 눈에 띈다. 또한 포구에서도 마늘을 말리는 것을 볼 수 있다. 바다 냄새를 입은 마늘 맛이 궁금해진다.

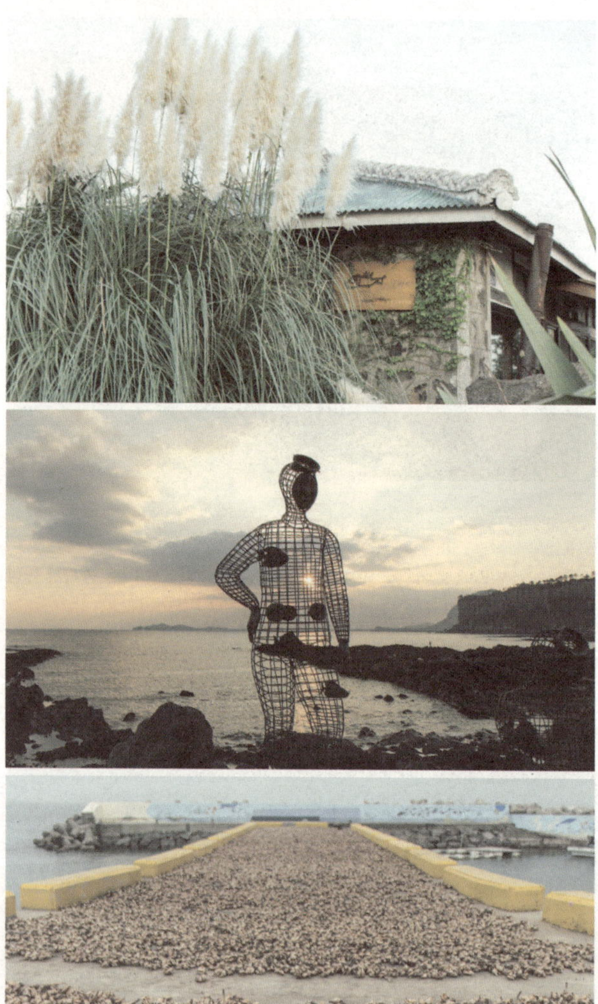

코스 5 타일로 꽃을 수놓은 담벼락을 지나 윗동네를 산책하는 코스이다. 보건진료소, 넓은 운동장을 가지고 있는 수련원에는 실버 보행차에 몸을 기댄 채 걷는 할머니 외에는 사람이 보이지 않는다. 한가롭고 조용한 마을길이다.

바다와 감귤밭을 엮는 돌담길

법환동

info
주소 서귀포시 법환동
전화번호 대륜동주민센터 064-760-4753
소요시간 1시간(약 3.8km)
주차장 있음

car
서귀포시 이어도로 968, 법환동마을회관 검색

bus
제주시외버스터미널 앞 제주버스터미널 정류장

① 181번 승차 → ② 서귀포버스터미널 하차 → ③ 20분 도보 → 도착

서귀포버스터미널 정류장

① 20분 도보 → 도착

법환동은 바다에서 한라산 방향으로 길쭉하게 자리 잡은 마을이다. 마을을 통과하는 일주도로를 기준으로 윗동네는 신시가지, 시외버스터미널, 대형마트, 월드컵경기장이 있는 번화가이지만 아랫동네에는 소박한 집이 옹기종기 모여 있다. 덕분에 제주의 정취를 즐기면서 편하게 하루를 보낼 수 있다.

법환동의 마을길은 버스 여행자를 위해 시외버스터미널을 시작 지점으로 코스를 짰다. 바다를 향해 난 완만한 내리막길을 걸은 후 포구와 갯바위를 돌고 귤밭과 작은집이 있는 마을길을 걷는다. 고도차가 크지 않지만 바닷가 마을과 중산간 마을의 분위기를 모두 경험할 수 있다. 자가용 여행자는 숙소 주변을 시작 지점으로 코스를 구성해 마을을 한 바퀴 돌면 된다.

다음에 소개된 산책길 이외의 마을을 구석구석 돌아보아도 좋다. 코스에는 없지만 법환초등학교나 올레7코스에 포함된 법환바당올레길도 추천한다.

Advice ⓢ

이 곳 법환포구에서는 매 월 둘째, 넷째 주 금요일 오전 11시에서 오후 3시까지 아기자기한 소랑장 장터가 열린다. 직접 만든 물건이나 음식, 채소를 사고팔뿐만 아니라 버스킹이 열리는 장소이기도 한다.

Advice ⓙ

법환동에서는 해녀문화체험이 가능하다. 체험 비용은 1인당 20,000원이고 체험 시간은 2시간가량 소요되며 최소 2명이상이어야 한다. 자세한 사항은 064-739-7507에 문의하면 된다. (홈페이지:thehaenyeo-school.com)

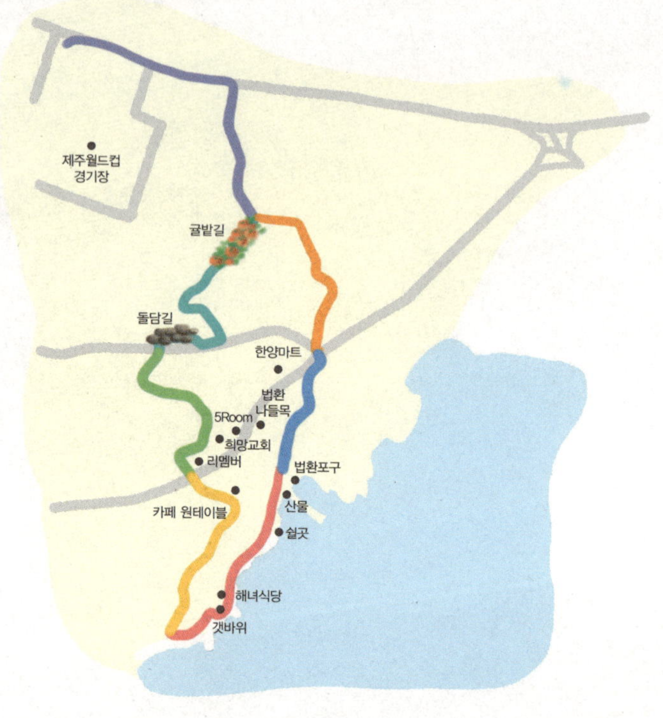

마을 진입로 버스터미널 또는 버스 정류장에서 마을로 진입하는 코스이다. 대형마트와 제주월드컵경기장을 지난다. 진입 전에 월드컵경기장을 들러보는 것도 좋다.

코스 1 큼직한 집과 듬성듬성 있는 귤밭을 양쪽에 두고 바다 방향으로 내려오는 코스이다. 소박한 제주 마을과 다르게 여유 있는 부농의 마을을 걷는 듯하다.

코스 2 이웃 마을로 갈 수 있는 일반버스 정류장과 마을회관, 편의점, 식당 등 주요 시설이 있는 도로를 지난다. 대부분 단층인 시골집이 이어진다. 한 개의 골목 끝에 두 집 혹은 세 집의 마당이 보이는 전형적인 제주 마을이다.

코스 3 바닷길이 보이는 코스이다. 작은 고깃배들이 모여 있는 법환포구부터 바닷가 앞 식당, 다이빙숍, 게스트하우스가 줄지어 있다. 해녀체험장이 있는 건물 한 쪽에는 해녀들이 직접 딴 소라나 홍해삼 등을 맛볼 수 있다. 회국수를 주문하면 참소라를 얹은 비빔국수가 나온다. 배를 채웠으면 범섬을 마주한 갯바위에서 바다를 즐겨보자.

코스 4 작고 특별한 카페가 있다. 긴 테이블이 딱 한 개 있는 카페, 원테이블커피이다. 헤밍웨이가 소설을 쓸 때마다 마셨다는 탄자니아AA로 커피를 내려 준다. 헤밍웨이처럼 커피를 마시면서 원하는 엽서에 편지를 쓰면 1년 뒤 원하는 날짜에 집으로 엽서를 보내 준다. 카페의 느낌과 닮은 차분하고 상냥한 주인이 만든 따뜻한 공간에서 일 년 뒤의 나에게 편지를 써 보는 건 어떨까.

코스 5 마을과 잘 어울리는 돌집 교회를 돌아 마을길을 걷는 코스이다. 높은 건물이 적어 어디에서도 한라산이 보인다. 남향으로 야자수나 종려나무를 마당에 한 그루씩 심은 집이 많다. 육지에서는 보기 힘든 정원이라 이국적이다.

코스 6 초가집 앞으로 돌담이 뻗은 골목을 걷다 보면 집 사이사이 범섬이 모습을 드러낸다. 마을 속에 바다가 들어온 것 같다. 바다가 보이는 중에도 방풍림으로 심은 쑥대낭(삼나무) 사이로 귤밭이 이어진다. 5월에는 달콤한 귤꽃 향기에 취해 걸을 수 있고 7~8월이면 초록색 귤의 싱그러움을 느낄 수 있다. 10월이면 노랗게 익어 가는 귤을 볼 수 있다.

EAST JEJU

아 늑 한 오 름 의 마 을

송당리

info **주소** 제주시 구좌읍 송당리
전화번호 송당리사무소 064-783-4093
소요시간 40분(약 2.7km)
주차장 있음

car **송당리사무소** 검색

bus **제주시외버스터미널 앞 제주버스터미널 정류장**

① 211, 212번 승차 → ② 송당리 하차 → 도착

서귀포버스터미널 정류장

① 182번 승차 → ② 교래입구 하차 → ③ 비자림로 교래입구 도보 2분

④ 212번 환승 → ⑤ 송당초등학교 하차 → 도착

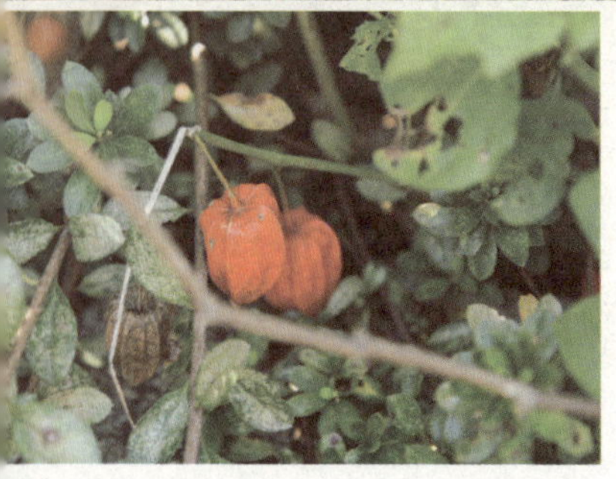

중산간 마을 송당리에는 높은오름, 체오름, 세미오름 등 300m 이상인 오름이 15개나 모여 있다. 동네 어귀에는 영화 〈이재수의 난〉, 〈연풍연가〉 촬영지로 알려진 아부오름도 있으니 '오름 동네'라고 불러도 어색하지 않다.

송당리 마을길은 동네를 크게 도는 코스이다. 경사진 길도 없고 대부분 잘 닦여 있어 산책하듯 걸을 수 있으며 다른 지역에 비해 개발되지 않아 제주 본연의 멋을 느낄 수 있다. 게다가 다랑쉬, 백약이, 문석이오름 등이 가까이 있어 언제든 오름을 탐방할 수 있는 것도 이 마을의 매력 중 하나이다.

오름으로 둘러싸여 있는 마을 안쪽은 사람 키보다도 높이 쌓여 있는 장작과 녹이 슬은 창고가 마치 설치작품처럼 산재해 있다. 흔한 풍경과 사물들마저 한데 어울려 마을 전체가 전시장 같다.

Advice ⓙ

이곳에는 오름뿐 아니라 천년의 숲이라 불리는 비자림도 가까운 곳에 있다.

Advice ⓢ

송당리에서는 당오름과 높은오름을 걸어서 갈 수 있다. 마을 안에 위치한 당오름에는 제주에서도 손꼽는 멋진 본향당이 있다. 높은오름 입구는 마을에서 약 35분 정도 임도를 따라 걸으면 있다.

코스 1 주차장부터 1300k, 에코브릿지커피, 동신술굴내소하천 길을 걷는 코스이다. 시작 지점에서 멀지 않은 곳에 마을회관을 리모델링한 건물이 있다. 1층에는 디자인 상품을 판매하는 1300k가 있고 2층에는 에코브릿지 커피

가 문을 열었다. 이 두 개의 매장은 마을 분위기와 어울리기 위해 디자인을 최소화했다. 1300k는 다양한 상품들을 판매하는데 그 중 제주 관련 디자인 상품들이 눈길을 끈다. 2층 에코브릿지커피에서는 커피를 판매할 뿐만 아니라 전시도 하고 있어 여행객이나 마을 사람들에게 따듯한 감성을 전해 준다. 건물 오른편 길에는 가로수 역할을 하는 동백나무가 낮은 돌담과 어우러져 제주 특유의 풍경을 만들어 낸다. 비가 많이 내릴 때마다 침수 피해를 입었던 동신술 굴내 소하천은 정비가 한창이다. 생태계를 보호하면서 공사를 한다지만 둑을 쌓은 풍경이 자연적인 모습과 대비된다.

코스 2 한적한 마을길을 걷는 코스이다. 초입 부분의 넓은 공터에서는 초록빛 풀이 자라고 들꽃이 흐드러지게 피어 있다. 공터에서 100m 정도 가면 마을 초입이다. 농가보다 벽돌집이 많은데 나란히 지은 창고의 형태가 눈길을

끈다. 슬레이트 지붕 모양의 철을 펴고 다듬은 후 서로 덧대어 창고를 만들었다. 제주 어디에서도 볼 수 없었던 모양의 창고이다. 밖에서 바라보니 뭔가 저장하거나 농기구를 보관하는 용도로 쓰는 것 같은데 역할을 제대로 할 수 없는 듯 보인다. 녹이 슬어 금방이라도 무너질 듯 하고 빗물이 샐 것만 같다. 이런 창고가 한 두 개가 아니다. 쓰고 있는 창고가 대다수지만 버려진 듯 보이는 창고도 있다.

코스 3 송당5길을 지나 흙길인 송당3길로 접어들어 마을을 산책하는 코스이다. 3코스 초입에 제주…&여기쯤이라는 카페가 있다. 핸드드립커피와 수제차를 판매한다. 마당에는 제주 어디에서든지 잘 자라는 로즈마리와 갖가지 식물이 자라고 있다. 눈길이 가고 머물고 싶은 정원이 있는 카페이다.

마을을 지키는 오래된 나무가 좋다

유수암리

info

주소 제주시 애월읍 유수암리
전화번호 유수암리사무소 064-799-2229
소요시간 35분(약 2.3km)
주차장 있음

car

제주시 애월읍 유수암평화길 14 검색

bus

제주버스터미널 정류장

① 251, 252번 승차 → ② 유수암리 하차 → ③ 제주이야기 도보 4분 → ④ 791, 792-1번 환승 → ⑤ 유수암리사무소 하차 → 도착

서귀포버스터미널 정류장

① 282번 승차 → ② 유수암단지 하차 → ③ 유수암단지 도보 5분 → ④ 791, 792-1번 환승 → ⑤ 유수암리사무소 하차 → 도착

※ 와 은 서로 다른 정류장입니다. 정류장 이동 방법은 16쪽을 참고하시기 바랍니다.

커다란 노목이 곳곳에 자라고 있어 따듯하고 아늑한 분위기를 만들어 내는 곳이다. 마을을 가로지르는 길에도 두 그루의 큰 노목이 서 있고, 절동산에는 무환자나무와 팽나무군락지가 700년 동안 마을을 내려다보고 있다.
소소한 느낌의 작은 집이 줄지어 있는 유수암리는 유수암리개척단지에서 2.5km 정도 바닷가쪽으로 내려오면 만날 수 있다. 여행객이 많이 찾는 이곳은 '동네'라는 단어가 어울리는 곳으로 바다가 훤히 내려다보이는 중산간에 있어 청량한 느낌을 더한다. 오르고 내리는 길이 거의 없어 예쁜 신발을 신고 사뿐사뿐 산책하기 좋다.

Advice ⓙ

유수암리 근처에는 전국에 세 곳뿐인 경마공원이 있다. 공원 내에는 말과 연계된 작품, 어린이모험랜드, 세계말체험동물원이 있다. 경마 경기가 있는 날에는 입장료 2,000원을 지불하면 빠르게 내달리는 말을 볼 수 있다. 경마 경기가 없는 날은 무료입장이다.

Advice ⓢ

유수암식당이 있는 곳에서 항파두리로 이정표를 따라 걸으면 항파두리 유적지까지 갈 수 있다. 거리는 약 1.5km로 편도 20분 정도 걸린다. 작은 집과 아담한 밭이 이어지는 길을 걷는 것도 좋은 여행이 될 수 있으니 꼭 한 번 들러보길 바란다.

코스 1 산책만 원하는 여행자는 1코스 시작 지점에 있는 주차장을 이용하면 된다. 1코스는 본동 한가운데 자리한 노목 두 그루를 지나는 코스이다. 노목 아래에는 돌로 만들어진 탁자와 벤치가 있다. 볕이 따듯한 날에는 책을 읽

어도 좋고 친구에게 편지를 써도 좋다. 우체통은 1코스 중간 지점인 유수암리 사무소 맞은편에 있다. 오래된 마을의 정취가 느껴지는 코스로 나무를 훼손하지 않고 돌담을 쌓아올린 노력이 엿보인다.

코스 2 「이상한 나라의 앨리스」에 나오는 비밀 통로 같다. 머리보다 큼지막한 호박이 돌담에 주렁주렁 매달려 있다. 귤밭의 귤도 더 이상 매달릴 수 없을 만큼 많은 양이 달려 있다. 가지 하나만 수확해도 한 상자는 족히 될 것 같다.

코스 3 바다를 보며 마을 둘레를 걷는 코스이다. 시작 지점부터 귤 향기가 진동해 고개를 돌리니 역시나 여기도 귤밭이다. 유수암리 곳곳에 귤밭이 없는 곳이 없다. 5월 귤꽃이 필 무렵이면 그 향기가 온 동네를 감싼다. 비행기가 유수암리 상공을 지나지는 않지만 바다 쪽 상공으로 비행기가 오가는 모습이 자주 포착된다. 해안가가 아님에도 바다가 보이고 비행기가 보여 바닷가 마을과 중산간 마을의 매력이 동시에 느껴진다.

코스 4 사시사철 마르지 않는다는 유수암천과 절동산을 지나는 코스이다. 주민들은 유수암천을 여전히 생활용수로 활용하고 있다. 절동산에 오르려면 많은 계단을 지나야 하지만 오른 후에는 오름을 오른 듯한 기분이 들 만큼 마을과 바다를 배경으로 멋진 광경을 볼 수 있다.

코스 5 유수암식당을 지나 시작 지점인 노목이 있는 주차장으로 돌아오는 길이다. 마을은 아름드리나무와 따뜻한 햇살에 둘러싸여 풍성한 느낌이 난다. 마당이 아닌 길가에 콩이나 무말랭이 등 농작물에 펼쳐 놓고 말리는 모습이 더 정겹게 느껴진다.

EAST JEJU

옹기종기 모인 지붕의 마을

한동리-평대리

info **주소** 제주시 구좌읍 한동리, 평대리
전화번호 평대리사무소 064-782-5981
소요시간 1시간 30분(약 5.5km)
주차장 있음

car **제주시 구좌읍 일주동로 3007** 검색

bus **제주시외버스터미널 앞 제주버스터미널 정류장**

① 111번 승차 – ② 송당리 하차 – ③ 260, 711-1번 환승
④ 평대리사무소 하차 – 도착

서귀포버스터미널 정류장

① 101번 승차 – ② 세화환승정류장 하차 – ③ 201번 환승
④ 평대리사무소 하차 – 도착

한동리와 평대리는 바닷가에서 중산간까지 길게 맞닿아 있다. 그중에서도 한동리 계룡동과 평대리 서동은 유난히 사이좋게 맞닿아 있다. 각 마을이 농지나 오름 등으로 나뉘어 있기 마련이지만 걷다 보면 어느새 두 마을의 경계를 넘게 된다. 씨알 굵은 당근은 두 마을의 대표 작물이어서 초록색의 여린 잎사귀가 줄지어 있는 당근 밭을 흔히 볼 수 있다. 또한 걷다가 길을 잃어 어느 골목에 들어서더라도 낮은 돌담과 마당 안의 고운 금잔디를 볼 수 있다. 알록달록한 낮은 지붕이 사이좋게 모여 있는 풍경이 아기자기하다. 해안가로 나서면 파란 파도를 끊임없이 받아내는 검고 거친 현무암이 힘있게 수평선을 향해 뻗어 있다.

마을 대부분은 평탄한 길이기 때문에 누구나 쉽게 코스를 즐길 수 있다. 유난히 올레가 많아 코스를 조금만 벗어나도 막다른 길이 나오기 십상이다. 하지만 길을 잃으면 잃을수록 작고 예쁜 골목을 볼 수 있으니 발길 닿는 대로 걸어 보는 것도 좋다.

코스 시작 지점과 도착 지점에는 한동리 정류장과 평대초등학교 정류장이 있어 마을을 걷고 싶은 버스 여행자의 접근이 쉽다. 두 정류장 모두 일주도로를 달리는 버스를 탈 수 있어서 다음 여행지로 연계하기도 쉽다.

Advice ⓢ

평대리해변에서 해안도로를 따라 동쪽으로 약 1.65km, 30분 정도 걸으면 세화리 포구가 나온다. 마을에서 식사를 해결하기 마땅찮다면 포구 근처 식당을 추천한다. 포구에서 500m만 더 걸으면 세화해변이니 평대리해변과 함께 즐겨 보자.

코스 1 한동리 정류장에서 한동초등학교 앞과 농로를 지나 바다로 향하는 길이다. 흙길의 농로를 따라 걸으면 조금 높은 위치에서 마을 일부를 내려다볼 수 있다. 파란 바다와 풍력발전단지 앞으로 겹겹이 놓인 알록달록한 지붕이 뷰포인트다. 그리고 곧 해안도로가 나온다.

코스 2 썰물 때에는 현무암을 밟고 멀리 나갈 수 있다. 바닥이 울퉁불퉁하니 주의를 기울여야 한다. 걷기가 여의치 않다면 해녀가 다니는 바위 위의 시멘트 길을 따라 걸어도 좋다.

가지런히 쌓인 마을의 돌담길 끝에는 아일랜드조르바 카페와 간단한 요기를 할 수 있는 평대스낵이 반긴다. 농가주택을 고쳐 만든 아일랜드조르바는 날씨만 좋다면 마당에 앉아 차 한 잔할 수 있다. 평대스낵의 대표 메뉴는 매콤한 떡볶이와 한치튀김이다. 공간은 협소하지만 다른 이와 등을 맞대고 앉아 여행 이야기를 듣는 재미도 있다.

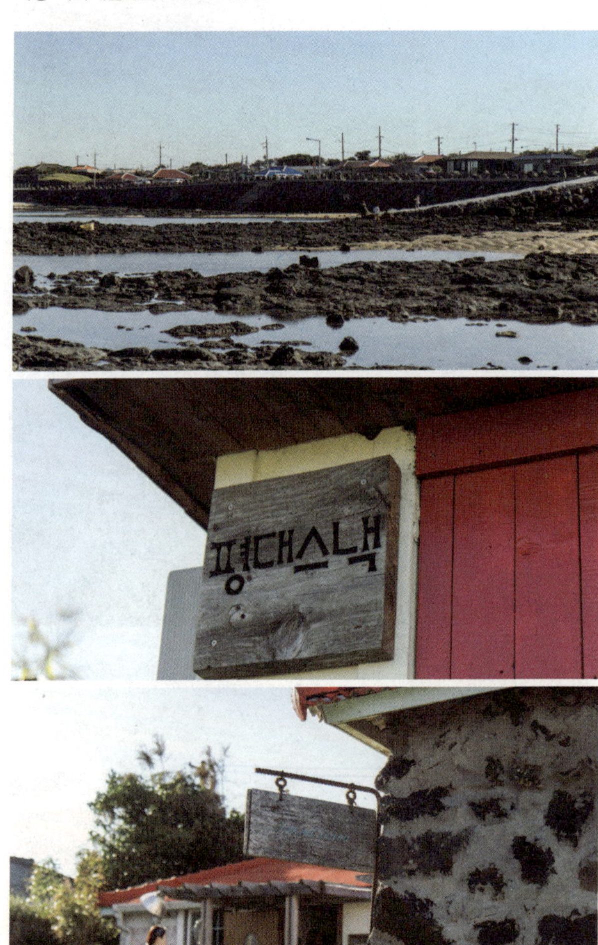

코스 3 아주 작고 소박한 평대리해변을 가로지르는 코스이다. 주변의 월정해변이나 세화해변만큼 넓고 아름다운 바다는 아니지만 검은 바위들 사이에 바다가 있어 다양한 풍경을 제공한다.

큰 나무가 심어진 길을 걸을 때부터는 집과 집 사이로 당근밭이 드문드문 나타나다가 귀여운 당근 그림이 그려진 평대리중동마을회관을 볼 수 있다.

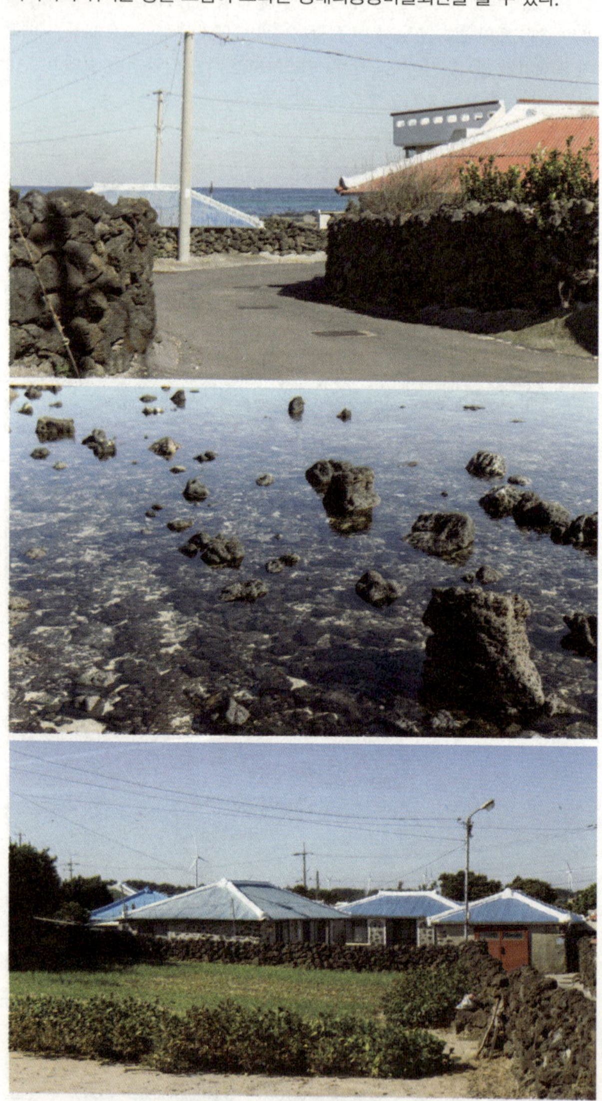

코스 4 크고 넓은 당근밭을 지나 좁고 구불구불 이어진 흙길을 걸으며 밭길의 정취를 느낄 수 있다. 밭과 밭 사이의 흙길은 올레20코스가 지나는 길이기도 한데 길을 찾기 어려울 경우에는 올레 표식을 찾으면 된다. 밭길이 끝나면 다시 마을길이 나오고 그 길은 일주도로를 향해 뻗어 있다.

SPECIAL

JEJU

번영로, 남조로

번영로 제주시부터 서귀포시 표선리를 잇는 도로

남조로 제주시 조천리부터 서귀포시 남원리를 직선으로 잇는 도로

200m
70

도로번호 번영로:지방도 97번도, 남조로:지방도 1118번도 **도로를 지나는 버스** 번영로:급행 121번, 일반간선 221번, 남조로:급행 131, 132번, 일반간선 231, 232번 **도로 여행지 번영로** 세계자연유산센터(거문오름), 성읍민속마을, 영주산, 성읍랜드, 표선해비치해변, 제주민속촌 박물관, **남조로** 이기풍선교기념관, 제주돌문화공원, 교래자연휴양림, 애코랜드 테마파크, 제주미니랜드, 삼다수숲길, 붉은오름자연휴양림, 물영아리오름

번영로는 제주시 건입동부터 성읍민속마을, 표선면 표선리를 연결하며 남조로는 제주시 조천읍에서 붉은 오름과 물영아리오름을 지나 서귀포시 남원읍을 가로지르는 도로이다. 두 도로의 교착 지점은 남조로검문소이다.

과거의 번영로는 제주 목사나 현감이 다니는 행정 도로였으며 4.3사건 때는 군사 지역으로 통행이 봉쇄되었다. 동부산업도로, 동부관광도로로 불렸으나 현재는 '번영로'라고 불린다.

이 도로는 옛 제주도 마을을 볼 수 있는 성읍민속마을을 지난다. 구경하는 집 팻말이 있는 곳은 주로 단체 관광객이 많으므로 조용히 개별 여행을 하고 싶다면 걸어서 성읍민속마을 내부로 들어가자. 마을 안에는 제주도 토속음식점, 옛집 등이 잘 갖춰져 있다. 인근에는 완만한 영주산도 있으니 함께 여행해도 좋다. 서귀포시 근처의 번영로에는 제주민속촌박물관이 있다. 이곳은 입장료를 받는 만큼 토속적인 물품이 잘 갖춰져 있다. 제주의 자연유산을 보여 주는 제주세계자연유산센터는 선화교차로에서 선흘2리 방향으로 가면 된다.

남조로는 해발 200~400m 중산간을 통과하는 도로이다. 눈이 많이 내리는 겨울에 1100로나 516로가 통제될 때 서귀포 시내를 오갈 수 있는 가장 가까운 길이다. 다른 도로에 비해 차량 통행이 적어 초보 운전자도 쉽게 다닐 수 있다.

남조로는 곶자왈을 여행하기에 가장 좋다. 대표적인 예로 곶자왈에 만들어진 제주돌문화공원과 교래자연휴양림을 지난다. 어린이와 여행한다면 에코랜드를 추천한다. 예쁜 사진을 찍을 수 있는 포인트가 많고 제주도에서 유일하게 기차를 탈 수 있는 곳으로 알려져 있다.

J E J U

매일 책상 앞에 앉아 있는 생활에서 벗어나고

싶은 당신을 위한 활력 넘치는 여행.

걷고, 오르는 활동을 즐기는 당신을 위해

액티브한 제주를 소개합니다.

땀 흘리며 움직이는 여행을 즐겨 보세요!

엔돌핀 넘치는

액티브 제주

초록빛 보리가 일렁이는 풍경

가파도 청보리축제

info

주소 서귀포시 대정읍 가파리
전화번호 가파리사무소 064-794-7130
배 이동 시간 15분(5.5km)
가파도 축제 4~5월경
축제장소:대정읍 가파도 일원
축제내용:청보리밭 걷기, 커플자전거 대회, 보리 피리 만들기, 보리밭 연 날리기

bus·ship

제주버스터미널 정류장

① 151, 253, 254, 255번 승차 → ② 하모체육공원 하차 → ③ 모슬포항 도보 5분 → ④ 가파도행 도항선 탑승 → ⑤ 상동포구 하차 → 도착

서귀포버스터미널 정류장

① 202번 승차 → ② 하모3리 하차 → ③ 모슬포항 도보 10분 → ④ 가파도행 도항선 승선 → ⑤ 상동포구 하차 → 도착

각주 〉
가오리를 제주 방언으로 '가파리'라고 한다.

가파도는 땅의 형태가 가오리를 닮아 가파도로 불리게 되었다. 1시간이면 섬을 한 바퀴 돌 수 있을 만큼 작은 섬이니 문단속을 하지 않을 정도로 이웃끼리 서로 친밀하게 지낸다. 이웃사촌은 가파도를 두고 하는 말이 아닌가 싶다.

이곳은 제주도에서 유일하게 물 걱정이 없는 마을이다. 150년 전 상동마을 주민들이 직접 우물을 파서 생활용수를 해결했고 하동에도 우물을 만들었기 때문이다. 섬마을답게 바람이 통하도록 쌓아 놓은 돌담길도 어딜 가든지 볼 수 있다.

가파도에 여행자가 많아진 이유는 가파도청보리축제와 올레10-1코스 때문이다. 청보리축제는 겨울바람이 멎고 봄 햇살에 보리가 초록빛으로 여물 무렵 개최된다. 축제 기간에는 파란 바다와 초록빛 보리가 어울리는 풍경을 보려는 여행자와 제주도민의 발길이 끊이지 않는다.

섬을 한 바퀴 돌아보거나 축제를 즐기고 싶다면 마을길 산책을 추천한다. 선착장에서 직진하면 마을길이 시작된다. 보리밭 사이에 만들어진 넓은 산책로는 유모차나 휠체어도 편하게 다닐 수 있다. 선착장 앞에서는 자전거를 대여해 준다. 앞을 가로막는 산이나 건물이 없어 자전거를 타고 돌아다니면 바다 위를 달리는 기분이 든다. 풍력발전기까지 있으니 마치 외국에 온 것 같다.

가파도정식은 풍경만큼 유명한 먹거리이다. 잘 구워진 옥돔에 밥 한 그릇 뚝딱하고 성게미역국에 또 한 그릇, 20여 가지 반찬에 한 그릇 더 먹어야 할 정도로 맛있다. 가파도정식은 어느 음식점을 가도 주문할 수 있

지만 축제 기간에만 운영하는 곳이 많으니 축제 기간이 아니라면 미리 전화로 예약을 하자. 하지만 해녀가 물질을 해야만 얻을 수 있는 재료로 밥상을 차리기 때문에 예약을 받지 않을 수도 있다.

올레길은 상동포구에서 바다를 끼고 오른쪽으로 섬의 1/3을 걸은 후 섬 안쪽으로 향하는 코스이다. 섬 안쪽부터는 대부분 밭길 사이를 걷게 된다. 잘 닦인 마을길을 걷다가 반대편인 가파포구를 향해 걸으면 올레길은 끝난다. 5km 거리로, 1시간이면 충분히 걸을 수 있다.

올레 코스 중간에는 제단과 당이 있다. 제단에서는 남자들이 주도하여 마을의 안녕과 풍요를 기원한다. 반면에 당에서는 여자들이 주도하여 어부와 해녀의 안전과 풍어를 기원하는 제사를 지낸다. '할망당'이라고도 부르며 상동에 있는 당은 '메부리당', 하동에 있는 당은 '뒷서낭당'이라고 한다.

가파도의 파도 소리와 바닷바람을 길동무 삼아 걸어 보자. 청보리축제나 올레길이 아니어도 좋다. 맑은 날이면 한라산, 산방산, 송악산, 군산, 고근산, 단산 등 제주도의 산을 모두 볼 수 있다. 현재는 탄소 없는 섬을 만들기 위해 노력 중이고, 가파도 프로젝트를 통해서 게스트하우스와 별 관측소도 지을 예정이니 하룻밤 머무르기에 충분히 매력적인 곳이다.

Advice ⑤

청보리축제 기간에는 배 예약이 쉽지 않다. 사람도 많고 날씨 때문에 배가 뜨지 못하는 날도 있으니 방문 전에 꼭 확인하자.

EAST JEJU

섬 세 하 게 밀 고 당 기 는

거미오름

info **주소** 제주시 구좌읍 종달리 산 70
소요시간 50분~1시간 10분
주차장 있음

car **서귀포시 표선면 성읍리 1893(백약이오름 주차장)** 검색

bus **버스로 이동하는 방법** 없음

각주 〉
이곳에서 말하는 알오름은 주 봉우리 외 아주 낮은 오름의 봉우리를 뜻한다.

B출입구
거미오름
문석이오름
A출입구
백약이오름
금백조로

거미오름은 수많은 알오름의 호위를 받으며 세 개의 봉우리가 어깨동무하듯 나란히 서 있다. 높고 뾰족하게 솟은 115m의 봉우리를 울룩불룩한 형태의 능선이 두르고 있으며 두 개의 원형 분화구와 말굽형 분화구가 서로 등을 맞대고 있다. 따라서 거미오름은 넓고 완만한 평지와 가파른 경사, 깊고 얕은 분화구, 봉우리를 잇는 곡선이 이어진 꼴이다.

이처럼 다양한 모습을 가진 거미오름은 형태만큼이나 여러 가지 이름으로 불린다. 사면이 둥그렇게 사방으로 층층이 뻗어 가는 모습이 거미줄 같고 오름의 형태도 거미를 닮았다 하여 '거미오름'이라고 불리고, 표지석에 '동검은이오름'이라 적혀 그리 불리기도 한다. 그 외에도 동거문오름, 동거미오름 등을 혼용하고 있다.

거미오름 출입구는 비포장도로이며 주차할 만한 공간도 없기 때문에 백약이오름 주차장을 이용하는 게 좋다. 백약이오름 주차장에 주차한 후 맞은편 임도를 따라 약 430m를 걸으면 거미오름 이정표가 나온다. 이정표를 따라 약 550m를 더 걸으면 거미오름 출입구와 탐방 안내판을 발견할 수 있다. 잡목이 자라는 오르막에는 매트와 발판이 있어 미끄러지지 않고 올라갈 수 있지만 이내 종아리 근육은 아프고 숨이 턱까지 차오른다. 잠시 숨을 고를 겸 뒤를 돌아보면 가부좌를 튼 것 같은 한라산과 오름군의 풍경이 눈에 들어온다. 경치를 감상하며 놀멍쉬멍 걸으면 첫 번째 봉우리가 있는 정상부 능선에 도착한다. 이곳의 능선부는 평평하지만 오르고 내려가는 길은 매우 가파르게 깎여 있다. 따라서 추락 주의 안내판이 곳곳에 있는데 바람이 많이 부는 날에는 특별히 안전에 유의해야 한다.

힘들게 오른 만큼 눈앞의 풍경은 이루 말할 것 없이 상쾌하다. 봉우리에서 내려가는 동안 손지오름, 용눈이오름과 늠름한 풍채의 다랑쉬오름이 한눈에 들어오고 멀리 성산일출봉과 우도까지 보인다. 첫 번째 봉우리에서 내려오면 넓

은 초지와 분화구가 완만한 곡선으로 이어져 있다. 이곳은 봄이면 노란 개민들레가 활짝 피어 장관을 이룬다. 두 번째 봉우리는 오름의 분화구 및 거미오름의 형태를 둘러보기 좋은 전망대 같은 곳이지만 무엇보다 오름 탐방을 어떻게 끝낼 것인지 결정할 수 있는 중요한 지점이기도 하다. 거미오름을 처음 방문했다면 타이어 매트를 따라서 알오름을 지나 B출입구로 나가자. 이 코스는 약 50분이 소요된다. 거미오름을 여러 번 방문했다면 오름 위를 한 바퀴 돌아 출발했던 지점으로 돌아가는 방법을 권한다. 다른 사람들이 다녔던 흔적을 따라가야 하지만 잡목이 많아 길을 찾기 어려운 곳이 있으니 주의하자. 이 코스는 약 1시간 10분이 소요된다.

거미오름은 진입로가 다양하다. 기존의 출입구 외에 성산읍공설공원묘지 방면이나 월랑지오름 왼편으로 난 임도를 따라 들어가면 새로운 출입구를 발견할 수 있다. 두어 번 방문하면 길에 익숙해져 다양한 진입로로 오름을 탐방할 수 있다. 한 번의 탐방으로 맛과 멋을 즐기기엔 아까운 오름이다.

Advice Ⓢ

금백조로에서 거미오름을 향할 경우 문석이오름 이정표를 볼 수 있다. 그 이정표를 따라 문석이오름에 먼저 올라 거미오름의 전경을 즐기자. 거미오름으로 향하는 길로 내려가면 바로 거미오름의 주 출입구(A출입구)가 나온다. 문석이오름은 20분이면 충분히 둘러볼 수 있으니 연계해서 탐방해도 좋다.

고 생 끝 보람 가 득

노꼬메오름

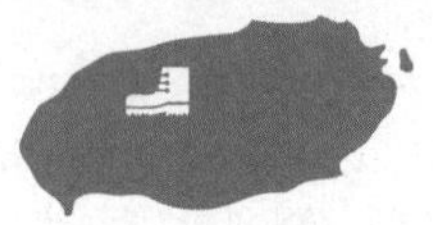

info **주소** 제주시 애월읍 유수암리 산 138
소요시간 2시간
주차장 있음

car **큰노꼬메오름 주차장** 검색

bus **버스로 이동하는 방법** 없음

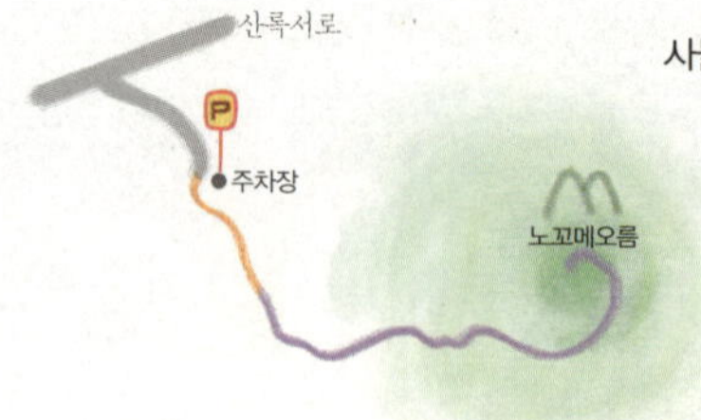

사물의 이름에는 사람의 인식이 반영된다. 노꼬메오름도 그렇다. 노꼬메는 높은 산을 뜻하는 놉고메가 변형되었거나 '높구나'라는 감탄사가 변형되었다는 설이 있다. 이러한 설을 뒷받침하듯 노꼬메오름은 오백나한, 어승생악, 산방산, 군산, 족은드레오름 다음으로 높은 오름이다.

1117번 산록서로에서 놉고메·노꼬메 표석이 있는 임도를 따라 들어가면 소길리공동목장이 나타난다. 거기에서 약 500m를 더 들어가면 주차장이 나오고 위풍당당한 노꼬메오름의 풍채가 한눈에 들어온다. 오름 입구에는 한라산의 식생과 비슷한 나무와 조릿대가 자란다. 그래서 트레킹보다는 등산하는 기분이 든다. 오름을 오르는 길도 여느 등산로와 별반 차이가 없다.

40여 분을 오르면 노꼬메오름의 반전이 시작된다. 나무로 뒤덮인 길이 끝나면 억새가 자라는 능선이 나타난다. 능선을 크게 돌수록 풍경은 파노라마처럼 다가온다. 힘들게 오르다 만나는 한라산의 드라마틱한 전경이 심장을 뛰게 만든다.

노꼬메오름은 늦은 가을과 겨울에 가는 것을 추천한다. 억새가 일렁이는 모습과 다른 계절엔 보기 힘든 한라산의 전경을 마주할 수 있기 때문이다. 정상에 서면 제주시, 제주 앞바다와 카리스마 있는 한라산의 북서벽을 볼 수 있다. 서쪽의 산방산도 손에 닿을 만큼 가깝게 보이고 동쪽의 김녕해안도 보인다. 힘들게 올라온 것에 비하더라도 몇 배 더 큰 보상이다.

이처럼 반전이 있는 등반은 약 1시간이 걸린다. 다른 오름에 비해 등반 시간이 조금 길다. 하산하는 시간까지 생각하면 약 2시간이 걸린다. 제주도의 평범한 오름보다 약간 가파르고 높을 뿐이니 지레 겁먹지 말고 도전해 보자.

Advice ⓢ

노꼬메오름 정상에는 족은노꼬메오름으로 갈 수 있는 계단이 있다. 워낙 가파른 길이어서 내려가기 쉽지 않지만 노꼬메오름에서 족은노꼬메오름, 궷물오름까지 이어지는 멋진 길을 트레킹할 수 있다. 물론 반대 방향으로 트레킹할 수도 있지만 너무 가파르기 때문에 하산하는 길로 추천한다.

Advice ⓙ

노꼬메오름 주위는 방목해서 키우는 말들이 만드는 두 가지 풍경이 있다. 첫 번째는 말과 오름이 어우러지는 한가한 풍경이고 두 번째는 말똥의 풍경이다. 주차장에서 오름 입구까지 가는 도중 곳곳의 지뢰 같은 말똥에 당황하지 말자.

EAST JEJU

억새를 만나러 가는 길

따라비오름

info **주소** 서귀포시 표선면 가시리
소요시간 1시간
주차장 있음

car **따라비오름** 검색

bus **버스로 이동하는 방법** 없음

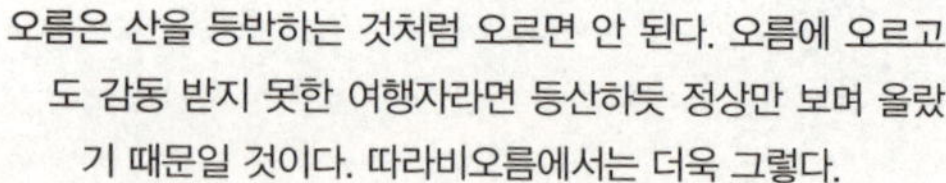

오름은 산을 등반하는 것처럼 오르면 안 된다. 오름에 오르고 도 감동 받지 못한 여행자라면 등산하듯 정상만 보며 올랐 기 때문일 것이다. 따라비오름에서는 더욱 그렇다.

따라비오름 초입은 숲길로 이루어진 평범한 등반로이 다. 20분 정도 오르면 부드러운 억새밭과 야자수 매트 가 깔린 정상부에 들어선다. 따라비오름은 독특하게 분화구 세 개로 이루어져 있다. 그래서 각 분화구를 둘러싼 능선은 다른 능선보다 유독 너울거리며 아 기자기하게 펼쳐져 있다. 높낮이, 방향에 따라 다 양한 풍경을 볼 수 있는 능선을 따라 걸으면 짧게는 20분, 길게는 50분 정도 걸린다. 하지 만 시간을 넉넉히 두고 오래 감상한다면 따라 비오름의 아름다운 매력에 더욱 깊게 빠질 것이다.

모든 능선을 걸어 볼 수 없더라도 꼭 걸었으면 하는 곳이 있다. 바로 오름의 반대편 출입구로 내려가는 능선이다. 이곳에서 바라본 오름의 모습은 분화구의 다이내믹한 곡선과 거친 화산체가 어우러져 색다른 느낌을 준다. 오름의 정상부에서 좌측의 탐방로를 향해 쭉 걸으면 출입구 반대편으로 향하는 내리막과 갑마장길 이정표를 따라서 걸어 보자.

따라비는 특정 계절에만 찾기엔 아까운 곳이다. 여름엔 땀을 씻어 줄 시원한 바람이 불고 겨울엔 수묵담채화 같은 풍경이 펼쳐진다. 장마 때에는 안개가 낮게 깔린 풍력발전단지의 이국적인 모습이 일품이다. 하지만 그중 제일 좋은 계절은 억새를 볼 수 있는 가을일 것이다. 얼마나 반짝이며 일렁이는지 제대로 눈을 뜰 수가 없다. 억새의 매력을 한껏 돋워 주는 것은 오름의 형태이다. 정상에 서면 오름이 줄 맞춰 서 있는 듯 보인다. 산맥과는 다르게 독립적으로 존재하는 오름은 육지에서 볼 수 없는 라인을 가지고 있다. 풍력발전기의 이국적인 모습이 더해지면 너도나도 카메라를 꺼낸다. 눈으로만 담기에는 아쉬운가 보다.

많은 것을 보여 주는 오름이지만 찾아가는 길은 조금 험하다. 가시리사거리에서 성읍 방면으로 가는 초입에 있는 따라비오름 표지판을 따라가자. 마을을 지나면 좁은 임도가 나오고, 3km 정도 더 가면 넓은 주차장이 있다.

Advice ⓙ

주차장까지 가는 길은 임도여서 고불고불하고 도로 폭이 좁으므로 천천히 운전해야 한다.

Advice ⓢ

따라비오름은 갑마장길에 포함된 오름이므로 길을 잃었을 때는 갑마장길 이정표를 찾자.

반 전 의 매 력

물영아리오름

info **주소** 서귀포시 남원읍 수망리 산 189
소요시간 왕복 1시간
주차장 있음

car **서귀포시 남원읍 수망리 산 182-7** 검색

bus **제주버스터미널 정류장**

① 231, 232번 승차 → ② 남원읍충혼묘지 하차 → ③ 5분 도보 → 도착

서귀포버스터미널 정류장

① 101번 승차 → ② 남원환승정류장 하차 → ③ 비안동 도보 2분

④ 231, 232번 환승 → ⑤ 남원읍충혼묘지 하차 → ⑥ 5분 도보 → 도착

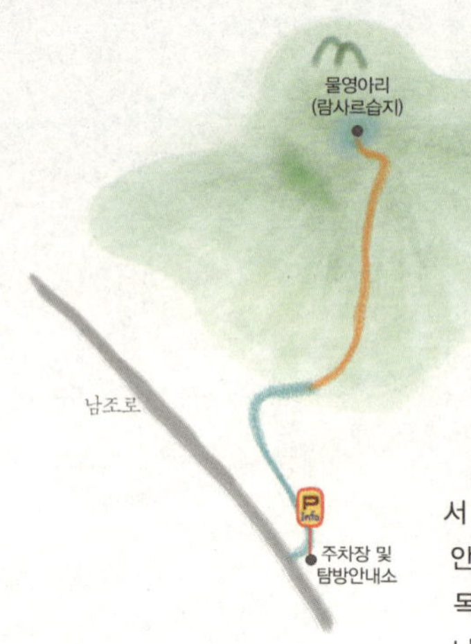

각주 〉
네이버 시사상식사전에서는 '전 세계를 대상으로 습지로서의 중요성을 인정받아 람사르협회가 지정, 등록하고 보호하는 습지'라고 설명한다.

물영아리오름의 정상에는 둘레 300m, 깊이 40m에 달하는 큼직한 습지가 있다. 계절마다 색과 소리를 바꾸며 여행자를 맞이하는 이곳은 국내 최초의 람사르습지로 등록되었다. 따라서 물영아리오름 곳곳에는 자연물 채취, 동식물의 도입을 금하는 경고문이 있다. 극진한 보호를 받는 오름인 만큼 정해진 나무 계단으로만 다닐 수 있다. 계단을 벗어나고 싶다면 뱀이 많다는 것을 기억하자.

물영아리오름은 남조로 바로 옆에 있고 주차장도 있어서 자가용은 물론 버스 여행자도 쉽게 접근할 수 있다. 탐방안내소를 지나면 수망리공동목장이 나타난다. 수망리공동목장은 영화 〈늑대소년〉에서 아이들이 철수와 야구를 하거나 영이가 철수에게 기다려, 먹어를 가르치며 첫 교감을 하던 장소이다. 이곳을 지나면 삼나무조림지 사이로 두어 명의 사람이 지나갈 수 있을 만큼의 좁은 계단이 정상을 향해 놓여 있다. 계단은 870~940개 정도이지만 오를 때마다 달라진다. 먼저 다녀간 이들 중 누군가가 계단 열 개마다 새겨 놓은 것을 토대로 봤을 때 약 880개인 것 같다. 등반로에는 삼나무 사이로 멋지게 만들어 놓은 쉼터가 세 개나 있으니 계단이 많다고 지레 겁먹지 말자.

시작 지점부터 오름을 오르는 동안 삼나무조림지를 볼 수 있다. 오름을 오르면 한라산 중턱에서나 볼 법한 나무들이

탐방로 옆을 차지하고 있다. 그 주변에서 오르막이 끝나고 곧 습지를 만나게 된다. 물영아리오름의 습지는 수생식물이 빽빽하게 자리 잡아 초록을 뽐낸다. 가을이면 풀이 억새처럼 금빛으로 물들고 겨울이면 분화구에 눈이 가득 쌓인다. 봄에는 고사리 장마로 수량이 많아져 산정호수처럼 물이 가득 찬다. 아침에 물안개 낀 모습은 낭만적이다. 맹꽁이의 산란기가 되면 산정호수는 맹꽁이 우는 소리로 가득 찬다. 시끄럽기는커녕 그마저도 정취를 더한다.

〈 각주

고사리가 필 무렵 제주에 내리는 봄장마를 말한다.

Advice ⓢ

여름의 물영아리오름은 습도가 높아 땀이 주룩주룩 흐른다. 탐방안내소 근처 편의점이나 다른 곳에서 음료를 꼭 준비하자.

Advice ⓙ

물영아리오름을 크게 한 바퀴 걷는 길을 '물보라길'이라고 부른다. 4.8km에 이르는 물보라길에는 담을 쌓아 올린 잣성길, 원시 그대로의 모습을 간직한 자연하천길, 소를 몰고 다녔던 소몰이길 등이 있다. 물영아리오름만 보고 가기에 아쉽다면 물보라길을 추천한다.

EAST JEJU

모 든 걸 내 어 주 는 엄 마 같 은

백약이오름

info **주소** 서귀포시 표선면 성읍리 산 1
소요시간 1시간
주차장 있음

car **서귀포시 표선면 성읍리 1893** 검색

bus **버스로 이동하는 방법** 없음

금백조로
P
주차장
백약이오름

백약이오름 근처에는 빼어난 오름이 많다. 높은오름, 거미오름, 좌보미오름, 문석이오름 등 각 오름의 특징이 뚜렷하여 하루 동안 몰아서 탐방해도 지루할 틈이 없다. 쾌활한 매력의 높은오름이나 남성적 매력이 돋보이는 거미오름과는 달리 백약이오름은 무엇이라도 다 품어 줄 것 같은 푸근한 매력이 있다. 게다가 '백약이'라는 이름처럼 백 가지에 이르는 다양한 약용식물이 자라고 있다. 겉으로 보이는 인자한 매력만큼 사람에게 이로운 것들을 준다. 탐방로에서 오름을 바라보면 완만하고 넓은 초지에 마음이 시원해진다. 오름을 오르는 길은 계단으로 이루어져 있다. 132m로 높은 편이지만 탐방로가 완만하여 쉽게 오를 수 있다. 정상까지 15분 정도 소요되지만 계절마다 다르게 피는 꽃을 구경하다 보면 언제나 시간이 지체되곤 한다.

백약이오름 정상에는 무엇이든 다 품어 줄 것 같이 푸근한 분화구가 있다. 큰 넓이 때문에 분화구 안의 경사는 가파르지 않다. 분화구를 향해 오르내린 사람들의 흔적도 쉽게 눈에 띈다.

오름에는 두 개의 정상이 더 있다. 왼쪽이 백약이오름의 최정상이다. 그곳을 기준으로 삼아 오름의 분화구를 시계 방향으로 크게 한 바퀴 돌며 거미오름과 높은오름, 좌보미오름 등 근처의 오름의 모습과 수산리의 풍력발전단지 뒤로 성산일출봉을 보자. 정상부를 한 바퀴 도는 데는 20분 정도 소요된다. 백약이의 정상부는 다른 어떤 오름보다 넓고 평평해서 초원 같은 느낌이 든다. 햇빛이 부드러운 날이라면 돗자리를 깔고 정상 초원에서 멋진 경치를 감상하며 피크닉을 즐기자.

하산할 때는 백약이오름에 올랐던 길을 따라 내려가면 된다. 오를 때는 보지 못했던 등 뒤의 먼 풍경을 보며 걸을 수 있다.

Advice ⓢ

백약이오름 근처에는 좌보미오름이 있다. 백약이 주차장에 주차해 두고 걸어서 다녀와도 오래 걸리지 않는다. 좌보미오름은 구경하는 데 1시간 40분 정도 소요된다.

서 부　오 름 의　랜 드 마 크

새별오름

info

주소 제주시 애월읍 봉성리
소요시간 1시간
주차장 있음

car

새별오름 검색

bus

제주버스터미널 정류장

① 251, 252, 253, 254번 승차 → ② 화전마을 하차 → ③ 30분 도보 → 도착

서귀포버스터미널 정류장

① 282번 승차 → ② 화전마을 하차 → ③ 30분 도보 → 도착

새별오름에서
이달봉가는 길

주차장
주차장
새별오름관광타운
제주드림랜드
주차장

오름의 진정한 아름다움은 시설물은 물론이고 나무조차 없는 아슬아슬한 실루엣에서 비롯되는 것이 아닐까. 새별오름의 식생은 사람 키보다 작기 때문에 시원스레 뻗거나 수줍어 감춘 듯한 능선이 가감 없이 드러난다. 능선을 걷는 여행자도 잘 보이기 때문에 마치 사람도 하나의 풍경으로 보인다.

새별오름 탐방로는 둘로 나뉘기 때문에 갈림길이 있다. 많은 사람들이 새별오름을 마주한 상태에서 왼쪽 탐방로를 시작 지점으로 정한다. 하지만 오른쪽 탐방로가 오름을 오르기 수월하고 탁 트인 풍경을 감상할 수 있기 때문에 이곳을 시작 지점으로 정하는 게 좋다.

정상에 오르면 한라산과 그 앞으로 바리메오름, 북돌아진오름과 괴오름이 줄지어 보인다. 반대쪽에는 산방산이 있고 그 사이로 평화로운 목장이 펼쳐진다. 정상에서 놓치지 말아야 할 것은 '이달봉 가는 길'이라는 팻말을 따라가면 나오는 새별오름의 또 다른 능선이다. 이달봉 방향으로 난 능선을 걸으면 새별오름의 부드러운 분화구를 포함한 또 다른 풍경을 볼 수 있다. 여유가 있다면 이달봉까지 탐방해도 좋다. 이달봉에서는 별 모양의 새별오름을 감상할 수 있으니 놓치지 말자. 오름 탐방에는 약 1시간 정도가 소요되고 이달봉까지 다녀온다면 2시간 30분 정도 소요된다.

목축문화가 발달한 중산간에서는 해충을 없애고 질 좋은 풀을 얻기 위해 들불을 놓았다. 이러한 풍습은 정월 대보름 전후에 개최되는 제주들불축제로 발전시켰다. 이 축제는 현재 제주의 가장 대표적인 관광산업으로 자리매김했다. 새별오름의 주차장 근처에 있는 넓은 공터는 제주들불축제를 위해 만들어진 공간이다. 무사안녕을 기원하는 글씨를 종이에 적어 오름 사면에 놓고 불을 붙인다. 붉게 타오르는 빛의 에너지가 사람들의 에너지와 더해져 묘한 카타르시스를 느끼게 한다. 불을 놓기 전에는 전통 놀이 및 공연이 있다. 축제의 하이라이트는 오름 불 놓기이지만 먹거리도 빼놓을 수 없다. 새별오름 근처의 마을에서는 저마다 텐트를 치고 제주 향토 음식을 판매한다. 축제에 참가하는 것만으로도 제주의 놀이, 문화, 음식을 한 번에 즐길 수 있다.

Advice Ⓢ

제주들불축제의 정보와 셔틀버스 시간은 'buriburi.go.kr'에서 확인할 수 있다. 마지막 오름 불을 놓는 날엔 많은 차량이 몰려서 정체가 심하니 일찍 서두르는 편이 좋다.

Advice Ⓙ

제주들불축제는 오름에 불을 놓는 것으로 모든 일정이 마무리된다. 음식을 파는 상점도 문을 닫고 사람들도 자리를 뜨기 때문에 향토 음식이 먹고 싶다면 일정이 끝나기 전에 새별오름으로 가야 한다.

EAST JEJU

뒤를 돌아보면 어느새

영주산

info **주소** 서귀포시 표선면 성읍리 산 18-1
소요시간 1시간 30분
주차장 있음

car **알프스승마장포니** 검색

bus **제주시외버스터미널 앞 제주버스터미널 정류장**

1. 221번 승차
2. 문화마을 하차
3. 721-3번 환승
4. 영주산 하차
5. 5분 도보
도착

서귀포버스터미널 정류장

1. 101번 승차
2. 성산환승정류장 하차
3. 성산환승정류장 도보 3분
4. 721-3번 환승
5. 영주산 하차
6. 5분 도보
도착

※ 와 은 서로 다른 정류장입니다. 정류장 이동 방법은 16쪽을 참고하시기 바랍니다.

영주산
주차장
서성일로
알프스승마장
등반로
하산로

제주시에서 표선으로 향하는 번영로를 달리다 성읍에 들어서면 큰 오름을 만나게 된다. 당당하게 마을을 지키는 이 오름의 이름은 영주산이다. '아침에 영주산 봉우리에 안개가 끼어 있으면 반드시 비가 온다.'는 설이 있는 것으로 보아 영주산은 이곳 주민과 하루를 함께 시작하는 오름이었을 테다. 첫인상과는 다르게 오름의 안쪽은 부드러운 능선인데 그곳에 놓인 나무 계단이 탐방의 시작 지점이다. 우아하지만 드라마틱한 곡선을 그대로 드러내는 탐방로는 '천국의 계단'이라는 별칭이 붙을 정도로 감동적이다. 하지만 천국의 계단은 이제 막 시작일 뿐이다. 나무 계단을 모두 오르면 넓은 초지가 펼쳐진다. 한가로이 시간을 보내는 소의 모습을 보면 영주산을 '제주의 알프스'라고 부르는 이유를 단번에 알 수 있다.

각주 〉
영주산은 한라산의 또 다른 명칭이다.

부드러운 초지와 나무 계단을 번갈아 걷는 내내 왼쪽으로는 성읍민속마을, 오른쪽으로는 동부 오름군을 볼 수 있고 뒤쪽에는 성산일출봉과 우도가 있다. 10분 정도 오르면 한라산을 마주 볼 수 있는 정상에 다다른다.

영주산을 하산하는 방법은 두 가지이다. 첫 번째는 올랐던 길을 다시 내려오는 방법이다. 이 길은 숨이 찰 겨를도 없이 완만하여 수월하게 하산할 수 있다. 또한 제주의 중산간과 바다를 향한 풍경을 마주하고 하산할 때 짜릿함도 느낄 수 있다. 두 번째는 올라온 길을 쭉 따라가서 반대쪽으로 내려가는 것이다. 가파른 경사면을 따라 내려가야 하기 때문에 노약자 및 어린이들과 신발을 제대로 갖춰 신지 않은 여행자는 조심해야 한다. 내려가는 길에는 산철쭉이 군락을 이루고 있어서 연분홍 봄을 즐길 수 있다. 산철쭉 무리를 지나면 오솔길과 삼나무숲을 만날 수 있다.

영주산의 일부는 목장이기 때문에 사람이 지나가건 말건 오로지 풀을 뜯고 되새김질에만 열중하는 소를 종종 만날 수 있다. 정상 곳곳에는 소의 배설물도 있으니 밟지 않도록 조심하자. 또한 주민들의 삶의 터전인 농지도 있으니 피해가 가지 않도록 하자.

Advice ⓢ

영주산을 찾을 때에는 내비게이션에 알프스승마장을 검색하자. 알프스승마장 오른쪽 옆으로 난 길을 따라 들어가면 갈림길이 나오는데 거기서 오른쪽 길로 들어서면 주차 공간과 입구를 찾을 수 있다.

사 진 가 들 이 사 랑 한

용눈이오름

info **주소** 제주시 구좌읍 종달리
소요시간 1시간 30분
주차장 있음

car **용눈이오름 주차장** 검색

bus **제주시외버스터미널 앞 제주버스터미널 정류장**

1. 111번 승차
2. 대천환승정류장 하차
3. 810-1번 환승
4. 용눈이오름 하차

도착

서귀포버스터미널 정류장

1. 182번 승차
2. 교래입구 하차
3. 비자림로교래입구 도보 2분
4. 212번 환승
5. 다랑쉬오름입구 하차
6. 810-1번 환승
7. 용눈이오름 하차

도착

故 김영갑 사진작가는 살아생전 용눈이오름을 사랑하여 〈내가 본 이어도 1, 용눈이오름〉 전시와 동명의 사진집을 출간하며 그 매력을 알렸다. 용눈이는 용이 누워 있는 모습과 비슷하여 붙여진 이름이다. 높이는 88m로, 비교적 낮은 편이다. 마치 관능미 넘치는 여성의 실루엣처럼 각도에 따라 수시로 모습을 바꾸는 곡선은 어느 곳에서 봐도 감탄을 자아낸다. 이런 특유의 곡선미는 세 개의 분화구를 둘러싼 세 개의 봉우리에서 나온다. 거기에 말굽형 분화구가 봉우리와 봉우리 사이를 날렵하게 오르내린다. 제주 4.3사건을 다룬 영화 〈지슬〉의 포스터 사진이 바로 용눈이오름의 분화구 안에서 촬영한 것이다.

용눈이오름의 주차장은 넓고 마을 상회도 있다. 주차장에서 오름 정상까지는 완만한 탐방로가 이어진다. 15분 정도 오르면 오름의 정상부에 도착한다. 여기서부터는 방향과 상관없이 크게 한 바퀴를 돌면 된다. 여행자 대부분은 반시계 방향으로 이동한다.

첫 번째 봉우리에서는 성산풍력발전단지를 배경 삼은 오름군과 하도리공동목장의 평화로운 초지를 감상할 수 있다. 능선을 따라 내리막과 오르막 구간에서는 세 개의 분화구를 한눈에 볼 수 있다.

용눈이오름은 일출 명소이기도 하다. 해마다 1월 1일이면 아름다운 일출을 보기 위해 많은 여행자들이 이곳에 모인다. 탐방로를 돌고 돌아 일렬로 오름을 걷는 행렬이 능선의 곡선을 더 선명하게 만들어 또 다른 장관을 연출한다.

하지만 각광 받는 여행지가 된 이후에 공원이 생기고 무단으로 투기한 쓰레기가 쌓여 몸살을 앓고 있다. 또한 정해진 탐방로가 아닌 길로 다니는 여행자들 때문에 오름의 훼손도 심각해졌다. 생전에 故 김영갑 작가는 사람들의 발길이 이어져 더 이상 태고의 신비와 고요를 느낄 수 없게 된 제주에 대해 안타까워 했다. 그러니 여행자들도 아름다움을 노래하는 것에서 머물지 않고 아름다움이 변하고 망가지는 것에 대해 아파하며 현재의 모습이라도 지킬 수 있도록 여행하기 바란다.

Advice ⓢ

버스 여행자는 관광지 순환버스인 810-1번 이외에도 211, 212번 버스를 타고 차남동산 정류장에서 내려 용눈이오름에 오를 수 있다. 본문에서 설명한 첫 번째 봉우리로 바로 향하는 길이다. 주차장에서 시작하는 탐방로에 비해서 살짝 가파를 수 있다.

두 발로 제주 한 바퀴

자전거 여행

info

1일째 제주시 출발–산방산 도착(약 75km)

2일째 산방산 출발–남원리 도착(약 58km)

3일째 남원리 출발–월정리 도착(약 64km)

4일째 월정리 출발–제주시 도착(약 40km)

제주도는 하나의 큰 산이다. 따라서 섬의 끝과 끝을 직접 가로지르는 일은 높은 산을 하나 넘는 일과 같기 때문에 자전거 마니아가 아닌 이상 고행길이 될 수 있다. 제주도 자전거 여행자는 대부분 바다를 옆에 끼고 크게 한 바퀴 달리는 코스를 선택한다. 여행 기간은 2박 3일 또는 3박 4일 정도로 잡는다. 하지만 초보자는 2박 3일 동안 자전거로 여행하기 힘들다. 약 240km의 제주 한 바퀴를 삼등분해서 달려도 하루 80km를 꼬박 달려야 하니 말이다. 최소한 3박 4일을 계획해야 도전해 볼 만한 여행이 될 것이다.

자전거로 여행하기 가장 좋은 계절은 4월과 5월이다. 일 년 중 비가 가장 적게 오는 시기라서 비를 맞으며 여행할 가능성이 낮고, 덥지도 춥지도 않아 바람막이 정도만 입고 달려도 된다. 하지만 제주 날씨는 언제 변할지 모르니 늘 우비를 준비하고 가방이 젖지 않도록 대비하자.

일정을 세울 때는 하루에 달릴 거리만 생각하면 안 된다. 길이 내내 평탄하지 않기 때문에 난이도를 고려해야 한다. 첫날 일정의 하귀-애월 구간은 오르막과 내리막이 많다. 체력 소모가 많을 것 같지만 내리막도 있기 때문에 많이 힘들지 않다. 반면 남쪽의 산방산에서 남원까지 가는 구간은 내리막이 거의 없어 꾸준하게 페달을 밟아야 한다. 그래서 산방산-남원 구간은 거리는 짧지만 여정을 길게 짜는 편이 좋다. 힘이 들 때는 욕심내지 말고 자전거를 끌고 올라가자. 남원-성산 구간은 달리는 맛이 날 정도로 평탄한 길이 있는 착한 구간이다. 다만 이전에 비해 풍경을 보는 재미는 조금 덜하다. 성산-제주 구간은 성산에서 종달리로 가는 길과 제주 시내로 들어가는 구간을 제외하고는 평탄하다. 다만 겨울과 봄에는 페달을 밟기 힘들 정도로 바람이 세게 분다. 눈에 모래가 들어가 위험할 수 있으니 선글라스나 고글을 준비하자.

자전거 여행은 비교적 짧은 시간 동안 두 다리로 직접 제주도 한 바퀴를 돈다는 뿌듯함을 준다. 또한 지역마다 조금씩 다른 바다와 마을 풍경을 오롯이 눈에 담을 수 있다. 차에서 보는 것과는 다른 풍경을 제공하니 이름만으로도 로맨틱한 자전거 여행의 달콤함을 맛보기 바란다.

Advice ⓢ

제주도 한 바퀴를 도는 여정이 엄두가 나지 않는다면 성수기인 7~8월에 자전거 여행을 계획해 보자. 이때에는 제주시에서 자전거를 빌리고 서귀포에서 반납할 수 있는 대여점이 생긴다. 반대로 서귀포에서 자전거를 빌리고 제주시에서 반납할 수도 있다. 모든 대여점에서 제공하는 서비스는 아니기 때문에 중간에 반납이 가능한지 확인해야 한다.

Advice ⓙ

2015년에 완공된 제주환상자전거길을 이용해 보자. 제주시권 105.8km, 서귀포시권 112.1km의 길로, 제주를 크게 한 바퀴 도는 길이다. 달리기 좋고 풍경도 좋은 코스를 제주환상자전거길 이정표를 따라 달릴 수 있다.

왁자지껄한 시장의 맛

제주시민속오일장

info **주소** 제주시 오일장서길 26
전화번호 064-743-5985
홈페이지 jeju5.market.jeju.kr
주차장 있음

car **제주시민속오일시장** 검색

bus **제주버스터미널 정류장**

① 202번 승차 → ② 제주민속오일장 하차 → 도착

서귀포시외버스터미널 맞은편 제주월드컵경기장 서귀포버스터미널 정류장

① 181번 승차 → ② 한라병원 하차 → ③ 한라병원 도보 3분 → ④ 202, 325, 326번 환승 → ⑤ 제주민속오일장 하차 → 도착

※ 와 은 서로 다른 정류장입니다. 정류장 이동 방법은 16쪽을 참고하시기 바랍니다.

없는 것 빼고 다 있다는 제주시민속오일시장은 매달 2, 7, 12, 17, 22, 27일에 제주 시내에서 열린다. 제주 시내에 위치해 대중교통 이용이 편리하고 전국 최대 규모를 자랑하는 만큼 주차 공간도 많이 마련돼 있다.

천여 개의 점포는 할망장터, 농산물전, 수산물전, 잡화류전, 화훼전, 장터식당, 대장간, 약재전, 옹기전, 가축전 등 22개 구역으로 분류되어 있다. 할망장터, 농산물전, 화훼전에는 생필품이나 먹거리를 사려는 제주도민의 발걸음이 끊이지 않고 수산물전이나 과일전에는 선물용 상품을 찾는 여행자의 방문이 잦다.

오일장 입구 오른쪽에는 화훼전이 자리하고 있다. 농산물전에서는 제주에서 재배된 싱싱한 농산물을 직접 구매할 수 있다. 특히 감자, 고구마, 당근, 브로콜리, 양배추 등의 밭작물이 인기 있다. 운이 좋으면 직접 재배한 작물을 저렴하게 구매할 수 있다. 간혹 상품성이 떨어지는 작물을 무더기로 팔 때가 있는데 당근 같은 경우 한 박스에 5,000원이면 구매할 수 있다. 과일가게에서는 제주 한라봉, 레드향, 천혜향, 애플망고 등의 특산물을 판매하고 배송까지 원스톱으로 서비스해 준다. 수산물전에서 가장 많이 팔리는 어종은 제주 제사상에 빠지지 않는 옥돔, 물회로 먹으면 맛있는 자리돔, 은백색 갈치 등이다. 이곳도 과일가게와 마찬가지로 원스톱 서비스를 진행한다. 바닥이 항상 젖어 있기 때문에 슬리퍼만 신고 다니다가는 낭패를 볼 수 있는 구역이다.

그 외에도 원피스, 바지 등에 곱게 감물을 들인 갈옷과 생활품 등을 판매한다. 일반 기성품보다 조금 비싸지만 제주에만 있는 상품이니 특별한 이에게 선물

해도 손색없다. 비교적 저렴한 가격의 햇빛 가리개나 손수건도 있다. 쇠를 달구어 연장을 만드는 대장간에서는 해녀가 바다에 나가 해산물을 잡을 때 사용하는 호갱이도 판매한다.

허기진 배를 채우려면 시장 곳곳에 있는 음식점을 이용하자. 제주 대표 음식인 몸국, 보말칼국수, 제주막걸리는 꼭 맛보자. 제주막걸리 특유의 톡톡 튀는 맛과 깔끔함이 입맛을 돋워 다른 음식을 더욱 맛있게 느낄 수 있도록 만든다. 수족관이 있는 가게에서는 먹장어를 즉석에서 요리해 준다. 저렴한 식당을 꼽자면 짜장면집이 빠질 수 없다. 번듯한 간판은 없지만 손님은 많다. 이 밖에 옛날과자, 오메기떡 등 다양한 먹거리가 있으니 입맛에 맞게 골라 먹으면 된다.

Advice ⓙ

제주시민속오일시장에서 유명한 집 중 하나가 '땅꼬'라는 분식점이다. 약간 매운 떡볶이에 튀김을 찍어 먹는 맛이 일품이다. 별미인 꽈배기, 팥빵도 저렴한 가격에 즐길 수 있다.

Advice ⓢ

제주시민속오일시장에서도 택배 접수가 가능하다. 제주공항과 가깝기 때문에 제주공항에 가기 전 들러서 택배를 보내 놓고 돌아가도 된다.

EAST JEJU

제 주 마 의 모 든 것

조랑말체험공원

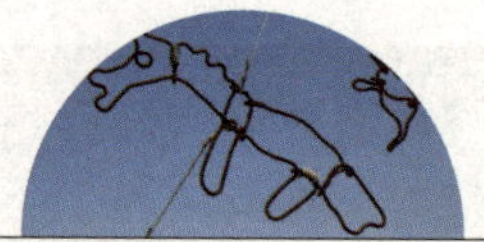

주소 서귀포시 표선면 녹산로 381-15
전화번호 064-787-0960
조랑말 박물관 이용가격 성인 2,000원, 청소년·군인·어린이·노인·국가유공자·장애인 1,500원
이용요금 체험승마(승마+말손질하기+먹이주기) 20,000원, 초원승마+트랙(근거리) 12,000원, 초원승마+트랙(원거리) 25,000원, 목장산책+트랙 50,000원, 먹이주기 체험 가능
이용시간 9:30 개관(조랑말 승마장은 연중무휴)
주차장 있음

car **조랑말체험공원** 검색

버스로 이동하는 방법 없음

조선 시대 최고의 말을 기르던 가시리에는 조랑말체험공원이 있다. 국내 최초의 리립(里立) 박물관인 조랑말박물관이 있으며 승마체험을 할 수 있는 조랑말승마장, 가시리카노(아메리카노) 한잔하며 쉴 수 있는 마음카페, 그리고 1인도 기꺼이 받아 주는 갑마장 식당이 있다.

승마체험은 조랑말승마장의 1.2km 체험용 트랙에서 진행한다. 넓고 푸른 따라비승마장을 마음껏 달릴 수 있는 초원승마는 근거리, 원거리, 목장 산책 코스 중 하나를 선택할 수 있다. 13km를 달리는 외승승마도 가능하다. 2,000원을 내면 먹이 주는 체험도 할 수 있고 전문 승마 교육을 위한 승마클럽도 운영하고 있으니 관심 있다면 문의 후 이용하자.

리모델링을 마친 2층에는 박물관과 전시실이 있어 일목요연하게 정리된 목축문화와 말의 역사 등을 볼 수 있다. 이야기관에서는 방앳불(방애불)놓기, 낙인찍기, 바랑치기(바람막 만들기) 등을 판화로 재연해 놓았다. 그리고 말에게 찍던 낙인을 고무지우개로 만들어 놓아 체험할 수 있도록 비치했다. 역사관에서는 부그리글갱이(긁어서 진드기를 떼어 주는 기구) 등 말과 관련된 소품을 모아 놓고 쓰임새를 설명하고 있다.

문화관에서는 제주마 관련 속담, 제주마의 표정, 구조, 버릇 등을 소개한 재미난 그림이 눈길을 끈다. 2층 입구 왼쪽에 있는 기획전시실은 박물관 입장권이 있으면 관람이 가능하다.

최근 1층으로 자리를 옮긴 마음카페의 이름은 말 마(馬)에 소리 음(音)을 써서 '말의 소리'라는 뜻을 가지고 있다. (쉬었다)가시리카노, 마음라떼 등의 커피와 말똥 과자, 말굽 쿠키를 판매한다. 카페에 앉아 창밖으로 보이는 초지에서는 방목 중인 말을 쉽게 볼 수 있다. 먹고 싶을 때 먹고 쉬고 싶을 때 쉬는 말이 부러우면서도 갇혀있는 모습이 조금은 안쓰럽기도 하다. 한편, 초지 한쪽에 마련된 무대에선 음악회 등 공연이 열릴 예정이라고 한다.

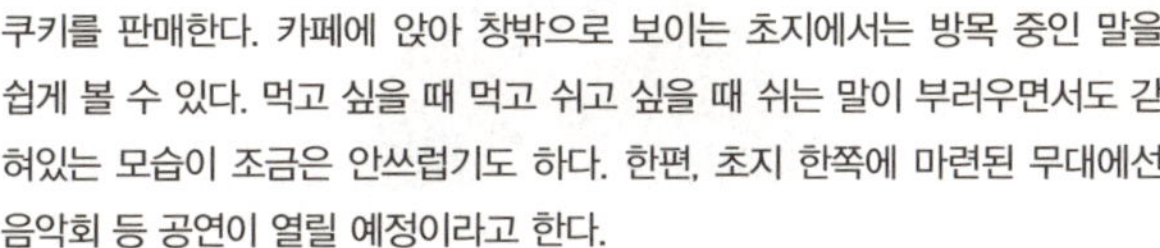

만들기를 좋아하는 여행자라면 조랑말체험공원에서 말똥 쿠키 만들기, 머그컵 꾸미기 등 다양한 체험 활동도 가능하다. 또한, 근처에는 억새로 유명한 따라비오름과 돼지고기가 유명한 식당들이 있다. 먹거리, 놀거리, 즐길거리 삼박자를 고루 갖춘 이곳에 꼭 한번 방문해 보자.

Advice ⓙ

승마체험은 조랑말체험공원뿐만 아니라 제주 전역에서 할 수 있다. 송악산, 용머리해안 등에서는 체험하며 사진도 찍을 수 있다.

만 원의 행복

차귀도 배낚시

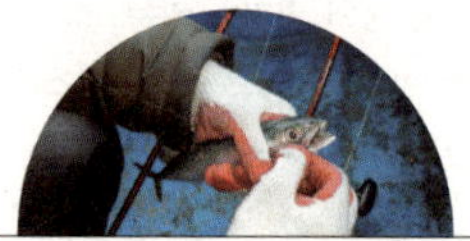

info **주소** 제주시 한경면 고산리
차귀도 배낚시 전화번호 및 홈페이지
수용횟집 064-773-2288, 차귀도수용횟집배낚시.com
달래배낚시 064-772-5155, jejuboat.com
고산차귀도배낚시 064-773-2244, jejudofishing.com
차귀횟집배낚시 064-773-1114
소요시간 주간 배낚시 경우 약 2시간
주차장 있음

car **고산포구** 검색

bus **제주버스터미널 정류장**

① 102번 승차 → ② 고산환승정류장 하차 → ③ 고산1리 도보 1분
④ 771-1, 2번 환승 → ⑤ 차귀포구 하차 → 도착

서귀포버스터미널 정류장

① 102번 승차 → ② 고산환승정류장 하차 → ③ 고산1리 도보 1분
④ 771-1, 2번 환승 → ⑤ 차귀포구 하차 → 도착

제주에서만 할 수 있는 것은 아니지만 제주라서 더 즐거운 체험이 배낚시이다. 깨끗한 바다와 빼어난 경치는 물론이고 여행자가 즐거운 추억을 만들 수 있도록 진행하는 곳이 많아 쉽게 낚시를 즐길 수 있다.

낚시 지점은 갯바위나 항구 또는 출항한 배의 갑판이다. 특히 차귀도 배낚시는 수월봉과 차귀도, 차귀도포구의 풍광을 즐기며 낚시할 수 있는 포인트 장소이다. 대부분 작은 배라서 한정된 인원으로 진행하기 때문에 예약은 필수이다. 인터넷 및 전화 예약, 현장 예약이 가능하다. 인터넷은 대부분 소셜커머스를 통한 예약이고 전화 예약은 업체와 직접 연결하는 방식이다. 현장 예약의 경우 가격이 오르는 수가 있으니 미리 예약하고 가는 것이 좋다.

예약한 시간보다 20분 정도 일찍 도착해 배를 타기 전 입항신고를 마치면 준비는 끝난다. 배낚시지만 항구에서 멀리 떨어진 곳은 아니다. 5~10분이면 포인트 장소에 도착하며 시동이 꺼지면 선장님이 직접 미끼 끼우는 방법과 릴

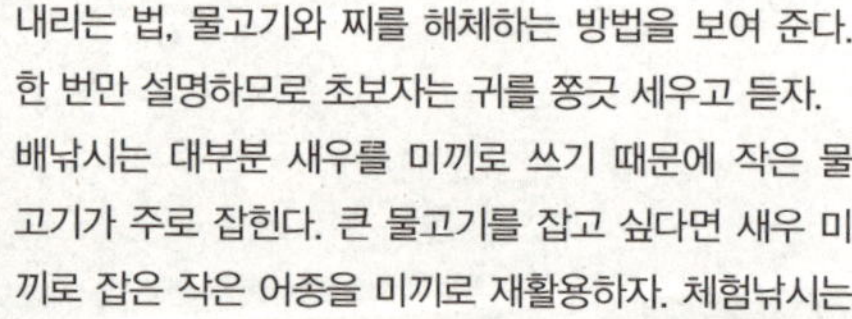

내리는 법, 물고기와 찌를 해체하는 방법을 보여 준다. 한 번만 설명하므로 초보자는 귀를 쫑긋 세우고 듣자.

배낚시는 대부분 새우를 미끼로 쓰기 때문에 작은 물고기가 주로 잡힌다. 큰 물고기를 잡고 싶다면 새우 미끼로 잡은 작은 어종을 미끼로 재활용하자. 체험낚시는

운에 좌지우지되기 때문에 고기가 잘 잡힐 수 있고 그렇지 않을 수도 있다. 잡은 생선을 제공하는 인심 좋은 낚시꾼이 있다면 회를 떠서 함께 먹을 수 있으니 실망하지 말자. 또한 잡은 생선은 직접 싸 가거나 1인당 비용을 지불하고 식당으로 가져가 맛볼 수도 있다.

Advice ⓙ

항구낚시나 갯바위낚시를 할 경우 근처 상가에서 장비를 빌릴 수 있다. 배낚시의 경우 체험 비용에 낚싯대와 미끼 비용이 포함되어 있다.

Advice ⓢ

기온이 낮고 파도가 높을 때는 물고기가 활동하지 않는다. 추위와 싸우며 고생만 할 수 있으니 다음으로 미루는 것이 좋다.

사슴이 살 것 같은 정원을 품은

큰사슴이오름

info **주소** 서귀포시 표선면 가시리 산68

car **정석항공관(주차장 A)** 검색
가시리 국산화 풍력발전단지(주차장 B) 검색

bus **버스로 이동하는 방법** 없음

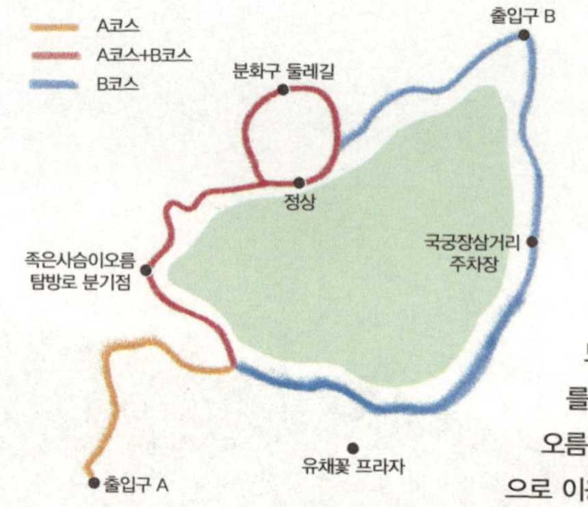

봄이면 벚꽃과 유채꽃이 한번에 피어 많은 여행객이 몰리는 녹산로. 그 옆에 그냥 지나치기에는 아쉬운 오름이 있다. 따라비오름과 함께 가시리를 대표하는 오름인 큰사슴이오름이다. 일반적인 오름에 비해 쉽고 예쁜 이름은 사슴을 닮아 붙여졌다고 하는데 어디에서 봐도 사슴 같은 모양은 찾아보기 힘들어 고개를 가우뚱하게 만든다.

오름 등반의 시작점은 두 곳이다. 가장 일반적으로 이용하는 '정석항공관 주차장'(출입구 A)과 갑마장길을 따라 걷게 되는 '국궁장 삼거리'(출입구 B)다. 정석항공관 주차장은 녹산로에서 바로 보이는 곳에 있어서 접근이 쉽고 오름 표지석을 시작으로 정상을 향한 이정표가 곳곳에 설치되어 있다. 그리고 오르는 길로 내려올 경우 등반 시간이 약 1시간가량으로 짧다. 길이 낯선 초보 오름 여행자와 여행 기간이 짧은 여행자들에게 적합하다. 이 코스는 족은사슴이오름 탐방로 분기점에서 정상까지 조금 가파르게 이어지지만, 나무 계단이 잘 정비되어 있어 비교적 어렵지 않게 걸을 수 있다.

국궁장 삼거리에서 출발하는 코스는 '갑마장길' 안내 표지를 따라 걷는다. 이 코스는 분화구 둘레길을 먼저 걷고 정상부로 향한다. 아늑한 둘레길을 빠져나오면 한라산을 배경으로 넓은 들판이 펼쳐진다. 정상에서 족은사슴이오름 탐방로 분기점을 향해 하산하고 유채꽃프라자를 지나 국궁장 삼거리로 돌아 나온다. 더 다양한 풍경을 즐길 수 있어서 시간과 체력의 여유가 있다면 추천한다.

큰사슴이오름의 정상부에서는 다른 오름과는 상반된 모습을 즐길 수 있다. 어디에나 오름이 솟아 있는 제주에서는 한라산을 향해 곧게 뻗은 평지는 좀처럼 보기 힘들다. 그러나 이곳은 사진으로 담아 내는 게 무의미할 정도로 광활하다. 정상에 서면 정석비행장과 가시리 공동목장, 제동목장, 풍력발전단지 등을 볼 수 있는데 이 지역은 과거 조선 시대 동부 산간지역에 설치한 3개의 산마장(山馬場) 중 가장 큰 규모를 자랑하는 '녹산장'이 있던 곳이라 한다. 이런 풍경을 조망하기 가장 좋은 곳에 나란히 의자가 준비되어 있으니 망중한을 즐겨도 좋다.

정상부에서는 분화구를 한 바퀴 돌 수 있는 둘레길도 있다. 오름 아래의 초지대와는 전혀 다르게 자연림이 무성한 곳이다. 넓지 않은 길이 나무 사이로 이어지고 계절마다 다른 꽃이 피어 마치 예쁘게 가꿔진 정원을 산책하는 느낌이다. 큰사슴이오름 이름의 유래 중에는 사슴이 살았다고 해서 붙여진 이름이라는 설도 있는데 사슴이 살았다면 이곳에서 평화롭게 풀을 뜯고 있지 않았을까 싶다. 둘레길 중간에는 한 사람이 겨우 드나들 크기의 일본군 진지 동굴도 있다. 제법 깊게 팬 동굴로 여름에는 시원한 바람이, 겨울에는 안경에 김이 서릴 만큼 따뜻한 바람이 나온다. 둘레길은 크게 오르내리지 않아 편하게 걸을 수 있다.

Advice Ⓢ

국궁장 삼거리까지 차를 가지고 들어갈 수 있다. 표선면 녹산로 464-78을 검색하면 현재는 비어있는 풍력발전단지 센터가 나오는데 그 길로 조금만 더 들어가면 된다.

Advice Ⓙ

큰사슴이오름 근처 유채꽃프라자에 있는 화장실을 이용할 수 있다.

이 보 다 짜 릿 할 순 없 다

패러글라이딩

info
주소 제주시 한림읍 금악리 산 1-1
이용료 100,000원 선
소요시간 차로 정상까지 5분(700m)
주차장 있음

car
제주시 한림읍 금악리 1210 검색(금오름 주차장)

bus
제주버스터미널 정류장

① 151번 승차 → ② 동광환승정류장 하차 → ③ 동광환승정류장 도보 2분
④ 783-2번 환승 → ⑤ 이호동물병원 하차 → ⑥ 30분 도보 → 도착

서귀포시외버스터미널 맞은편 제주월드컵경기장 서귀포버스터미널 정류장

① 282번 승차 → ② 동광환승정류장 하차 → ③ 동광환승정류장 도보 1분
④ 783-2번 환승 → ⑤ 이호동물병원 하차 → ⑥ 30분 도보 → 도착

※ 와 은 서로 다른 정류장입니다. 정류장 이동 방법은 16쪽을 참고하시기 바랍니다.

패러글라이딩은 바람에 몸을 싣고 하늘을 나는 상상을 현실로 만들어 준다. 누구나 쉽게 체험할 수 있다는 장점이 있지만 바람의 세기에 따라 활공 여부가 정해지기 때문에 신청을 해도 취소될 수 있다는 단점도 있다. 또한 바람의 방향에 따라 활공 장소 및 시간을 체험 당일 오전에 결정한 후 알려 주기 때문에 각자가 원하는 장소와 시간에 체험하기 어렵다.

체험은 짧은 교육 후 2인승 비행으로 진행된다. 보조 좌석에 앉아 강사의 구령에 따라 발을 구르면 하늘을 날 수 있다. 강사와 함께 S자, 8자 비행을 수행하고 하늘 위로 더 높이 오르거나 내려가는 연습을 한다. 착륙할 때는 가볍게 걸으면서 멈추면 되지만 체험자는 발만 들고 있으면 된다. 처음 비행을 할 경우 멀미가 날 수도 있기 때문에 비행시간은 10분 내외이다. 조금 더 타고 싶다면 강사에게 미리 이야기하자. 하늘을 날았던 장면은 동영상과 사진으로 촬영해 준다. 제주도에서 가장 기억에 남는 것이 패러글라이딩이라며 추천하는 사람이 많을 만큼 인기 있는 레저이다.

제주에는 오름이 많지만 활강할 수 있는 오름은 단 여섯 곳이다. 제주 시내에서 가장 가까운 곳은 함덕서우봉으로, 바다 위를 날 수 있는 유일한 곳이다. 바다를 발밑에 두고 하늘에서 유영을 즐긴 후 함덕운동장 잔디밭에 착륙한다. '오름의 여왕'이라고 불리는 다랑쉬오름은 바람이 많이 불기 때문에 언제나 비행을 할 수 있지만 장비를 지고 20여 분 넘게 오르막을 올라야 한다. 서쪽의 금오름, 남쪽의 미악산과 군산은 정상까지 차를 몰고 갈 수 있다. 군산에서는 중문관광단지와 산방산을 볼 수 있고 미악산에서는 서귀포 앞바다와 시내를 볼 수 있다. 한라산은 모든 활공장에서 볼 수 있다.

패러글라이딩 동호회나 업체에서 가장 많이 이용하는 곳은 '검은오름'이라고 부르는 금오름이다. 금오름은 가파르지만 서부 지역을 감상할 수 있고 성이시돌목장, 금악리마을, 서쪽 오름군도 한눈에 볼 수 있다.

금오름을 산책하고 싶다면 주차장에 주차한 후 오르면 된다. 차가 다니는 길을 따라 올라가도 좋고 숲길을 이용해도 된다. 정상 둘레는 1.2km로, 30분이면 한 바퀴를 돌 수 있다. 시간을 더 투자하여 오름 안쪽 '금악담'이라고 부르는 산정호수에서 한라산을 바라보면 멋진 풍경이 눈에 들어온다. 이곳은 물이 가득 차 있었지만 지금은 물이 마르고 그 자리에 솔나무, 개망초, 엉겅퀴 등이 자라 있으니 조심히 들어가야 한다. 오름 아래로는 진한 녹색의 밭작물과 현무암으로 만들어진 까만 밭담, 아무것도 심지 않아 본연의 색을 띠는 밭, 파란 바다까지 다양한 색이 어우러지는 색 잔치를 감상할 수 있다.

Advice ⓙ

본격적으로 패러글라이딩을 배우고 싶다면 기초 입문 과정을 수강하자. 패러글라이딩 업체에서 패러글라이딩의 역사와 구조, 비행의 원리, 기상학 등 기초적인 이론을 가르치고 지상 연습, 2인승 비행 교육 등의 실기도 지도하고 있다. 이 과정을 마치면 단독 비행이 가능하다.

CENTER JEJU

대 한 민 국 최 고 봉 에 오 르 다

한라산 백록담 성판악·관음사 코스

info **성판악 코스**

전화번호 064-725-9950
주차장 있음

car **성판악 주차장** 검색

bus **제주시외버스터미널 앞 제주버스터미널 정류장**

① 181, 281번 승차 → ② 성판악 하차 → 도착

서귀포버스터미널 정류장

① 182, 281번 승차 → ② 성판악 하차 → 도착

info **관음사 코스**

전화번호 064-756-9950
주차장 있음

car **관음사지구안내소** 검색

bus **제주시외버스터미널 앞 제주버스터미널 정류장**

① 112, 122, 132번 승차 → ② 제주대학교입구 하차 → ③ 제대마을 도보 7분 → ④ 475번 환승 → ⑤ 관음사등산로입구 하차 → 도착

서귀포버스터미널 정류장

① 182번 승차 → ② 제주대학교입구 하차 → ③ 제대마을 도보 6분 → ④ 475번 환승 → ⑤ 관음사등산로입구 하차 → 도착

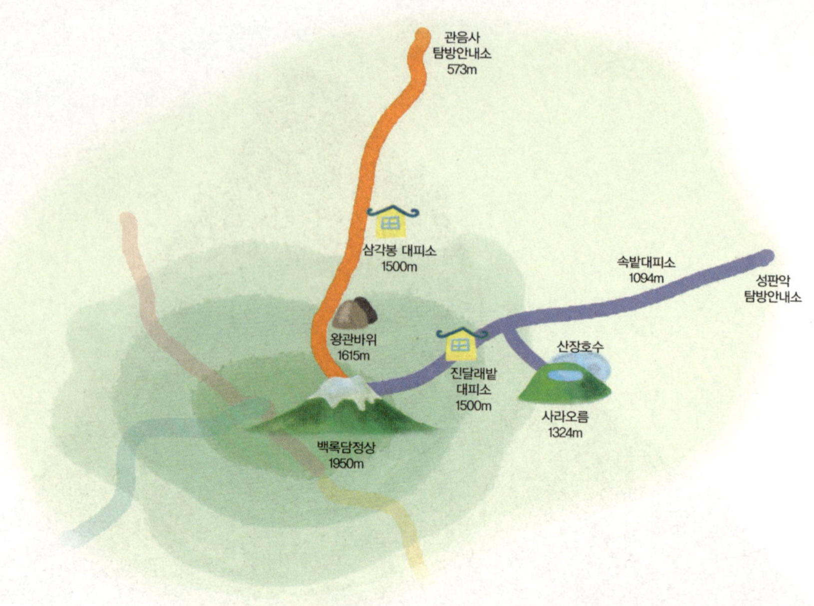

백록담은 제주도 그 자체라고 볼 수 있는 한라산 중심에 있다. 해발 1,950m로, 국내에서 가장 높은 산이며 섬에 있어서 더 매력적이다. 백록담까지는 하루면 등반 가능한 코스다. 야간 산행은 1월 1일에만 가능하며 평소에는 중간 지점에 있는 대피소에서 산행을 통제하니 이른 아침에 출발해야 한다.

백록담 등반을 기념하는 의미로 안내소에서는 한라산등정인증서를 발급한다. 단, 정상에서 찍은 사진은 필수이고 1,000원의 수수료를 내야 한다. 재미 삼아 발급받거나 추억을 기록하기 위해 받아도 좋다.

백록담으로 가는 길은 두 가지이다. 그중 성판악탐방로는 181번, 182번, 281번 버스가 운행하고 경사가 완만하여 등산객이 많이 찾는다. 성판악탐방안내소에서는 식사를 하지 못한 등산객을 위해 김밥, 우동 등을 판매하며 겨울철이라면 아이젠도 구입할 수 있다. 속밭대피소까지는 낮은 계단이 주를 이룬다. 주위에 조릿대와 나무가 많아 숲 터널을 지나는 기분이 든다. 나뭇가지 위에서 약용식물인 겨우살이도 쉽게 볼 수 있다.

사라오름으로 이어지는 사라오름 입구는 백록담과 이어지지 않는 길이지만 멋진 풍경을 볼 수 있는 코스이다. 왕복 40분 이상 소요되는 구간이므로 체력이 좋다면 가 보길 권한다. 사라오름 안쪽에는 약 250m 둘레의 산정호수가 있다. 겨울이면 하얀 눈이 쌓인 운동장 같고 봄이면 호수의 물결이 주위의 나무와

어울려 신비로움을 더한다.
지금까지 완만했던 길과 달리 진달래대피소부터는 가파른 경사길이 이어진다. 난간이 없는 곳도 있으니 바람이 많이 부는 날이라면 등산스틱을 꼭 챙기자. 고지대의 변덕스러운 날씨 때문에 백록담 분화구와 주위 풍경은 삼대가 덕을 쌓아야 볼 수 있다고 할 만큼 보기 어렵다. 산행 전 날씨를 확인하고 오르는 것이 현명한 방법이다.
관음사탐방로는 버스가 많지 않고 성판악보다 가팔라 힘들기 때문에 등산객이 많지 않다. 체력을 많이 소진한 상태에서 가파른 길로 내려오는 것은 위험하기 때문에 관음사탐방로를 하산하는 코스로 선택하지 말자. 성판악탐방로는 잘 닦인 등산로지만 관음사탐방로는 좁고 고불고불한 길이 이어진다. 특히 겨울에 매력을 더하는 코스로, 삼각봉대피소까지는 눈꽃터널이 있으며 대피소를 지난 후에는 한라산의 설경을 감상할 수 있다. 겨울옷을 입고 반짝거리는 왕관바위도 볼 수 있다.
한라산 정상은 제주 바닷가보다 평균기온이 10℃ 이상 낮고 바람도 많이 분다. 여름철에도 겉옷은 필수이며 겨울에는 아이젠, 스패츠, 귀를 덮을 수 있는 모자, 장갑, 선글라스 등 등산할 채비를 단단히 해야 한다. 또한 찬바람에 체온이 떨어질 수 있으니 일찍 하산하는 것이 바람직하다.

Advice ⓙ

폭설, 낙석 및 탐방 시설의 파손 등으로 백록담을 탐방할 수 없는 경우가 종종 생긴다. 따라서 한라산 등반을 계획할 때에는 한라산국립공원 홈페이지에서 통제 정보를 확인하자.

Advice ⓢ

한라산 백록담 코스는 등반 시간이 긴 만큼 근육통과 같은 후유증으로 인해 다음 일정을 제대로 소화하기 어려운 경우가 많다. 따라서 여행의 가장 마지막 날로 일정을 잡는 편이 좋다.

겨울 산행의 필수품은 핫팩이다. 손을 따뜻하게 하는 팩도 좋지만 등과 가슴, 발바닥에 핫팩을 붙이면 체온을 유지하는 데 도움이 된다.

한라산

CENTER JEJU

하늘 아래 정원으로 가는 길

한라산 윗세오름 어리목-영실 · 돈내코 코스

info 어리목-영실 코스

전화번호 어리목 코스:064-713-9950
영실 코스:064-747-9950

주차장 있음

info 돈내코 코스

전화번호 064-710-6921

주차장 있음

car 주차장A **어리목교차로** 검색(무료)
주차장B **어리목 휴게소** 검색(1일 요금 1,800원)

car **돈내코 주차장** 검색

bus 제주버스터미널 정류장

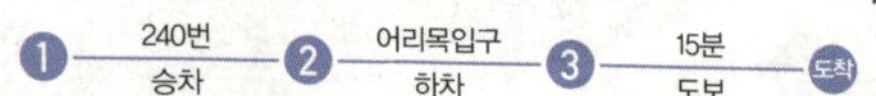

서귀포버스터미널 정류장

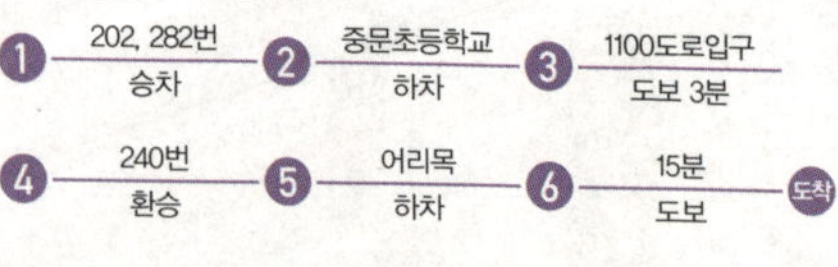

bus 제주시외버스터미널 앞 제주버스터미널 정류장

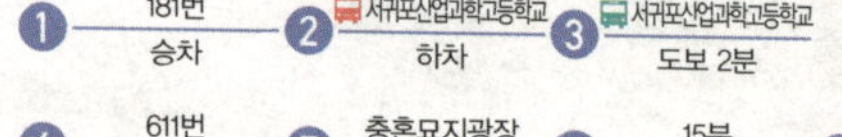

서귀포버스터미널 정류장

1 101번 승차 → 2 중앙로터리(동) 하차 → 3 611번 환승 → 4 충혼묘지광장 하차 → 5 15분 도보 → 도착

※ 와 은 서로 다른 정류장입니다. 정류장 이동 방법은 16쪽을 참고하시기 바랍니다.

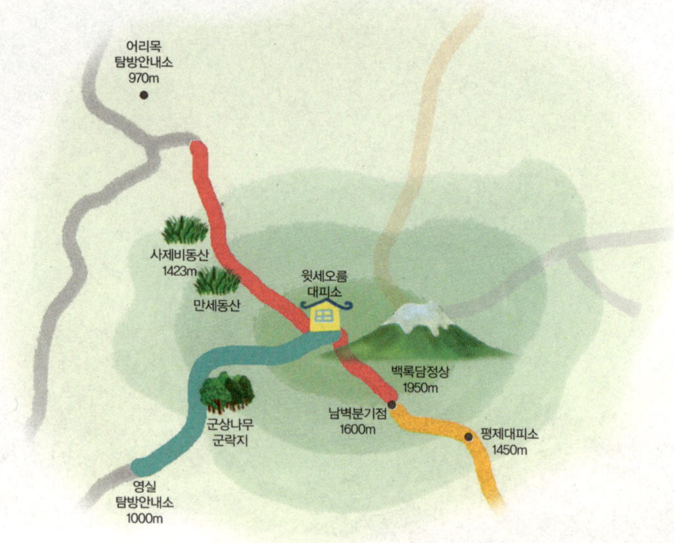

한라산을 쉽게 오르고 싶다면 윗세오름으로 가자. 백록담이 높은 지대에 있어 오르기 어렵고 시간이 많이 소비되는 반면에 윗세오름은 길이가 짧아 시간이 적게 걸리고 오르기 수월하다. 또한, 백록담 코스에서 볼 수 없는 이국적인 풍경을 만날 수도 있다.

버스를 이용하는 경우 어리목탐방로로 올라 영실탐방로로 내려오는 것을 추천한다. 영실탐방로는 2.4km의 가파른 오르막을 걸어야 등산로에 닿을 수 있기 때문이다. 굳이 영실탐방로로 오르고 싶다면 이 구간만 운행하는 택시를 타자. 어리목탐방로로 1km 정도 오르막길을 오르면 탐방안내소에 도착한다. 본격적으로 산행을 하기 전 입구에서 물과 간식을 구입하고 화장실도 다녀오자.

입구부터 좁은 산길이 이어지는데 다양한 수종을 볼 수 있기 때문에 힘들지 않게 올라갈 수 있다. 키 작은 구상나무가 자생하는 사제비동산을 지나 나무데크로 정비한 윗세오름대피소까지는 고도가 높지 않아 산책하듯 걸을 수 있다. 여름에는 노루가 초원에서 풀을 뜯어 먹는 장면을 볼 수 있고 안개비가 내리는 날이면 귀신이라도 나올 것 같은 으스스한 분위기가 감돈다. 하얀 눈으로 뒤덮인 겨울은 눈이 시리도록 아름다운 풍광이다. 만세동산 전망대에 서면

민대가리동산–장구목오름–백록담–붉은오름으로 이어지는 오름 라인을 감상할 수 있다.

윗세오름대피소에서는 백록담의 아찔한 형상을 볼 수 있는데 구름에 가려졌다 보였다 하는 모습이 신비로움을 더한다. 윗세오름에서 영실탐방로로 내려오는 길에는 구상나무 군락지가 있는데 눈꽃이 필 때에 이국적인 풍경을 선사한다. 바람이 거세어 높이 자라지 못한 나무 때문에 키 큰 사람은 지나가기 어렵지만 불평하는 이 하나 없이 모두 사진 찍기에 여념이 없다. 병풍바위는 깎아지른 듯한 기암괴석 절벽으로, 500장군, 오백나한으로 불리며 한라산 설문대할망 설화와 관련이 깊다. 이 지점부터는 조금 가파르지만 짧기 때문에 쉽게 하산할 수 있다.

돈내코탐방로는 서귀포에서 시작하는 탐방로로, 성판악탐방로를 제외하면 가장 길다. 15년에 이르는 긴 자연휴식제를 끝내고 2009년 다시 개방했다. 흙길, 돌길이 주를 이뤄 난코스로 꼽히지만 오르는 동안 위미항부터 송악산, 산방산까지 두루 볼 수 있다. 제주 건축 방식으로 지어진 평궤대피소에는 간이 화장실만 있고 음식은 판매하지 않는다. 윗세오름대피소까지 이어지는 남벽분기점과 사제비동산은 5~6월이면 철쭉이 만개하여 사람들의 발길이 끊이지 않는다.

Advice ⑤

한라산 맛보기 코스로는 어승생악이 있다. 어리목에서 시작하는 편도 1.3km 코스로, 30분이면 정상에 오를 수 있다. 처음부터 끝까지 좁은 산길로 이어지며 자연 생태가 잘 보존되어 있다. 정상에 오르면 어리목계곡을 한눈에 볼 수 있다.

SPECIAL
JEJU
일주도로
제주도를 크게 한 바퀴를 도는 도로로 오른쪽으로는 일주동로, 왼쪽으로는 일주서로로 나뉜다.

도로번호 지방도 제1132호선 **도로를 지나는 버스** 급행 101번(일주동로), 급행 102번(일주서로) **도로 여행지 일주동로** 함덕서우봉해변, 김녕성세기해변, 만장굴, 월정리, 세화해변, 해녀박물관, 혼인지, 두모악, 신풍리신천목장, 표선해비치해변, 큰엉, 위미항, 서귀포시내 등, **일주서로** 알작지해안, 한담해안산책로, 곽지과물해변, 한림항, 협재해변, 한림공원, 금능해변, 월령백련초자생지, 모슬포항, 추사유배지, 산방산, 안덕계곡, 중문관광단지 등

일주도로는 제주도의 해안선을 따라 만든 도로로, 516로가 생기기 전에는 제주시와 서귀포시를 이어 주는 중요한 역할을 하는 도로였다. 제주시, 성산, 서귀포로 이어지며 제주 동부를 지나는 일주동로와 제주시, 고산, 서귀포시로 이어지며 제주 서부를 지나는 일주서로로 나뉜다. 바다와 가까운 주요 여행지 대부분을 지나기 때문에 여행자들이 한 번쯤은 꼭 이용하게 된다.

자가용 여행자는 일주도로에서 이정표를 따라 해안도로를 쉽게 이용할 수 있다. 해안도로의 끝은 다시 일주도로로 이어지기 때문에 경유 여행지로 선택할 수 있다. 혹은 일주도로와 해안도로를 통해 제주를 크게 한 바퀴 달리는 것만으로도 훌륭한 여행이 된다. 한편 일주도로는 마을을 지나기 때문에 한라산을 넘는 다른 도로에 비해 길을 건너는 사람이 많고 교차로 및 신호등도 많아서 주의를 요한다.

일주도로는 버스 여행자에게도 훌륭한 여행 코스가 된다. 같은 버스를 타고 내리며 주요 여행지를 돌아볼 수 있어 제주의 대중교통이 익숙하지 않은 여행자도 쉽게 이용할 수 있다. 또한 제주와 서귀포 사이를 이동하는 경우 시간의 여유가 있다면 일주도로 버스를 타고 제주 반 바퀴를 돌아보며 지역마다 조금씩 다른 풍경을 보는 것도 좋은 경험이 된다. 사소한 팁이 있다면, 제주시에서 출발하는 일주동로 버스를 이용할 때에는 버스의 왼쪽 좌석에, 일주서로 버스를 이용할 때에는 오른쪽 좌석에 앉으면 바다를 즐기며 여행할 수 있다. 서귀포에서 출발하는 버스라면 반대편 좌석을 이용하면 된다.

J E J U
푸른 자연을 보여 주는 이곳은
한때 유배지였으며 전초기지였어요.
또한 이어도를 꿈꾸며 팍팍하고 고된 삶을
이겨내던 도민들의 터이기도 한 곳입니다.

아름다운 풍경 너머

미처닿지 못한제주

한라산 기슭에 자리한 불심

관음사

info **주소** 제주시 산록북로 660
전화번호 064-724-6830
홈페이지 jejugwaneumsa.or.kr
소요시간 1시간

car **관음사주차장** 검색

bus **제주버스터미널 정류장**

1. 212, 222번 승차
2. 사회복지법인춘강 하차
3. 475번 환승
4. 관음사 하차
도착

서귀포버스터미널 정류장

1. 182번 승차
2. 제주대학교입구 하차
3. 제대마을 도보 6분
4. 475번 환승
5. 관음사 하차
도착

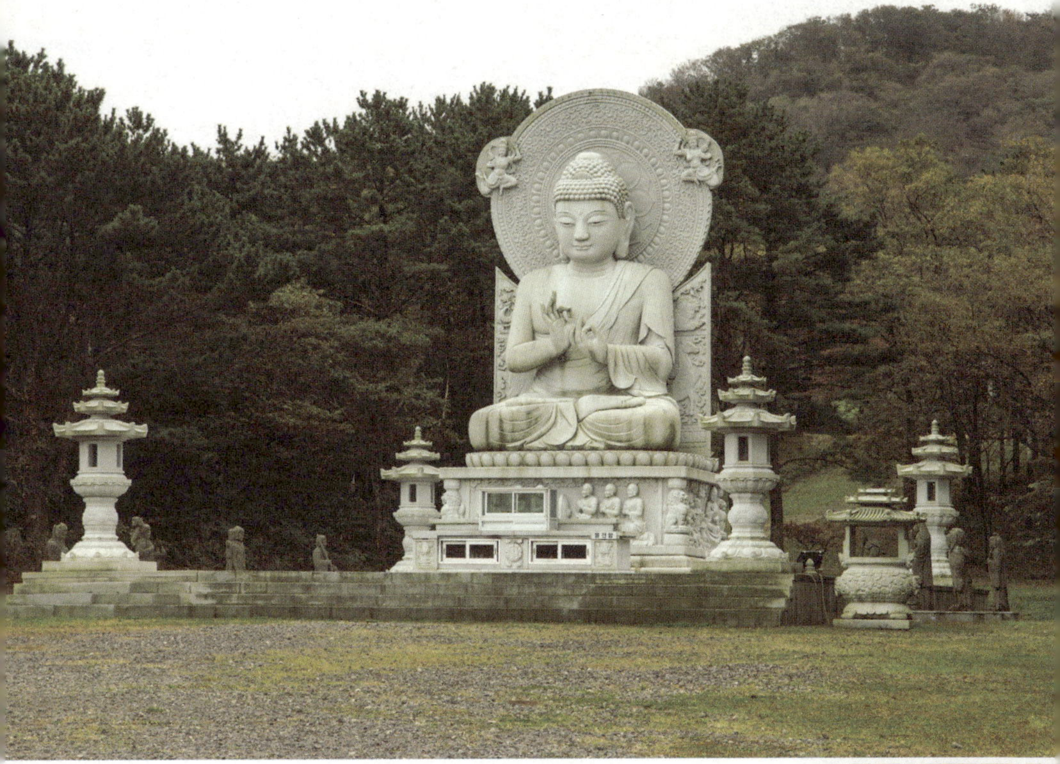

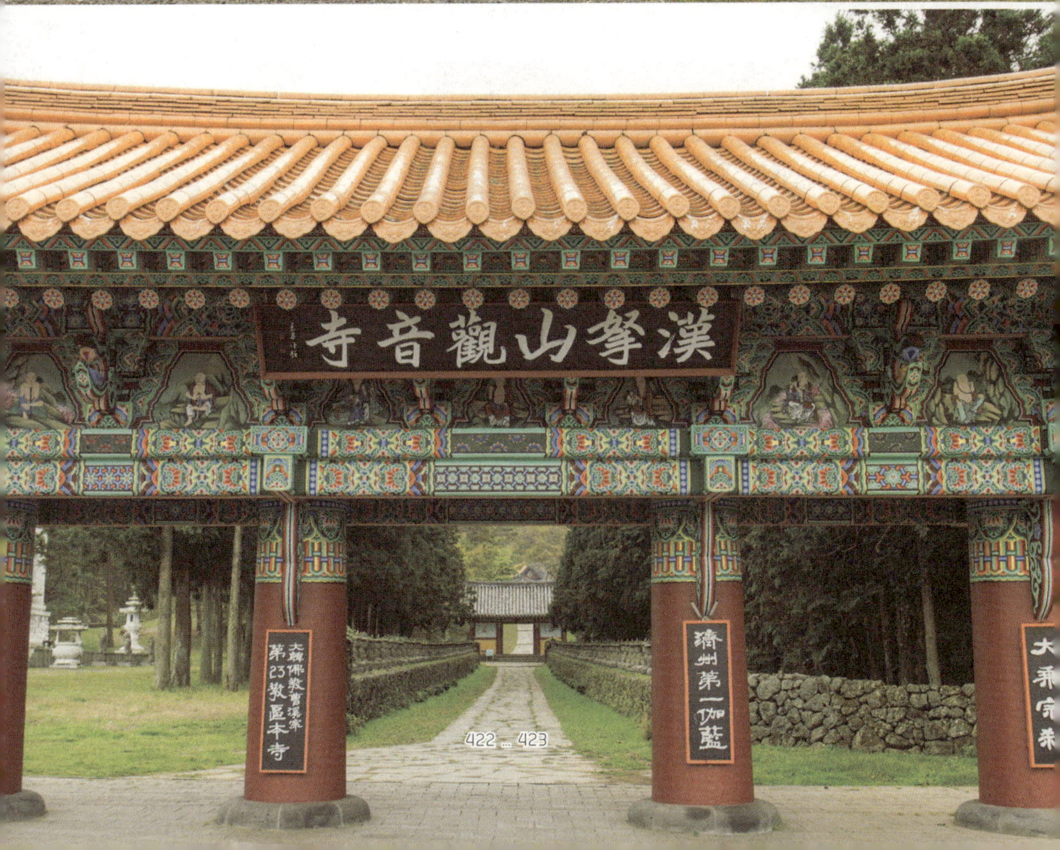
漢拏山觀音寺
大韓佛敎曹溪宗 第23敎區本寺
濟州第一伽藍

제주시에서 역사와 전통을 간직한 절을 꼽으라면 관음사가 첫 번째일 것이다. 관음사는 1939년 화재로 대웅전과 승방, 객실 등이 모두 소실되었다. 1941년에 전각을 보수했지만 1949년 국군토벌대에 의해 다시 소각되었다. 1969년 대웅전을 준공하며 지금의 모습을 갖추게 된 관음사는 제주의 슬픈 역사와 닮아 있다.

큰 불상이 있는 일주문을 지나 사천왕문까지 가는 길에는 현무암 돌담과 단이 있다. 단 위에는 108번뇌를 상징하는 108개의 미륵불이 있다. 미륵불은 저마다 다른 손 모양을 하고 있다. 동자석도 서로 다른 손 모양을 하고 꽃, 술병, 촛대 등을 들고 있다. 죽은 사람들을 위한 정성의 표시인데 이는 불교, 민간신앙, 유교가 융합된 모습이다.

해월굴은 관음사를 창건한 안봉려관 스님이 관세음보살님 선몽에 의해 3년간 기도를 드렸던 토굴이다. 사람이 기거하기에는 좁지만 기도하러 오는 이에게는 문제되지 않는다. 절의 연못에는 가문이나 마을의 안녕과 행운을 기원하기

위해 쌓은 방사탑이 있다. 관음사의 방사탑 위에는 원만한 부처님 법을 상징하는 둥근 돌이 있다. 민간신앙과 불교가 조화된 모습이다. 황금색의 미륵불이 있는 미륵대불은 웅장한 자태를 뽐내고 있다.

관음사 인근에는 4.3사건 당시 만들어진 크고 작은 경계참호와 군사들이 병영 밖에서 머물러 지내던 시설을 보존하여 보는 이의 가슴을 먹먹하게 한다.

〈 각주

미륵불은 중생을 교화한다는 부처님이다. 미륵대불 뒤에 단을 여러 개 만들어 만불상을 놓았다. 관음사를 오는 사람들이 가장 많이 찾는 곳이기도 하다.

Advice ⓘ

관음사에서는 길따라순례, 율로옵서예, 마음숲여행 등 다양한 방식의 템플스테이를 운영하고 있다. 자세한 사항은 홈페이지에 표기되어 있다.

문의전화:064-724-6830

까만 소금빌레에서 만들어진 하얀 소금

돌염전

info
주소 제주시 애월읍 구엄리
소요시간 20분
주차장 있음

car **제주시 애월읍 구엄리 607-5** 검색

bus **제주버스터미널 정류장**

① 202번 승차 → ② 구엄리 하차 → ③ 15분 도보 → 도착

서귀포시외버스터미널 맞은편 제주월드컵경기장 서귀포버스터미널 정류장

① 282번 승차 → ② 🚌(빨강) 월산마을 하차 → ③ 🚌(초록) 월산마을 도보 2분
④ 270번 환승 → ⑤ 구엄리 하차 → ⑥ 15분 도보 → 도착

※ 🚌(빨강)와 🚌(초록)은 서로 다른 정류장입니다. 정류장 이동 방법은 16쪽을 참고하시기 바랍니다.

제주 염전은 육지 염전과 다른 모양을 갖추었다. 육지 염전이 반듯하게 정리된 논이라면 제주는 빌레 틈에 찰흙을 쌓아 둑을 만들었기 때문에 거북이 등껍질처럼 규격이 일정하지 않다.

'소금빌레'라고 부르는 돌염전에서 만들어진 소금은 '돌소금'이라고 한다. 사람이 직접 물허벅으로 물을 날라 증발지에 채우고 염분의 농도에 따라 증발지를 옮겼다. 비가 오거나 날이 흐려 소금을 만들지 못한 해수는 따로 보관했다가 다시 증발시키기도 했다. 일조량이 풍부하지 않은 겨울에는 밥솥에 해수를 넣고 소금을 만들기도 했는데 이는 '자염'이라고 부른다.

각주 〉
증발지는 바닷물을 잡아 두고 졸이는 못을 뜻한다.

이곳은 연간 17톤의 소금을 생산하여 제주에 있는 23개 염전 중 네 번째로 규모가 큰 곳이었다. 당시 소금밭은 해안을 따라 길이 300m, 폭 50m에 달했다. 현재는 구엄리에 흔적만 남아 있고 소금을 만드는 모습은 볼 수 없다. 구엄리 돌소금은 김장철과 맞물리는 11월 중순에서 12월 중순 사이 중산간 마을인 장전리, 유수암리, 하가리, 상가리, 납읍리 등에서 자란 보리, 조, 콩 등 농산물과 물물교환을 했다. 또한 공유지였음에도 개인이 소유할 수 있어 비싼 가격에 매매되었다고 한다.

이처럼 구엄리 돌염전은 명종 14년부터 390년 동안 주민들의 생업으로 자리매김하여 생활고를 해결하는 데 한몫 했다. 하지만 1950년에 이르러 급격히 자취를 감추었다. 돌염전뿐만 아니라 동쪽 종달리의 모래염전도 지금은 형태조차 알아보기 어렵게 풀만 무성하다.

Advice ③

소금빌레와 파도가 만들어 내는 풍광이 매혹적인 곳이다. 바로 옆에 정자가 있으니 신선놀음하듯 쉬어 가자.

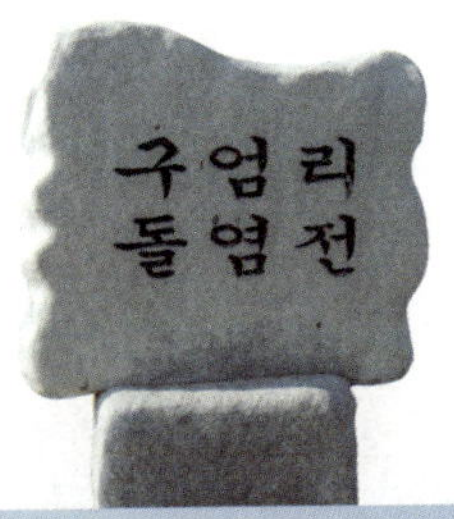

신선과 선비가 즐기는 풍류의 계곡

방선문계곡

info **주소** 제주시 오라동
소요시간 30분

car **방선문계곡 주차장** 검색

bus **제주시외버스터미널 맞은편 제주버스터미널 정류장**

① 335, 336번 승차 → ② 연동주민센터 하차 → ③ 473번 환승 → ④ 정실오거리 하차 → ⑤ 30분 도보 → 도착

서귀포버스터미널 정류장

① 182번 승차 → ② 제주대학교입구 하차 → ③ 오등상동복지회관 도보 7분 → ④ 473번 환승 → ⑤ 정실오거리 하차 → ⑥ 30분 도보 → 도착

방언 〉
들렁귀는 구멍이 난 큰 바위라는 뜻이다.

화산섬인 제주에는 용암이 깊고 넓게 지나간 흔적이 있다. 이 흔적은 훗날 물길이 되었고, 이곳 한쪽에는 들렁귀가 생겼는데 이것이 방선문이다. 이곳에는 바위에 큼직큼직하게 새겨진 한문을 쉽게 볼 수 있다. 이 한문은 '마애명'이라고 하는데 선인이 시 구절이나 본인의 이름을 적은 것이다. 그중 '신선이 드나드는 문'이라는 뜻의 방선문은 현재 이곳을 대표하는 이름이 되어 '방선문계곡'이라 불리게 되었다.

방선문계곡은 제주에 부임한 목사들이 관기와 풍류를 즐기던 곳이라서 판소리인 배비장전의 실제 무대가 되는 곳이다. 여색에 빠지지 않겠다고 맹세했던 배비장은 제주 목사로 부임한 김경을 따라 이곳으로 오게 된다. 김경은 고고한 배비장을 꼬시기 위해 기생 애랑에게 그를 유혹하게 하는데 그 장소가 바로 이곳이다.

방선문계곡을 탐방하는 방법은 방선문을 지나 건천을 도는 방법과 참꽃산책로를 따라 계곡을 내려다보는 방법이 있다. 계곡 입구에 설치된 나무 계단을 따라 내려가면 큰물이 흘렀을 법한 계곡의 바닥이 보인다. 그 길 한 쪽에 자리한 방선문으로 들어서면 신선의 세계로 가기 전에 지날 법한 어두컴컴한 바위 동굴이 있다. 이곳을 지나면 출처를 알 수 없는 큰 바위만 가득한 공간이 나온다. 계곡의 가운데에서는 하늘을 가릴 만큼 우거진 숲을 볼 수 있다.

참꽃산책로는 봄이면 붉은색 꽃이 피는 참꽃길을 따라 계곡을 구경할 수 있다. 이곳을 따라 이어진 숲을 지나면 오라컨트리클럽부터 열안지오름까지 연결되는 길이 있다. 봄이면 산딸기로 뒤덮여 있고 조용하여 한가롭게 걷기 좋다. 열안지오름은 낮기 때문에 초보자들도 산책하듯 등반할 수 있다.

5월에 제주를 방문한다면 방선문축제에 참여해 보자. 풍류를 즐기던 선비처럼 바위 자락 휘감아 도는 국악 선율을 들으며 운치를 즐길 수 있다. 이뿐만 아니라 지금까지 발견된 마애명액자전시나 제주어말하기대회 같은 행사들이 열린다. 또한 판소리 배비장전을 감상할 수도 있다.

Advice ⓢ

비가 많이 오는 날에는 한라산에서 물이 흘러 내려와 휩쓸릴 수 있으니 탐방을 자제하자.

SOUTH JEJU

잃어버린 마을을 흐르는 물길

베릿내

info

주소 서귀포시 색달동 3381-10

소요시간 30분

주차장 베릿내오름 주차장 이용

car

서귀포시 중문동 2631 검색

bus

제주버스터미널 정류장

1. 282번 승차
2. 천제연폭포 하차
3. 천제연폭포 도보 2분
4. 520번 환승
5. 씨에스호텔 하차

도착

서귀포시외버스터미널 맞은편 제주월드컵경기장 서귀포버스터미널 정류장

1. 510번 승차
2. 씨에스호텔 하차

도착

※ 🚌와 🚌은 서로 다른 정류장입니다. 정류장 이동 방법은 16쪽을 참고하시기 바랍니다.

아름다운 곳엔 사람과 돈이 모이기 마련이다. 월정리에는 마을과 어울리지 않는 높은 건물이 해변 깊숙이 그늘을 내렸다. 무심코 눈길을 돌려도 보였을 대평리의 박수기정은 즐비한 숙박시설 때문에 제대로 보기 어렵다. 이곳은 현재 이국적인 도로와 세련된 호텔이 즐비한 중문관광단지이지만 30년 전에는 물허벅을 메고 돌담 사이를 누비던 주민의 터전이자 아이들의 놀이터였다. '베릿내마을'이라고 불리던 곳도 마찬가지이다. 굽이굽이 추억이 서린 마을길을 걷던 이들은 모두 어디로 갔을까.

베릿내는 천제연폭포에서 성천포구 바다로 흐르는 개천이다. 물이 부족한 제주에 베릿내는 끊임없이 물을 공급했고 덕분에 포구에는 물고기로 가득했다. 하지만 1987년 중문관광단지2단계개발구역에 포함되면서 마을 사람들은 이곳을 떠나야 했다. 사람이 살지 않게 된 마을은 리조트 한 구석에 중문민속박물관으로 보존되었다가 현재는 돌담과 초가지붕을 특징으로 삼은 리조트로 리모델링 되었다.

베릿내의 이름은 '별이 내리는 내'라는 뜻에서 붙여졌다는 설이 있다. 그 뜻을 한자로 바꾸어 '성천(星川)내'와 '성천포구'라고 불렀다고 한다. 또 다른 설로는 강가나 바닷가의 벼랑을 뜻하는 벼루가 변형이 되어서 베루 또는 베리로 변하였고 지금과 같은 이름이 되었다고 한다.

굽어 도는 베릿내 위쪽으로는 나무로 뒤덮인 가파른 절벽이 산수화처럼 자리 잡고 있다. 베릿내 양 옆에는 공중화장실을 비롯해서 누구나 쉽게 드나들 수 있는 길이 있다. 그래서 여름이면 중문, 색달, 대포 등의 주변 마을 사람들이 베릿내의 시원한 물을 바라보며 바비큐 파티를 하는 모습도 종종 볼 수 있다. 베릿내 끝에 위치한 성천포구는 퍼시픽랜드, 마리나항을 만들면서 사라질 위

기에 처했지만 마을 사람들의 대응으로 재단장만 되었다. 정박된 배는 몇 척 뿐이지만 여전히 제 역할을 하는 포구의 모습이 사뭇 의젓하다.

포구길을 걷다 보면 알록달록한 물색과 지전이 묶인 전신당을 만나게 된다. 이 전신당에 모셔진 신은 '개당할망'이라고 불린다. 개당할망은 성난 바람으로 배를 전복시키는 바람신이자 재앙신이기 때문에 잘 모셔야 한다. 파도가 세고 깊은 중문 바다의 특징이 개당할망의 신경질적인 성격으로 투영된 듯하다. 개당할망의 신당도 중문관광단지가 들어서면서 지금의 자리로 옮겨졌다. 여전히 바다를 터전으로 삼고 있는 이들은 신당을 찾아 술과 과일, 지폐를 올리고 있다.

자가용으로 여행하는 사람은 베릿내오름 입구에 주차를 하고 베릿내로 향하는 나무 계단을 따라가면 쉽게 이곳을 찾을 수 있다. 베릿내와 포구, 중문 해녀의집이 있는 방파제까지 봤으면 포구 오른쪽에 있는 오르막길을 올라간 후 왼쪽으로 조금만 걸으면 주차장으로 가는 길을 발견할 수 있다.

Advice ⓢ

베릿내와 같은 이름을 가진 베릿내오름에 올라 보자. 가파르지 않고 계단이 거의 없어 걷기 쉽다. 정상부에 오르면 한라산, 베릿내마을, 성천포구를 한눈에 볼 수 있다. 오름을 돌지 않고 바로 정상부로 오르는 길을 택하면 15분 정도 걸린다.

Advice ⓙ

베릿내 일대를 여행한 후 천제연 방향으로 오르면 별내린전망대가 있다. 선임교를 한눈에 볼 수 있는 별내린전망대는 관광하기 좋다. 전망대만 보기에 아쉽다면 계곡 아래쪽까지 이어진 산책로를 따라 걷자.

탐라국의 자부심이 느껴지는 원시의 정원

삼성혈

주소 제주시 삼성로 22
전화번호 064-722-3315
홈페이지 samsunghyeol.or.kr
이용요금 성인 2,500원, 청소년·군인 1,700원, 어린이·경로·장애인·국가유공자 1,000원
관람시간 4~9월 08:30~18:30, 10~3월 08:30~17:30
매표시간 4~9월 08:30~18:00, 10~3월 08:30~17:00
주차장 있음(주차비 무료)

삼성혈 검색

제주시외버스터미널 앞 제주버스터미널 정류장

① 101, 111, 121번 승차 → ② 동광양 하차 → ③ 10분 도보 → 도착

서귀포버스터미널 정류장

① 182번 승차 → ② 제주시청 하차 → ③ 20분 도보 → 도착

展示館
The History of Samsunghyeol
탐라개국
전시관
영상실

유적지보다는 공원이 더 어울리는 삼성혈은 국가지정문화제 사적 제134호이다. 제주신화에 따르면 한라산이 신령한 화기를 내려 세 명의 신(神)인 고을나(高乙那), 양을나(良乙那), 부을나(夫乙那)를 탄생시켰다고 하는데 삼성전 뒤편에 있는 삼성혈이 바로 그 자리이다. 삼성혈 주위는 고목이 둘러싸고 가지는 혈을 향해 뻗어 있어 신비로움을 더한다. 겨울에는 눈이 많이 내려도 쌓이지 않으며 여름에는 비가 고이지 않는 성혈로 알려져 있다.

삼신인은 동해 벽랑국에서 세 명의 공주를 맞아 혼인지에서 결혼을 한 후 제주를 제1도, 제2도, 제3도로 분할하여 다스렸고 후에 탐라국의 기초를 마련했다. 현재도 제주에는 삼신인의 성인 고씨, 양씨, 부씨가 많으며 제주도민에게 삼성혈은 탐라국의 설화를 지닌 특별한 장소로 인식되고 있다.

삼성혈 입구에는 곰솔, 팽나무, 구실잣밤나무, 녹나무 등 품 안에 들어오지 못할 만큼 큰 거목이 많다. 한반도에서 가장 오래된 유적지라는 것을 실감할 수 있다. 이 주위를 산책해도 좋고 나무 그늘 밑에서 늘어지게 낮잠을 자도 좋다. 안내서를 따라가면 전시실과 영상실이 있다. 전시실에는 신화와 관련된 모형

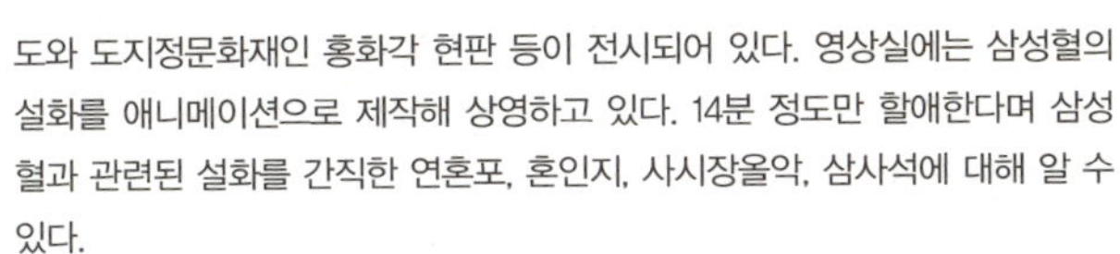

도와 도지정문화재인 홍화각 현판 등이 전시되어 있다. 영상실에는 삼성혈의 설화를 애니메이션으로 제작해 상영하고 있다. 14분 정도만 할애한다며 삼성혈과 관련된 설화를 간직한 연혼포, 혼인지, 사시장올악, 삼사석에 대해 알 수 있다.

삼성전은 삼신인의 위패가 봉인된 사당으로 조선 중종 21년에 처음 표단과 홍문을 세운 후 성역화 작업이 이뤄졌다. 유교를 중시했던 조선시대에는 1785년 정조대왕이 '삼성사'라는 편액을 하사, 왕에 대한 예우로써 국제로 봉행하도록 했다. 제향은 매년 춘기대제와 추기대제, 건시대제를 지내고 있다.

Advice ⓙ

제주도에서 근현대 전에 만들어진 돌하르방은 모두 45기이다. 그중 하나가 삼성혈 초입에 있다.

Advice ⓢ

삼성혈 근처에는 제주도에서만 먹을 수 있는 고기국수 거리가 있다. 줄을 서서 먹어야 하는 맛집부터 도민들만 찾는 가게까지 다양하게 있다.

제 주 무 속 신 앙 의 뿌 리

송당본향당

info **주소** 제주시 구좌읍 송당리 산 199-1
주차장 있음

car **송당본향당** 검색

bus

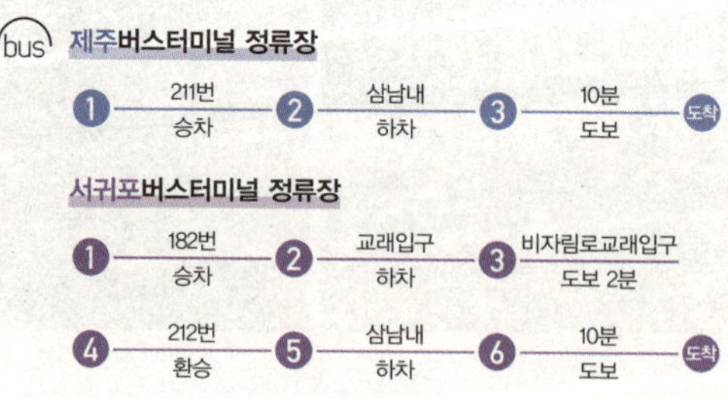

1만 8천 신들의 섬, 제주에는 신과 독대를 할 수 있는 곳이 있다. 바로 '본향당'이라 부르는 신당이다. 제주의 많은 신들 중 본향당에서 모시는 신은 마을의 안녕과 주민의 생사고락을 함께한다. 본향당은 오래된 나무, 잡목이나 덩굴, 동굴, 바위틈을 당으로 삼는 등 다양한 형태로 나타난다. 그 중 송당리 당오름 기슭에 있는 송당본향당은 제주 신당의 원조다. 이는 송당본향신인 금백조 여신의 아들 열여덟과 딸 스물여덟, 손자들이 제주도 전 지역 368개 마을의 수호신이 되었다는 데서 알 수 있다. 이곳에서 꼭 봐야 하는 것은 신이 본향당에 머무르기까지의 이야기와 신들이 사랑하고 이혼하는 구구절절한 내용이 담긴 본풀이다.

본향당은 4개의 재단으로 이뤄져 있고 중간에 돌로 궷집을 만들어 '금백주신위'라고 적힌 위패를 모셔 두었다. 평소에는 닫혀 있는 궷집 안에는 향로와 옷가지, 가락지, 비녀, 신발 등 제물로 바친 것들이 들어 있는데 이는 본향당 신이 여성이기 때문이다. 궷집은 마을제를 지낼 때 본풀이 시작 초입에 심방의 지시에 따라 열게 된다.

마을제는 여성중심의 당굿으로 음력 1월 13일에는 새해의 복을 기원하는 신과세제, 비바람을 달래고 해조류와 곡식의 풍성을 기원하는 영등굿, 건강과 우마의 증식을 기원하는 마불림제, 추수 감사제인 시만곡대제가 치러진다. 일년에 4번 있는 당굿을 묶어 송당리 마을제라 하고 1986년에는 제주도 무형문화재 제5호로 지정되었다.

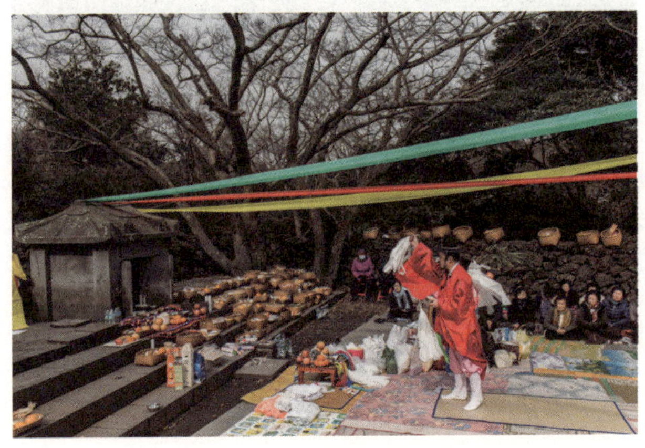

마을제 중 가장 성대하게 치러지는 것은 신과세제이다. 제를 올리는 날이면 궷집을 중심으로 치마와 저고리 비단이 즐비하고 하늘엔 오색 천을 걸어 둔다. 예전엔 신과세제가 열리는 날이면 집마다 준비해 온 제물로 4개의 재단이 꽉 차고 이도 모자라 당을 둘러싼 돌담 위까지 제물을 담은 바구니로 가득 찼다고 한다. 지금은 시대가 변함에 따라 신과세제에 참여하는 마을주민들은 현저히 줄었지만 그 정성만큼은 모자람이 없어 보였다. 제물로는 과일, 생선, 삶은 달걀 등을 준비하고 여유가 있는 집이라면 치마와 저고리, 비녀 등을 바친다.

수심방이 서서 굿을 하는 방식인 산굿으로 진행되는데 심방은 갖가지 옷을 입고 춤을 추며 본풀이를 한다. 악기를 다루는 악사인 소임과 수심방을 거드는

소미(소무)가 뒤따르며 온종일 진행된다. 제주도 사투리로 진행되어 모두 알아들을 수는 없었지만, 마을 사람들의 이름을 하나씩 부르며 충고하고 격려해 주며 위로하는 모습은 지금까지 생각했던 굿과는 사뭇 다른 모습이다.

굿이 한창인 가운데 옆 건물에서는 굿을 보러 온 사람들을 대접하느라 분주하다. 찾아오는 모든 이에게 메밀국수와 고기를 나눠 주는 풍경은 마을 잔치와 다름없었다.

Advice ⓢ

송당본향당이 있는 당오름에는 둘레길이 있다. 동백나무 군락으로 시작해서 삼나무와 편백나무, 소나무 등 피톤치드 가득한 울창한 나무 사이에 잘 정비된 길이 놓여있어 편안한 차림으로도 누구나 걷기 쉽다. 당오름 둘레길 이정표가 곳곳에 있으니 확인하자.

EAST JEJU

제주 목장의 역사를 함께한 연못

수산한못

info **주소** 서귀포시 성산읍 수산리 3990
입장료 없음

car **수산리 3990** 검색

bus **제주시외버스터미널 앞 제주버스터미널 정류장**

1 121번 승차 → 2 성읍환승정류장 하차 → 3 성읍1리 도보 8분 → 4 721-3번 환승 → 5 유건이오름 하차 → 6 25분 도보 → 도착

서귀포버스터미널 정류장

1 101번 승차 → 2 (빨간 정류장) 성산환승정류장 하차 → 3 (초록 정류장) 성산환승정류장 도보 3분 → 4 721-3번 환승 → 5 유건이오름 하차 → 6 25분 도보 → 도착

※ (빨간 정류장)와 (초록 정류장)은 서로 다른 정류장입니다. 정류장 이동 방법은 16쪽을 참고하시기 바랍니다.

'말은 제주로 보내고 사람은 서울로 보내야 한다.'라는 말이 있다. 사람이라면 큰 세상에서 여러 가지 기회를 가지며 살아야 하고, 말은 넓은 초지에서 마음껏 뛸 수 있게 둬야 한다는 뜻이다. 이처럼 제주도에는 마장 역사의 시작이며 말과 소에게 물을 먹이고 식수로도 사용해 온 유래 깊은 수산한못이 있다. '큰 연못'이라는 뜻처럼 중산간에서 보기 드물게 풍부한 수량과 넓은 면적을 자랑한다.

수산한못은 너른 초원이 펼쳐진 수산평에 있다. 말이 먹이를 먹고 훈련을 받으며 뛸 수 있는 최적의 장소인 것이다. 이러한 지리적 특성을 알아본 몽골인은 일본 정벌에 쓸 군마를 생산하기 위해 160여 필의 몽고마를 수산평에 들여오고 탐라목장을 설치했다.

이곳은 초지뿐인 서성일로에서 이정표도 없이 차 한 대가 겨우 지날만한 길로 들어와야 발견할 수 있다. 외진 곳이지만 담도 새로 쌓고 쉬어 갈 벤치도 있는 것이 사람의 손길이 닿은 듯하다. 이곳에는 물 안에 둥글게 담을 쌓아 두었는데 사람이 사용하던 물과 말과 소가 마실 물을 구분하기 위한 것이다. 연못가에는 여행자를 위한 길도 조성했다. 하지만 사람이 많이 찾지 않아서인지 한여름이면 웃자란 풀에 묻혀 찾기가 쉽지 않다. 그럴 경우에는 자유롭게 주변을 돌아봐도 충분하다. 한못 주변을 걷다 보면 탁 트인 벌판 너머로 의연하게

솟은 한라산이 눈에 들어온다. 산과 나 사이에 어떠한 장애물도 없는 자연의 모습이 이곳을 찾을만한 충분한 이유가 된다. 가장 추천하고 싶은 계절은 곳곳에 핀 억새가 반짝이는 가을이다. 한라산을 마주한 상태에서 몸을 오른쪽으로 돌리면 낭끼오름 너머로 수산리풍력발전단지의 발전기가 눈에 띈다. 인공의 것도 푸른빛의 연못을 배경으로 서 있으니 낭만적인 정취를 풍긴다.
한못은 수산리에서 조성한 수산자연생태마을 생태탐방로2코스에 포함된 여행지이다. 생태탐방로는 수산리풍력발전단지는 물론 궁대오름, 돌리미오름, 낭끼오름, 공동목장 등 수산리 일대의 평야와 오름을 두루 즐길 수 있다. 숲이나 마을을 걷는 여행과는 다르게 색다른 풍경을 즐길 수 있어서 도보 여행자에게 추천한다.

Advice ⓢ

1119로에서 수산한못으로 들어가는 길에는 비슷한 다른 도로가 바로 인접해 있어서 내비게이션을 보고도 놓치기 쉽다. 근처에서 속도를 줄여 달리다가 여러 개의 펜션 안내판이 서 있는 골목으로 들어서면 된다.

평 화 를　앗 아 간　전 초 기 지

알뜨르비행장

info
주소 서귀포시 대정읍 상모리
소요시간 30분
주차장 있음

car
서귀포시 대정읍 상모리 1629-8 검색

bus
제주버스터미널 정류장

① 282번 승차 → ② 상창보건진료소 하차 → ③ 752-2번 환승 → ④ 산이수동 하차 → ⑤ 30분 도보 → 도착

서귀포버스터미널 정류장

① 102번 승차 → ② 화순환승정류장 하차 → ③ 752-2번 환승 → ④ 산이수동 하차 → ⑤ 30분 도보 → 도착

송악산 근처 대정읍 들판에는 아름다운 농촌 풍경과 어울리지 않는 날것 그대로의 콘크리트 건물이 모여 있다. 2002년 근대문화유산 제39호로 지정된 알뜨르 비행장이다. '아래 벌판'이라는 뜻의 예쁜 지명을 가지고 있는 알뜨르이지만 이곳의 역사를 안다면 불편한 마음을 숨길 수 없을 것이다.

이 비행장은 일본이 중국 본토를 습격하기 위해 전진기지로 만든 곳이다. 일본에서 출격한 비행기는 알뜨르에서 주유를 하고 베이징, 난징, 상하이를 공습했다. 폭 20m, 높이 4m, 길이 10.5m에 달하는 20여 개의 격납고에는 훈련기인 잠자리비행기(아카톰보, Akatombo)를 숨겨 놓았다. 얼마나 튼튼하게 지었는지 중장비를 동원해 부수려 해도 부숴지지 않아 19곳은 온전하게 남아 있다. 현재 격납고에는 태평양전쟁 동안 가장 유명했던 전투기인 제로센을 실물 크기로 형상화한 〈알뜨르의 제로센〉이 전시되어 있다. 일본군은 진주만을 공습하기 위해 비행장을 66ha에서 264ha로 확장했다. 한 때는 전투기 25대가 배치되었다고 하니 크기를 쉽게 가늠하기 어렵다. 전쟁에 패망할 징조가 보이자 일본은 알뜨르비행장을 가미카제 훈련 장소로 사용했다. 인근 송악산 아래에 있는 동굴과 제주도 구석구석에는 가미카제에 동원된 전투기를 숨기기 위해 동굴을 파 놓은 흔적이 남아 있다.

인근에 있는 섯알오름은 내부를 파서 폭탄 창고로 사용했는데, 미군이 이 창고를 폭파하여 큰 구덩이가 만들어졌다. 섯알오름은 폭탄 창고로 사용된 것

외에 4.3사건 학살터로도 사용되었다. 1950년 한국전쟁 당시 정부는 전국적으로 보도연맹원을 체포, 구금했는데 이때 제주에서도 820명의 주민을 잡아들였다. 그 중 149명을 대정읍 상모리 창고에 수감했다가, 1950년 8월 20일 집단 학살했다. 이전에 한림지서에 검속된 63명도 집단 총살하여 이 지역에서 희생자만 212명에 달한다. 2005년부터 4.3유적종합정비 및 유해발굴기본계획이 수립되어 제주도 주관으로 부지 매입과 함께 위령 제단을 설치하고 추모의 길을 조성, 학살터 재현 시설을 완공했다.

Advice ⓙ

알뜨르 비행장은 올레10코스를 지나는 길이다. 대정읍의 밭길은 배추, 감자 등 밭작물로 가득하여 보기만 해도 풍족한 마음이 든다. 바람이 잔잔한 날에는 산책하기 좋지만 바람이 많이 분다면 밭에 있는 흙이 사방으로 흩날리게 된다. 너른 들판이라 피할 곳도 없다.

Advice ⓢ

내비게이션으로 알뜨르비행장을 검색하면 드넓은 허허벌판이 나온다. 격납고가 있는 곳으로 가려면 섯알오름 주차장을 이용해야 한다.

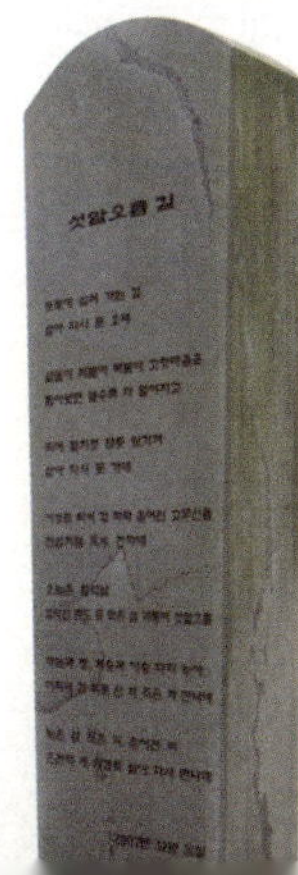

EAST JEJU

과 거 의 영 광 을 꿈 꾸 는 도 심

제주시 원도심

info **주소** 제주시 삼도2동, 일도1동 일대
소요시간 1시간 30분
주차장 있음

car **관덕정(삼도2동), 북수구주차장(일도1동)** 검색

bus **제주시외버스터미널 앞 제주버스터미널 정류장**

① 440번 승차 ― ② 관덕정 하차 ― 도착

서귀포버스터미널 정류장

① 182번 승차 ― ② 제주시청 하차 ― ③ 312, 351, 352번 환승 ― ④ 관덕정 하차 ― 도착

원도심은 서문사거리 인근에 있는 무근성, 남문사거리의 제주성지, 산지천의 고씨가옥으로 이어지는 구역이다. 오랫동안 제주의 중심지였기 때문에 시대의 흔적이 많이 남은 이곳은 역사와 문화를 중심으로 한 도시 재생 사업이 한창이다.

무근성은 평범한 골목처럼 보이지만 옛날에는 성이 있던 자리이다. 현재는 많은 사람들의 주거지이며 올레17코스를 지나는 지점으로 제주 생활상을 담은 벽화는 동네의 활기를 불어넣는다. 무근성길에 있는 관덕정은 제주에서 가장 오래된 건물로 이곳에서 한 해의 시작을 알리는 탐라입춘굿이 열리기도 한다.

원도심 중심의 칠성로길은 6~70년대 문화활동의 근거지였다. 서울 명동의 다방에 문인들이 모였던 것처럼 칠성로길에 있는 소라다방, 동백, 원다방, 대호다방, 산호다방 등에 화가들이 모여 전시를 하곤 했다. 소라다방이 있던 자리는 현재 프린지페스티벌이 열릴 때 시네마 공간으로 이용된다.

과거 원도심에는 여섯 개의 상영관이 있었는데 이는 당시의 문화상업 지역임을 짐작케 한다. 중앙극장, 동양극장, 제주극장 등 많은 극장이 시대의 흐름에 휩쓸려 사라졌지만 아카데미 자리에 메가박스가 들어와 영화관의 맥을 이어가고 있다.

동문시장과 산지천은 지척이다. 산지천은 공신루, 산천서당 등 조선시대 유적뿐만 아니라 제주 최초 단추공장, 내연발전소, 1920년대 목욕탕 등이 있던 곳이다. 동문시장은 많은 사람이 방문하는 필수 관광 코스이다.

원도심에는 제주 문화를 담은 아트숍, 뮤지엄도 있다. 요즘 원도심을 살리고자 노력하는 사람들의 움직임을 보면 화려했던 과거를 재현해 낼 수 있을지 사뭇 기대가 된다.

Advice ⑤
칠성로길 중간에 100년 된 가옥의 '차의향기'라는 작은 가게가 있다. 비빔밥이나 직접 담근 차를 판매하고 있으니 방문해 보자.

제 주 의　아 픔 을　기 록 하 다

제주4.3평화공원

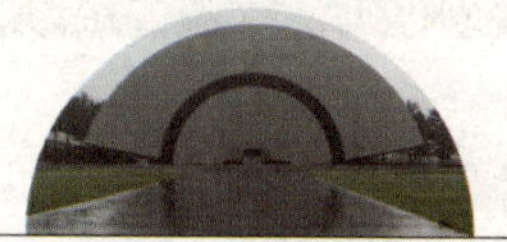

info **주소** 제주시 명림로 430
전화번호 064-723-4344
홈페이지 jejupark43.1941.co.kr
입장료 무료
소요시간 2시간
관람시간 09:00~18:00(매월 첫째 주, 셋째 주 월요일 휴관)

car **제주4.3평화공원 주차장** 검색

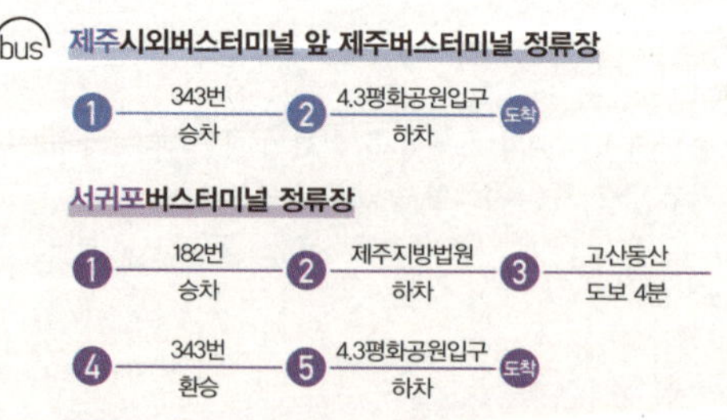

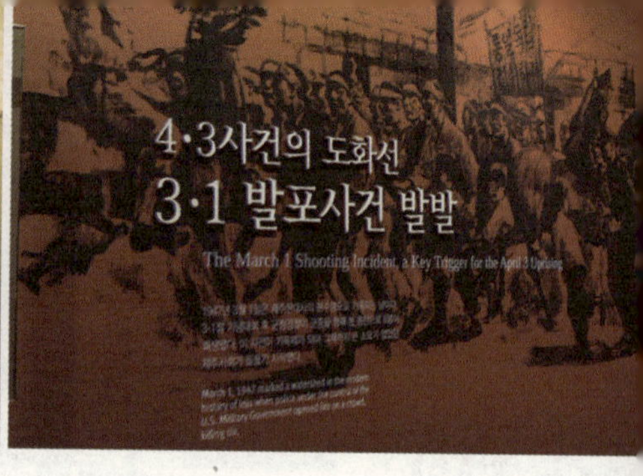

제주의 아픈 역사를 이야기할 때 빼놓지 않는 것이 4.3사건이다. 제주 4.3사건 특별법 제2조에는 '1947년 3월 1일을 기점으로 하여, 1948년 4월 3일 발생한 소요사태 및 1954년 9월 21일까지 제주도에서 발생한 무력충돌과 진압 과정에서 주민들이 희생당한 사건을 말한다.'라고 규정한다. 이 사건으로 당시 주민의 1/10에 해당하는 약 2만 5천명이 희생되었고 이후 제주4.3평화공원을 지었다.

이곳에는 희생자의 넋을 위로하고 추념하는 위패봉안소, 매년 4월 3일 위령제가 열리는 추모승화광장, 발굴된 유해를 봉안하는 4.3유해봉안관, 행방불명인 표석, 화해와 상생으로 나아가기 위한 위령탑, 희생자의 이름을 새긴 군집비석인 각명비 등의 조형물이 설치되어 있다.

평화기념관 전시실 입구는 사건의 진실을 찾아가는 관문으로 당시 주민들의 피난처였던 동굴을 모티브로 하여 만들었다. 입구를 지나면 누워 있는 4.3백비를 볼 수 있는데 백비는 어떠한 이유로 글이 새겨지지 못한 비석이다. 이는 올바른 역사적 이름을 갖지 못한 4.3사건을 뜻한다. 4.3사건의 진정한 해결이 이뤄지는 날 비석도 바로 서고 비문도 새겨질 것이다.

이곳에는 4.3사건뿐만 아니라 일본군이 제주도를 요새로 만들고 도민들에게 강제 노역을 시키고 농산물을 수탈했던 사진도 전시되어 있다. 4.3사건의 상징이 된 다랑쉬굴도 재현해 놓았다. 다랑쉬굴은 도민들의 피난처로 삼았던 곳으로 토벌대에 의해 질식사한 11명의 모습을 볼 수 있다. 1992년 발견된 희생자들은 화장되어 바다에 뿌려졌다고 한다. 40년이 지났음에도 이 사건을 은폐하려는 행위인 것이다. 20세기에 광범위하게 이뤄진 집단학살(제노사이드)에 대한 전시실에서는 인종철폐를 부르짖던 남아프리카공화국, 독재자를 몰아낸 필리핀의 민중봉기 독재타도 민주회복을 외치던 광주항쟁을 볼 수 있다. 4.3항쟁도 그중 하나이며 독재와 차별로 인해 민족과 개인의 자유를 찾기 위한 민중봉기이다. 또한 3.1절 기념대회 발포사건, 4.3의 새벽, 죽음의 섬 등 작품도 볼 수 있다. 특히 죽음의 섬은 원통형의 전시장을 둘러싸고 총살, 교수, 참수 등 상징적인 이미지 23가지를 조각해 놓았다. 조각품과 비석을 보니 암울했던 그 상황이 고스란히 전해진다.

외부에 위치한 위패봉안소 인근에는 행방불명인의 넋을 추모하는 표석이 있다. 대부분 4.3사건에 연루되어 육지에 있는 교도소에 수감되었다가 6.25전쟁이 일어나자 총살당하여 돌아오지 못한 희생자의 표석이다.
사람들은 4.3사건이 '끝나지 않은 세월'이라고 이야기한다. 희생자와 가족, 그리고 제주도 곳곳에 남은 상처의 흔적이 그 시절의 아픔을 대신 말해 준다. 전시장 출구에는 방문객이 적은 관람소감문이 있다. 평화와 인권의 소중함을 새삼스레 기억하게 되는 곳이다.

Advice ⓙ

참배를 원한다면 전시장 바로 옆에 위치한 위패봉안소로 가자. 유족과 방문자들이 많이 찾는 공간이다.

인 연 으 로 이 어 진 유 배 의 길

추사적거지

info

주소 서귀포시 대정읍 추사로 44
전화번호 제주추사관 064-710-6802
관람료 무료
이용시간 추사관 09:00~18:00(매주 월요일, 신정·설날·추석 당일 휴무)
소요시간 추사관·유배지 관람 1시간 30분
주차장 있음

car **제주추사관 주차장** 검색

bus

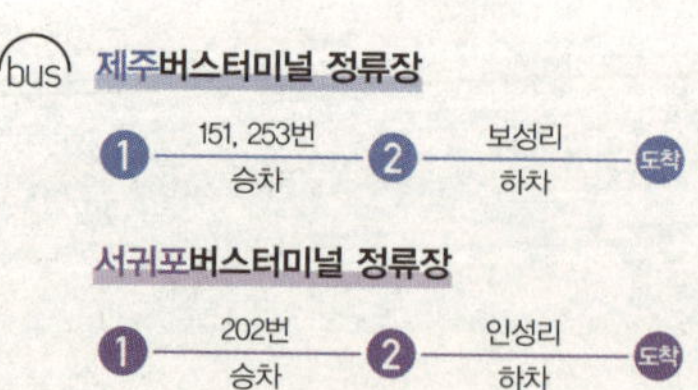

제주버스터미널 정류장

① 151, 253번 승차 → ② 보성리 하차 → 도착

서귀포버스터미널 정류장

① 202번 승차 → ② 인성리 하차 → 도착

추사 김정희에게 제주는 특별한 곳이다. 8년 3개월의 유배 생활 동안 대표 서체인 추사체를 완성했고 국보 제180호인 〈세한도〉를 남겼기 때문이다. 이외에도 추사는 글을 모르는 주민에게 학문을 가르쳤다.

추사적거지는 추사관과 유배 당시 지냈던 집을 복원해 놓은 곳으로 나뉜다. 추사관은 유명한 국내 건축가인 승효상의 작품이다. 승효상은 〈세한도〉에 등장하는 집을 모티브로 하여 추사관을 지었다고 말한다. 낮게 엎드린 건물과 주위의 소나무를 보니 승효상의 말대로 세한도와 흡사한 것 같다. 지하 전시관에는 기증 받은 작품과 복사본 등이 전시되어 있다. 다른 이들과 주고받은 편지의 내용을 보면 추사가 어떤 인물이었는지 어렴풋이 짐작할 수 있고 그의 서체가 변하는 과정도 볼 수 있는 의미 있는 시간이다. 세한도는 제자인 이상적이 위험을 무릅쓰고 제주 유배지에 책을 보내준 것에 대한 답례로 그린 그림이다. 2층에는 설치미술가인 임옥상이 제작한 추사의 흉상이 전시되어 있다.

추사관 뒤편에 있는 김정희 유배지는 사적 제487호로 지정되었다. 추사가 생활하던 당시의 모습을 복원한 집으로 '위리안치'라는 형벌을 당한 김정희의 동선을 알 수 있다. 위리안치는 죄인이 살던 집 주위에 가시나무를 둘러서 바깥출입을 막는 형을 말한다. 눈에 띄는 것은 추사가 초의선사와 차를 나눠 마시는 모습과 제자들을 가르치는 장면이다. 초의선사는 추사의 동갑내기 친구로 40여 년을 알고 지냈다. 제주에 있는 추사에게 차를 보내준 것도 다름 아닌 초의선사이다. 추사를 위로하기 위해 제주에 내려와 반년이나 함께 지냈다고 하니 그 우정의 깊이를 알 수 있다.

추사는 위리안치형을 당했지만 유배지였던 대정읍내를 다닐 수 있었다. 이 사실을 토대로 만들어진 것이 추사유배길이다. 추사유배길은 1코스 집념의 길, 2코스 인연의 길, 3코스 사색의 길로 나뉜다. 시, 그림, 서예에 능했던 추사의 뜻을 기리기 위해서였는지 서책모양과 띠가 추사유배길로 안내한다.

Advice ⓘ

추사유배길은 긴 코스이니 운동화나 트레킹화를 신고 물이나 먹거리를 준비해 가는 것이 좋다.

1코스:집념의 길(8.6km, 약 3시간)

송죽사터-송계순집터-드레물-동계정혼유허비-한남의숙터-정난주마리아묘-남문지못-단산과방사탑-세미물-대정향교

2코스:인연의 길(8km, 약 3시간)

추사관-수월이못-추사와감귤-제주옹기마을-추사와매화(노래매)-곶자왈-추사와편지-추사와말(서광승마장)-추사와차(오설록)

3코스:사색의 길(10.1km, 약 4시간)

추사와전각-추사와건강-추사와사랑-추사와야호-추사와창천-창천유배인들(안덕계곡)

제 주 앞바다를 지키는 토성

항파두리항몽 유적지

info **주소** 제주시 애월읍 항파두리로 50
전화번호 064-710-6720
입장료 무료

car **항몽유적지 주차장** 검색

bus **제주버스터미널 정류장**

① 291번 승차 — ② 항몽유적지입구 하차 — ③ 15분 도보 — 도착

서귀포시외버스터미널 맞은편 제주월드컵경기장 서귀포버스터미널 정류장

① 282번 승차 — ② 유수암단지 하차 — ③ 유수암단지 도보 5분

④ 791번 환승 — ⑤ 항몽유적지 하차 — 도착

※ 와 은 서로 다른 정류장입니다. 정류장 이동 방법은 16쪽을 참고하시기 바랍니다.

"이 몽골놈의 새끼!"

제주 할망에게 이런 이야기를 들었다면 당분간 눈에 띄지 않는 편이 좋다. 이 표현은 할망들이 화가 나거나 욕을 할 때 종종 쓰는 말이다. 예부터 제주도는 외부 세력에 의한 부침이 심했는데 그 중에서도 몽골은 약 100년간 제주 땅을 범했다. 척박한 제주인의 삶에 더해진 몽골의 핍박이 얼마나 힘들고 지긋지긋했을지 간접적으로 느낄 수 있는 흔적이다.

항파두리는 몽골의 침입을 막으려 세운 삼별초군의 요새이다. 6km에 달하는 토성(외성)과 석성(내성)인 이중 성곽을 세우고 성내에는 궁궐과 관아까지 갖추었다. 2년 6개월 동안 적의 침입을 막아 준 항파두리성은 현재 토성과 석성의 일부만 남아 있으며 항몽비만이 이곳이 누군가를 기리기 위한 곳이라는 것을 말해 준다. 산책하기 좋은 길인 것 같지만 삼별초군의 항쟁을 생각하면 더없이 아픈 장소이다.

항파두리는 미지의 공간으로 지금도 발굴 중에 있으며 지역 신문은 종종 석성에서 유물을 무더기로 발견했다는 기사를 싣기도 한다.

토성을 제대로 보기 위해서는 주차장 맞은편에 토성가는 길 이정표가 있으니 따라 가면 된다. 100m 정도 걸어가면 데크로 만들어진 길이 보이고 길 끝에 토성이 나타난다. 토성 위로 올라서니 적군이 침입하는지 볼 수 있는 바다가

나타난다. 토성 주위를 돌아보려 오른쪽 길로 향했다. 그런데 토성이 쭉 이어지지 않고 듬성듬성 끊겨 있다. 게다가 일부만 남은 구간도 있어 왔던 길을 되돌아가야 하니 참고하길 바란다.

Advice ⓘ

내성 안에 있는 항파두리항목유적지만 본다면 유적지를 모두 봤다고 말할 수 없다. 외성인 토성까지 봐야 유적지를 제대로 봤다고 할 수 있다.

EAST JEJU

물 아래 3년, 물 위의 3년

해녀박물관

info

주소 제주시 구좌읍 해녀박물관길 26
전화번호 064-710-7771~5
홈페이지 jeju.go.kr/haenyeo/index.htm
입장료 성인 1,100원, 청소년·군인 500원
관람시간 09:00~18:00
매표시간 09:00~17:00(신정, 설날, 추석, 매월 첫째 셋째 월요일 휴무)
어린이해녀관 운영시간 09:00~17:00
소요시간 40분
주차장 있음

제주해녀항일운동기념공원 검색

제주시외버스터미널 앞 제주버스터미널 정류장

1 101번 승차 — 2 세화환승정류장 하차 — 3 10분 도보 — 도착

서귀포버스터미널 정류장

1 101번 승차 — 2 세화환승정류장 하차 — 3 10분 도보 — 도착

해녀박물관

제주 동부에 있는 하도리는 해녀의 역사를 알 수 있는 중요한 곳이다. 해녀항일운동이 일어난 역사의 현장이며 제주 해녀수의 1/10이 살고 있다. 이러한 사실 때문인지 하도리 바닷가 근처에는 해녀박물관이 있다. 2006년 9월에 첫 개관한 후로 전시 공간을 넓히고 전시품을 보완하여 2015년 3월 재개관하여 해녀의 역사를 충실히 보여주고 있다. 박물관의 1전시실에는 60~70년대의 집과 생활도구 및 음식, 무속 신앙 등이 전시되어 있다. 집안일과 바깥일을 함께 돌봐야 했던 해녀의 고단함과 전반적인 삶을 엿볼 수 있다. 2전시실로 가는 계단에는 물질하는 해녀의 모습이 상영되며 신비로운 숨비소리를 들을 수 있다. 2전시실에는 해녀가 옷을 갈아입거나 휴식을 취할 수 있는 장소인 불턱과 해녀 공동체의 공익 활동, 항일 운동과 관련된 내용을 볼 수 있다. 3전시실은 물속으로 들어가는 듯한 연출이 돋보이는 곳으로 해녀들의 생애가 전시되어 있다. 백발이 성성한 나이의 할망이 첫 물질을 하던 이야기를 들려주는 영상도 있다. 고통스럽지만 먹고살기 위해 어쩔 수 없이 바다로 나서야 했던 설움이 느껴지는 곳이다. 신설된 어린이해녀관에는 해녀 관련 놀이기구로 놀이를 하며 해녀가 하는 일과 제주의 바다를 체험할 수 있다.

각주 〉
잠수를 마치고 물 위로 떠오를 때 휘이-하며 숨을 내몰아 쉴 때 나는 소리이다.

개인적으로 박물관을 둘러보며 가장 눈에 띄는 것은 옛 작업복인 물소중이의 어깨끈에 분홍색 천을 덧대어 멋을 낸 점과 작업할 때 쓰는 모자인 까부리를 여성스러운 주름으로 장식한 점이다. 바다 일 중에서 가장 힘들다는 물질을 하며 생계를 유지하는 강인함 뒤에 아름답게 보이고 싶은 평범한 여인네의 모습이 떠올랐다. 여러분도 이곳을 꼭 방문하여 제주 여인의 삶을 간접적으로 느껴볼 수 있길 바란다.

Advice ⓢ

박물관의 3층은 전망대 겸 휴게실로 테이블과 의자가 있다. 넓은 창밖에는 세화리와 하도리 앞바다가 펼쳐진다.

해녀공로비
음식문화

조 선 시 대 핫 플 레 이 스

화북포구

info
주소 제주시 화북동
소요시간 3시간
주차장 있음

car
제주시 화북1동 1619-8 검색

bus
제주시외버스터미널 앞 제주버스터미널 정류장

1 335, 336번 승차 → 2 화북남문 하차 → 3 20분 도보 → 도착

서귀포버스터미널 정류장

1 182번 승차 → 2 제주시청 하차 → 3 311, 341, 342번 환승 → 4 화북남문 하차 → 5 20분 도보 → 도착

용호

화려한 크루즈가 드나드는 제주항을 한눈에 볼 수 있는 화북포구. 지금은 한적하지만 산지항이 생기기 전까지 화북포구는 제주에서 가장 핫한 곳이었다. 1735년, 제주도에서 처음으로 관의 주도하에 만들어진 이곳은 제주의 관문이었다. 생활필수품, 관수물품 등은 이곳으로 가장 먼저 들어왔으며 덕분에 화북포구로 물건을 운반하던 길은 가장 큰 도로가 되었다. 좋은 일만 들어올 것 같은 화북포구는 옛 이름이 별도(別刀)포구인 것처럼 칼로 끊어내는 듯한 이별의 사연이 넘치는 곳이기도 했다. 선정을 베푼 목민관을 떠나보내거나 먹고살 길을 찾아 떠나는 가족과 이별하는 장소였다. 또한 추사 김정희처럼 곤궁한 삶을 시작하는 유배자의 길이기도 했다.

‹ 각주
백성을 다스려 기르는 벼슬아치

화북포구는 금돈지와 엉물머리로 나뉘어졌었지만 현재 엉물머리는 놀이터로 변했고 금돈지만 포구 역할을 하고 있다. 이곳에는 '해신사'라는 사당이 있는데 육지에서 목사가 부임해 오면 가장 먼저 들러 해신의 도움으로 무사히 항해했음을 알렸다고 한다. 그 옆에는 포구 건설을 주도했던 김정 목사의 선정비가 글씨도 알아볼 수 없을 만큼 닳아진 채 포구를 지키고 있다. 포구의 동쪽 끝에는 관리가 잘 된 환해장성과 새롭게 복원한 별도연대가 있다. 해안을 따라 흑룡처럼 자리를 지키고 있는 환해장성은 고려 말 적의 침입을 막기 위해 고려의 관원들이 쌓았다. 별도연대는 횃불과 연기로 정치적 군사적 소식을 전하던 곳이다. 지금은 원래의 기능과는 달리 화북포구와 마을 일대 그리고 제주 앞바다까지 조망할 수 있는 곳이 되었다.

포구를 둘러싼 마을은 다른 곳에 비해 들고 나거나 흐르는 산물이 많다. 산물은 용천수가 모이는 곳으로 물이 귀한 제주 사람들에게 식수이자 생활용수였다. 한 마을에 산물이 두어 개 있기도 어려운데 이곳에는 큰이물이나 고래물, 새물, 비석물처럼 정식 명칭을 가진 산물이 많다. 예스러운 돌집과 오래된 건물이 대부분인 이곳은 시간 여행을 하는 것 같은 즐거움을 준다.

Advice ⓢ

화북포구는 올레18코스가 지나는 곳이다. 포구 주변을 어떻게 둘러봐야 할지 막막하다면 올레 표식을 따라 걸어 보자.

SPECIAL
JEJU

평화로

제주시에서 서귀포시 대정읍 안성리(서귀포 서부) 사이를 잇는 도로

제주 28 km
공항 26 km

제주공룡랜드
유수암개척단지
테지움·프시케월드
렛츠런파크
새별오름
그리스신화박물관
소인국테마파크

도로번호 지방도 제1135번도 **도로를 지나는 버스** 급행 151, 152번, 일반간선 251, 252, 253, 254, 282번 **도로 여행지** 제주공룡랜드, 유수암개척단지, 렛츠런파크, 테지움, 프시케월드, 새별오름, 그리스신화박물관, 소인국테마파크 등

제주시에서 서귀포시 대정읍 안성리를 잇는 왕복 4차선 도로이다. 주로 송악산, 모슬포, 산방산과 같이 서귀포 서쪽으로 향하는 여행지로 가거나 중문관광단지를 향하는 1100로 대신 이용한다. 한라산을 넘어가는 도로의 특성상 오르막과 내리막이 있지만 가파르지 않다. 길 한쪽에는 자전거 여행자를 위해 조성한 자전거 도로가 있지만 오르막과 바닷바람 때문에 달리는 게 쉽지 않다. 따라서 이 곳을 지나가야 한다면 안전모를 꼭 착용하자.

평화로는 서부관광도로로 불렸다. 그래서인지 도로 옆에 프시케월드, 테지움 같은 박물관이나 테마파크 위주의 관광지가 많다. 평화로에서 바로 진입할 수 있는 골프장만 네 곳이며 인근의 골프장까지 포함하면 일곱 곳 이상이 있다. 또한 새별오름도 바로 진입할 수 있다. 새별오름을 지나면 나타나는 내리막에서는 남쪽 바다와 산방산을 볼 수 있다. 제주시에서 서귀포시 방향으로 가는 도로 오른쪽에는 비양도가 있는 서쪽 바다가 한눈에 보인다. 해가 질 무렵에는 붉게 물든 석양과 함께 달릴 수 있다.

정처 없이 서부 중산간을 드라이브하고 싶다면 평화로에서 바다 방향으로 가자. 어떤 길을 가더라도 고즈넉한 풍경을 만날 수 있다. 서부 중산간은 농지도 있지만 소나 말의 방목장도 있어서 드넓은 초지와 이름 모를 오름이 있는 풍경을 볼 수 있다. 평화로를 달리는 282번 버스는 중문으로 향하고 151, 152, 251, 252, 253, 254번 버스는 서귀포 서쪽인 모슬포, 대정, 화순으로 향한다는 것을 기억하자.

Advice ⓢ

서귀포시내, 중문관광단지에서 제주시로 이동하다 눈이 많이 온다면 516로나 1100로 대신에 눈이 많이 쌓이지 않는 평화로를 이용하자. 하지만 밤사이 내린 눈은 속수무책이니 도로 교통 통제를 확인하자.

Start

함덕서우봉해변

바람벽에흰당나귀

번영로

조천읍

1136

번영로

에코랜드
테마파크

거문오름

제주절물
자연휴양림

교래자연
휴양림

516로

한라산생태숲

한국마사회
제주경주마목장

물찻오름

한라산

남조로

◇ 커 피 한 잔 할 까 요 ? ◇

감성 더하는 카페 코스

여행지에서도 식후나 친구들과 수다 떨고 싶을 때 카페를 찾는 사람은 많다.
게다가 브런치가 맛있다고 소문난 카페라면 멀리 있어도 일부러 찾아가기 마련이다. 상황이 이러니 제주의 유명한 빵집이나 음식점을 찾아다니는 것처럼 카페 여행을 하는 사람도 자연스레 늘어났다. 그래서 준비한 카페 코스! 카페 근처의 여행지도 함께 소개하니 내게 맞는 코스를 골라 다녀 보자.

COURSE 1

1. **바람벽에흰당나귀** 바람벽에흰당나귀 검색
2. **바당봉봉** 바당봉봉 검색, 20분
3. **풍림다방** 풍림다방 검색, 15분
4. **제이아일랜드** 제이아일랜드 검색, 30분

1300k

주소 제주시 구좌읍 중산간동로 2240
전화번호 064-782-1305
홈페이지 1300k.com
영업시간 10:00~19:00
etc 제주 송당의 마을회관으로 사용하던 건물을 리모델링해 매장으로 꾸몄다. 문구류뿐만 아니라 제주의 특색을 담은 다양한 아트 상품을 만날 수 있다.

제주국제컨벤션센터

주소 서귀포시 중문관광로 224
전화번호 064-735-1000
영업시간 10:00~20:00(하절기 21:00까지 연장 영업)
etc 내국인 전용 면세점이 있다. 매장에서 상품을 구매하면 제주국제공항 및 제주항 2, 7부두에 설치된 인도장에서 물건을 받을 수 있다.

COURSE 2

1. **살롱드라방** 살롱드라방 검색
2. **엔트러사이트** 엔트러사이트 검색, 20분
3. **스테이위드커피** 스테이위드커피 검색, 40분
4. **유동커피** 유동커피 검색, 40분

화순금모래해변

주소 서귀포시 안덕면 화순리 776-8

전화번호 064-760-2772

etc 산방산 근처에 있는 화순금모래해변의 모래는 현무암처럼 검은색이다. 이곳은 용천수가 솟아나는 곳으로 족욕장, 수영장 등에서 담수욕을 즐길 수 있으며 편의시설이 잘 갖춰져 있어 어린아이가 있는 가족이 많이 찾는 여행지이다.

◇ 예 술 이 된 건 물 ◇

건축 기행 코스

제주 초가를 잘 보존해 놓은 성읍민속마을부터 세계적인 건축가가 지은 유민미술관, 비오토피아 수풍석박물관, 제주도민의 생활과 밀접한 관계가 있는 한라도서관, 서귀포기적의도서관과 제주의 70~80년대 건축이 고스란히 남아 있는 금능리까지 제주에는 유명하고 특색 있는 건축물이 많다. 버스가 가지 않는 지역이 있으므로 자가용으로 다녀야 한다. 숙박객 이외의 관람객은 호텔 건물에 들어갈 수 없으니 참고하자.

COURSE 1

1. **제주목관아** 제주목관아 검색
2. **한라도서관** 한라도서관 주차장 검색, 30분
3. **제주4.3평화공원** 제주4.3평화공원 주차장 검색, 20분
4. **제주세계자연유산센터** 제주세계자연유산센터 검색, 20분
5. **휘닉스제주 유민미술관** 섭지코지 주차장 검색, 40분
6. **휘닉스제주섭지코지 민트레스토랑** 도보 5분
7. **휘닉스제주섭지코지 아고라** 도보 5분

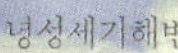

구좌읍

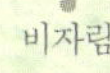

성산일출봉

송당사거리

용눈이오름

거미오름

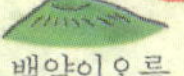

휘닉스제주
유민미술관

로

선면

일주동로

번영로

우진해장국

주소 제주시 서사로 11
전화번호 064-757-3393
영업시간 05:30~24:00(명절 휴무)
요금 제주육개장 8,000원, 사골해장국 8,000원, 몸국 8,000원, 녹두빈대떡 15,000원
etc 고사리로 만든 제주육개장을 맛볼 수 있는 곳.

COURSE 2

1. **제주추사관** 제주추사관 주차장 검색
2. **이니스프리** 오설록티뮤지엄 주차장 검색, 15분
3. **테쉬폰** 제주시 한림읍 금악리 135 검색, 25분
4. **금능리** 제주시 한림읍 금능리 1428 검색, 25분

털보네고양이

주소 서귀포시 남원읍 위미리 165-10

전화번호 010-9046-7829

영업시간 11:00~15:00, 17:30~22:00(매주 수요일 휴무)

요금 일본식덮밥 7,500~8,500원, 흑돼지 생강구이 8,500원, 치킨가라아게 12,000원, 나가사키짬뽕 18,000원

etc 일본식덮밥과 나가사키짬뽕 같은 식사류, 치킨가라아게와 감자고로케 같은 안주류도 판매한다.

COURSE 3

1. **성읍민속마을** 성읍민속마을 검색
2. **서귀포기적의도서관** 서귀포기적의도서관 검색, 45분
3. **방주교회** 방주교회 검색, 30분
4. **비오토피아 수풍석박물관** 비오토피아 수풍석박물관 검색, 3분
5. **본태박물관** 본태박물관 검색, 2분

◊ 놀멍 쉬멍 ◊

게으른 코스

미션을 수행하듯 여행하고 싶지 않은 당신을 위해 준비했다.
천천히 여행하면서 풍경을 이불 삼아 늘어지게 낮잠도 자고,
숙소에서 뒹굴다 바람에 실려 오는 바다 냄새를 따라 산책을 나가도 좋다.
느긋한 마음으로 제주를 즐겨 보자.

함덕서우봉해변

일주동로

남조로

동백동산

조천읍

번영로

거문오

제주절물
자연휴양림

교래자연
휴양림

에코랜드
테마파크

COURSE 1

1 **김녕성세기해변** 김녕성세기해변 검색
2 **비자림** 비자림 검색, 20분
3 **평대리** 평대리해수욕장 검색, 10분

고근산

주소 서귀포시 서호동 1286-1

etc 고근산은 서귀포 시내를 감싸 안은 오름이다. 오름의 중턱까지 차량을 이용해 올라갈 수 있어 게으른 여행자에게 안성맞춤이다. 날이 좋으면 한라산까지 볼 수 있다. 분화구 위 능선을 걷다가 의자에 앉아 한참을 쉬어도 좋다.

Advice 천제연폭포

천제연 제3폭포는 시원한 풍경을 자랑하지만 제1폭포나 제2폭포에 비해서 여행자들이 많이 찾지 않는다. 따라서 이곳에서 느긋하게 시간을 보내자.

COURSE 2

1. **베릿내** 서귀포시 중문동 2631 검색
2. **천제연** 천제연폭포 검색, 7분
3. **대평리** 안덕면 창천리 777-5, 대평리마을회관 검색, 18분

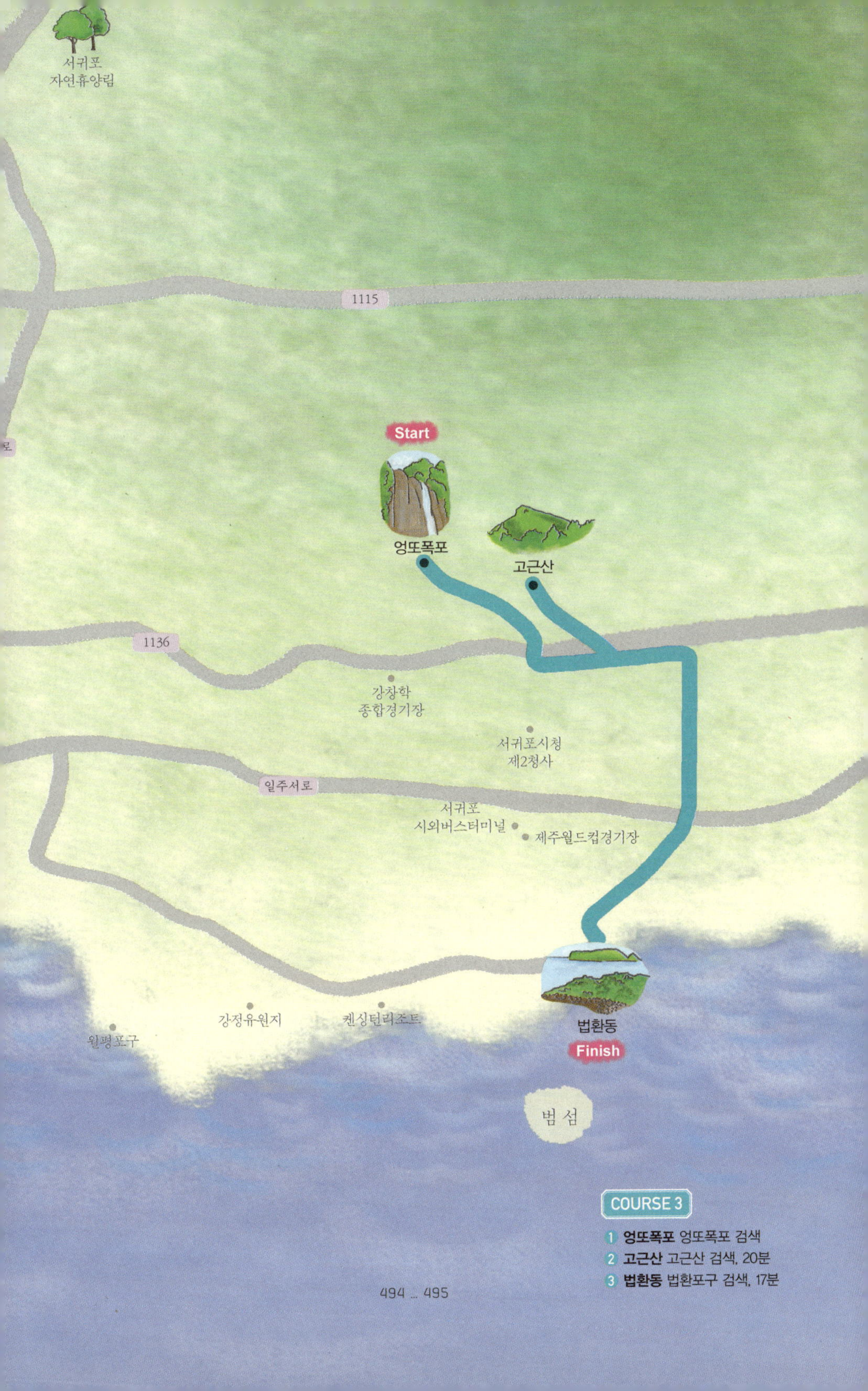

COURSE 3

1. **엉또폭포** 엉또폭포 검색
2. **고근산** 고근산 검색, 20분
3. **법환동** 법환포구 검색, 17분

평화로

Start

신엄리공동목장

애 월 읍

노꼬메오름

바리메오름

새별오름

엘리시안제주CC

클럽나인브릿지

1100고지
휴게소

1116

1115

1100로

Finish

헬로키티
아일랜드

테디밸리
골프앤리조트

카멜리아힐

녹차미로공원

제주유리박물관

1117

어리목입구

한라산

◇ 시리도록 아름답다 ◇

겨울 코스

제주는 따뜻한 남쪽이지만 겨울왕국이기도 하다. 새하얀 눈이 보고 싶다면 당장 중산간 마을로 달려가자. 1100고지 휴게소 맞은편에 있는 습지는 얼어 있고 백록담도 수십 센티미터의 눈이 쌓여 있다. 이뿐만 아니라 한라산 어리목-영실 코스에 해당하는 만세동산-사제비동산은 겨울에 꼭 가야 할 정도로 비경이 펼쳐진다.

COURSE 1일째

1. **신엄리공동목장** 제주시 애월읍 광령리 산 173-2 검색
2. **노꼬메오름** 노꼬메오름 검색, 10분
3. **카멜리아힐** 카멜리아힐 주차장 검색, 25분

남원읍

COURSE 3일째

❶ **어리목-영실 코스** 제주버스터미널 정류장에서 240번 승차▶어리목입구 정류장 하차▶도보 15분

윗세오름대피소

주소 제주시 애월읍 광령리 산 183-6
전화번호 064-713-9950~3
홈페이지 www.hallasan.go.kr
이용시간 동절기(11월~2월) 13:00부터, 하절기(5~8월) 15:00부터 탐방로 입구 안내소 입산 통제

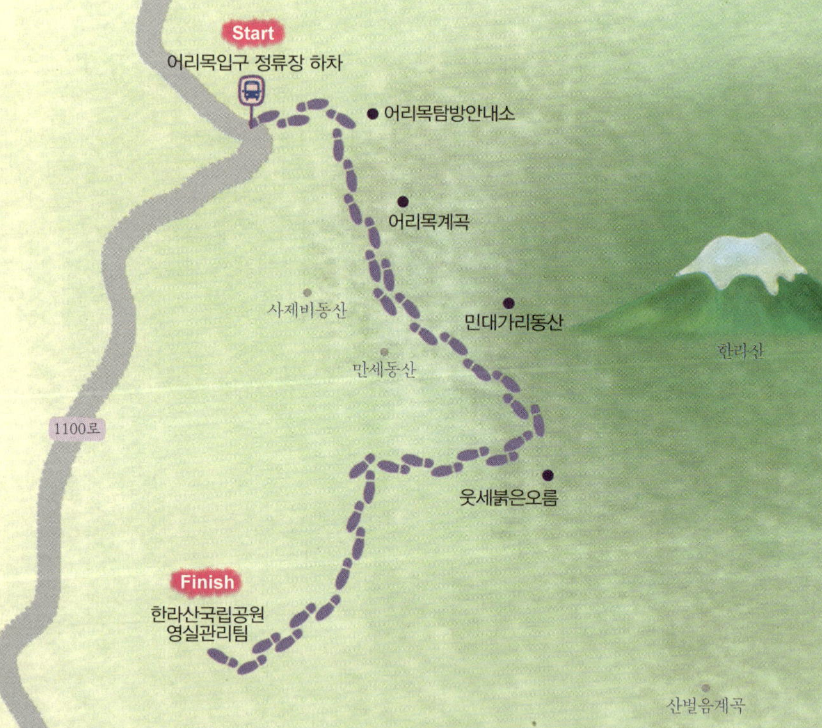

Start

마방목지

견월교 정류장

제주절물
자연휴양림

사려니숲길 정류장

사려니숲길 시작 지점

교래
자연휴양림

1112

한국마사회
제주경주마목장

붉은오름
자연휴양림

가문이오름

516로

물찻오름

Finish

사려니숲길 도착 지점

남조로

Advice 사려니숲길

눈이 내린 산과 숲길에서는 아이젠이 필수다. 또한 햇빛에 눈이 반사되어 눈이 부시니 고글이나 선글라스를 준비하자. 사려니숲길은 폭설이 내리면 통제될 수 있다.

물오름

COURSE 2일째

❶ **마방목지** 제주버스터미널 정류장에서 212, 222, 232, 281번 버스 승차▶견월교 정류장 하차▶도보 10분

❷ **사려니숲길** 견월교 정류장에서 212, 222, 232번 버스 승차▶사려니숲길 정류장 하차

마방목지 썰매

주소 제주시 용강동 산 14-34

썰매 대여 요금 4,000원

etc 눈이 올때만 한시적으로 운영하는 썰매장이다.

◇ 비 행 기 타 기 전 ◇

공항 코스

렌터카 반납 시간에 맞춰 제주 시내로 돌아왔는데 애매하게 한두 시간이 남는다면 어디를 가야 할까? 짧은 시간도 놓칠 수 없는 여행자를 위해 제주 시내 코스를 구성했다. 화려하지는 않지만 제법 괜찮은 제주 공항 근처를 둘러보자.

COURSE 1

1. **용연다리** 제주시 용담 2동 454-4, 용연 검색
2. **용담해안도로** 어영소공원 검색, 12분
3. **도두봉** 도두봉 검색, 12분

COURSE 2

1. **삼성혈** 삼성혈 검색
2. **동문재래시장** 동문공영주차장, 동문시장주차장 검색, 7분
3. **제주항** 제주항 제2부두 검색, 6분

COURSE 3

1. **별도봉산책로** 제주시 건입동 387-9 검색, 10분
2. **산지등대** 제주시 건입동 356-1 검색, 10분
3. **칠성통** 제주시 일도1동 1476-47(유료주차장), 맥도날드제주탑동점 근처(무료주차장), 25분

도두봉

주소 제주시 도두1동 산 1

etc 제주 공항을 정면으로 바라보고 있는 오름이다. 낮이고 밤이고 쉽게 오를 수 있는 오름. 날이 맑으면 도두봉 정상에서 제주 공항의 비행기가 뜨고 내리는 모습과 한라산을 볼 수 있다. 제주 여행의 마지막을 장식하기에 모자람이 없다.

더아일랜더

주소 제주시 중앙로7길 31
전화번호 070-8811-9562
홈페이지 the-islander.co.kr
이용시간 11:00~20:00(매주 수요일 휴무)
etc 더아일랜더는 기념품 및 아트숍이다. 오로지 제주에서만 구입할 수 있는 아기자기한 아트웍 상품부터 맛있는 먹거리까지 준비되어 있다. 엽서 1,000원 등

Advice 별도봉

별도봉 산책로는 올레18코스에 포함되어 있는 산책길이다. 애기업은돌까지 산책한 후 돌아 나오자.

Advice 칠성통

칠성통은 구도심을 대표하는 옛 제주의 거리이다.

Advice 산지등대

파란 하늘과 바다를 배경으로 로맨틱한 하얀색 산지등대를 볼 수 있다.

애월읍
금성천
Finish
노꼬메오름
엘리시안제주CC
새별오름
평화로
금오름
광평리
1115
영아리오름
1116
본태
박물관
안덕면
카멜리아힐

어승생악

한라산

1100고지
람사르습지

1100로

◇걷고 오르는◇

다이어트 코스

숲과 오름을 여행하는 것은 제주의 내면을 이해할 수 있는 방법 중 하나이다. 시선을 옮길 때마다 바뀌는 오름의 스카이라인과 색색이 다른 푸른 숲을 보고 낯선 노루 울음소리를 들으며 걸어 보자. 유산소 운동까지 한 번에 할 수 있는 일석이조의 여행 찬스! 단, 본인의 체력을 고려해서 코스를 조절하자.

거린사슴
오름

서귀포
자연휴양림

COURSE 1

❶ **한라산둘레길 돌오름길** 서귀포시 대포동 산 1-6 검색
❷ **새별오름** 새별오름 검색
❸ **노꼬메오름** 노꼬메오름 검색

Advice 코스2

코스2는 왕복하기에 긴 구간이므로 차량보다 버스를 이용하는 것이 좋다. 사려니-민오름트레킹의 경우 민오름에서 절물자연휴양림 이정표와 타이어 매트를 따라 내려오자. 체력이 좋다면 절물자연휴양림 방향으로 하산 후 길을 건너 휴양림으로 들어가 너나들이길이나 생이소리길을 더 걸어도 된다.

COURSE 2

① **사려니숲길 붉은오름-물찻오름**
제주시외버스터미널 앞 제주버스터미널 정류장에서 131, 132번 버스 승차▶붉은오름 정류장 하차

② **사려니숲길 물찻오름-민오름**
사려니-민오름트레킹 리본 이정표 따라 도보 이동

아부오름

주소 제주시 구좌읍 송당리 2263
차로 이동하는 방법 아부오름, 앞오름 검색
etc 얼핏 보기에는 낮은 동산 같지만 정상부에 오르면 27m 정도 꺼진 대형 분화구가 화려하게 드러나는 오름이다. 2000년 〈이재수의 난〉을 촬영했던 오름으로 유명하다.

COURSE 3

1. **높은오름** 제주시 구좌읍 송당리 54-1, 구좌읍 공설묘지 검색
2. **거미오름** 구좌읍 공설묘지를 마주볼 때 왼쪽 길로 걷다가 좌회전, 도보 15분
3. **백약이오름** 거미오름 출입구에서 좌회전하여 문석이오름·동거문이오름 이정표가 있는 삼거리에서 좌회전 비포장 임도를 따라 걷다가 금백조로 건너기, 도보 20분
4. **좌보미오름** 백약이오름 주차장 왼쪽 길을 따라 걷기, 도보 35분

Advice 코스3

코스3은 차량이 필요하다. 구좌읍 공설묘지에 주차한 뒤 높은오름을 등반하고 거미오름, 백약이오름, 좌보미오름 순으로 걸어 왕복해야 한다. 걷는 시간은 짧지만 오름을 오르락내리락 하면 체력이 많이 소모되니 체력 조절을 하자. 또한 중간에 상점이 없으니 먹을거리, 물은 꼭 준비하자.

◇ 북적이지 않는 휴가! ◇

뜨거운 여름, 시원한 3일 코스

여름 휴가 기간에는 제주도 전역이 사람들로 북적인다. 바다, 계곡, 물놀이 장소, 숲, 공원을 통틀어 한가하고 시원하게 보낼 수 있는 여행지만 골랐다. 일 년 중 가장 기대되는 여름 휴가 동안에 유명 여행지만 다니다 지치지 말고 알찬 코스로 여유롭게 떠나자.

COURSE 1

1. **오설록티뮤지엄** 오설록티뮤지엄 검색
2. **청수곶자왈** 제주시 한경면 청수리 95 검색, 12분
3. **산방식당** 대정읍 하모리 864-3, 산방식당 검색, 23분
4. **안덕계곡** 안덕면 감산리 346, 안덕계곡 검색, 15분
5. **서귀포자연휴양림** 서귀포자연휴양림 검색, 23분

COURSE 2

1. **휘닉스제주 유민미술관** 섭지코지 주차장 검색
2. **김영갑갤러리두모악** 김영갑갤러리두모악 검색, 20분
3. **나목도식당** 나목도식당 검색, 20분
4. **소정방폭포** 소정방폭포 검색, 40분
5. **강정천** 강정천 검색, 20분

나목도식당

주소 서귀포시 표선면 가시리 1877-6
전화번호 064-787-1202
영업시간 09:00~20:00(비정기 휴무)
요금 삼겹살·목살 12,000원, 생고기 7,000원
etc 사진가 故 김영갑이 가장 좋아한 돼지고기집이다. 저렴하지만 고기 퀄리티는 훌륭하다. 그 중 생갈비는 가장 인기 있는 메뉴이다. 가시리를 지나는 오름꾼 및 여행자들의 참새 방앗간과 같은 식당이다. 단, 아기들과 함께 오는 여행자들은 자리가 좁아서 불편할 수 있다.

COURSE 3

1. **제주도립미술관** 제주도립미술관 검색
2. **방선문계곡** 방선문계곡 검색, 10분
3. **도리골토종닭** 도리골토종닭 검색, 25분
4. **비자림** 비자림 검색, 20분
5. **김녕성세기해변** 김녕성세기해변 검색, 20분

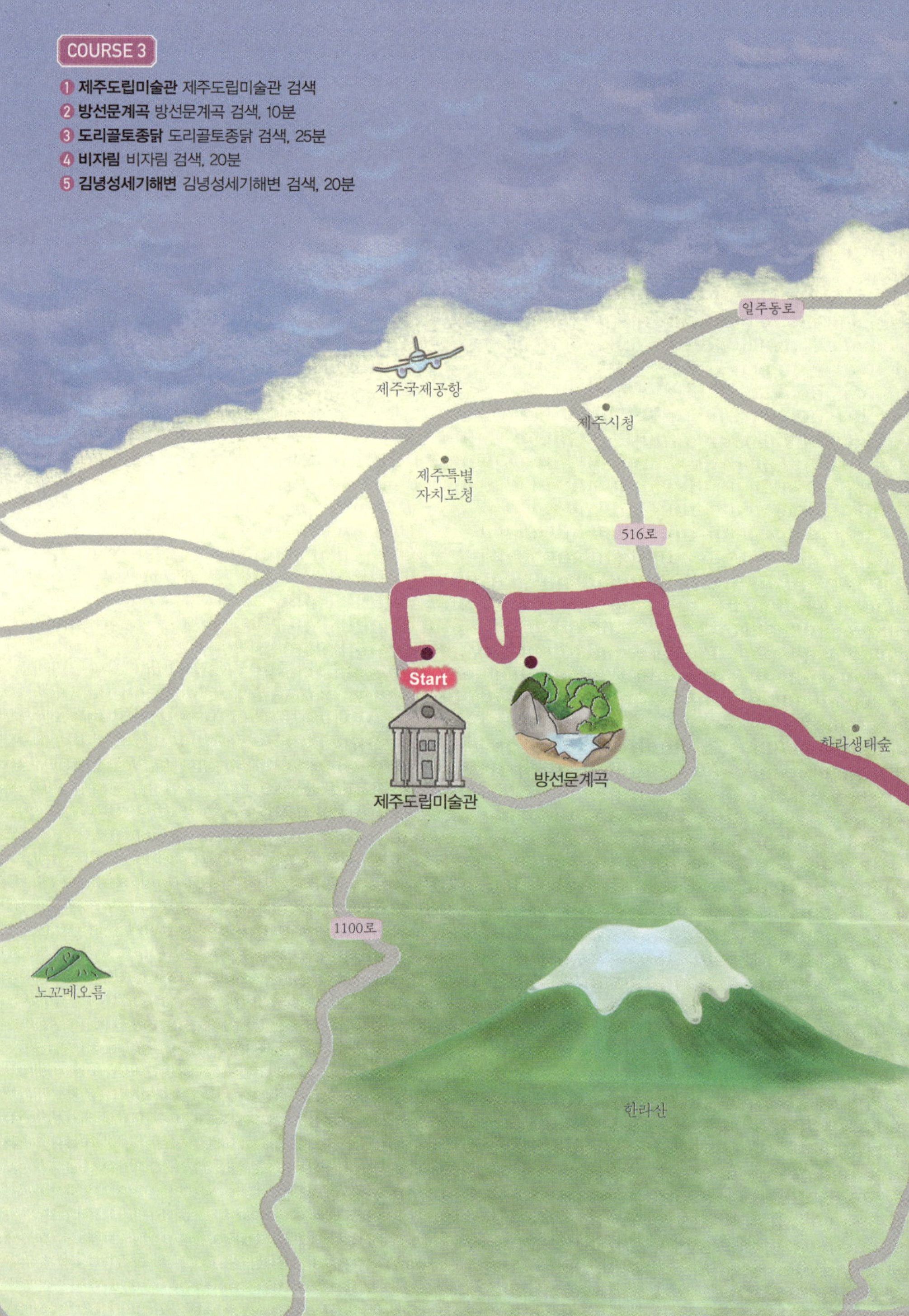

도리골토종닭

주소 제주시 조천읍 교래리 230-1
전화번호 064-782-0966
영업시간 11:00~21:00
요금 백숙 大50,000원, 샤브샤브 大60,000원
etc 샤브샤브가 대표 메뉴다. 쫄깃한 닭가슴 살로 샤브샤브를 먹고 나머지 부위는 백숙으로 먹는다. 다 먹으면 닭 육수로 끓인 녹두죽이 나온다. 전채 요리로 닭껍질과 닭근위를 쫄깃하고 매콤하게 볶아 내어 주는 것도 별미이다.

◇ 섬 문화가 궁금해? ◇

미술관, 박물관 코스

지역의 문화를 알고 싶다면 미술관과 박물관을 찾아가자.
어떤 이는 제주가 문화의 불모지라고 말한다. 하지만 미술관과 박물관에 가면 다른 지역에서 볼 수 없는 특별한 제주의 문화를 볼 수 있다.

COURSE 1

1. **민속자연사박물관** 민속자연사박물관 검색
2. **국립제주박물관** 국립제주박물관 검색, 10분
3. **돌문화공원** 돌문화공원 검색, 20분
4. **포토갤러리자연사랑미술관** 포토갤러리자연사랑미술관 검색, 25분

COURSE 2

1 **본태박물관** 본태박물관 검색
2 **현대미술관** 현대미술관 검색, 30분
3 **갤러리노리** 도보 10분
4 **제주도립미술관** 제주특별자치도립미술관 주차장 검색, 45분

새섬갈비

주소 서귀포시 서귀동 650-2
전화번호 064-732-4001
영업시간 11:00~23:00
요금 흑돼지고기오겹살 20,000원, 생갈비 19,000원, 양념갈비 18,000원 등
etc 칠십리교가 보이는 바다를 바라보며 고기를 먹을 수 있다.

COURSE 3

1. **김영갑갤러리두모악** 김영갑갤러리두모악 주차장 검색
2. **이왈종미술관** 이왈종미술관 검색, 50분
3. **소암기념관** 소암기념관 검색, 도보 15분
4. **이중섭미술관** 이중섭미술관 주차장 검색, 도보 5분
5. **기당미술관** 기당미술관 검색, 10분

COURSE 1

1. **하가리돌담마을** 제주시 애월읍 하가리 1375-1, 하가리더럭분교 검색
2. **용머리해안** 용머리해안 검색, 40분
3. **여미지식물원** 여미지식물원 검색, 25분
4. **엉또폭포** 엉또폭포 검색, 20분

Advice 하가리돌담마을

하가리에는 높고 예쁜 돌담이 있다. 비에 젖어 반짝이는 돌담 사이를 걸어 보자. 용머리해안의 산책로는 비에 젖으면 훨씬 더 멋있다. 하멜선상전시관 방향 입구로 진입하면 구름모자를 쓴 산방산의 모습을 볼 수 있다. 용머리해안의 출입을 통제한다면 산방산을 가 보자.

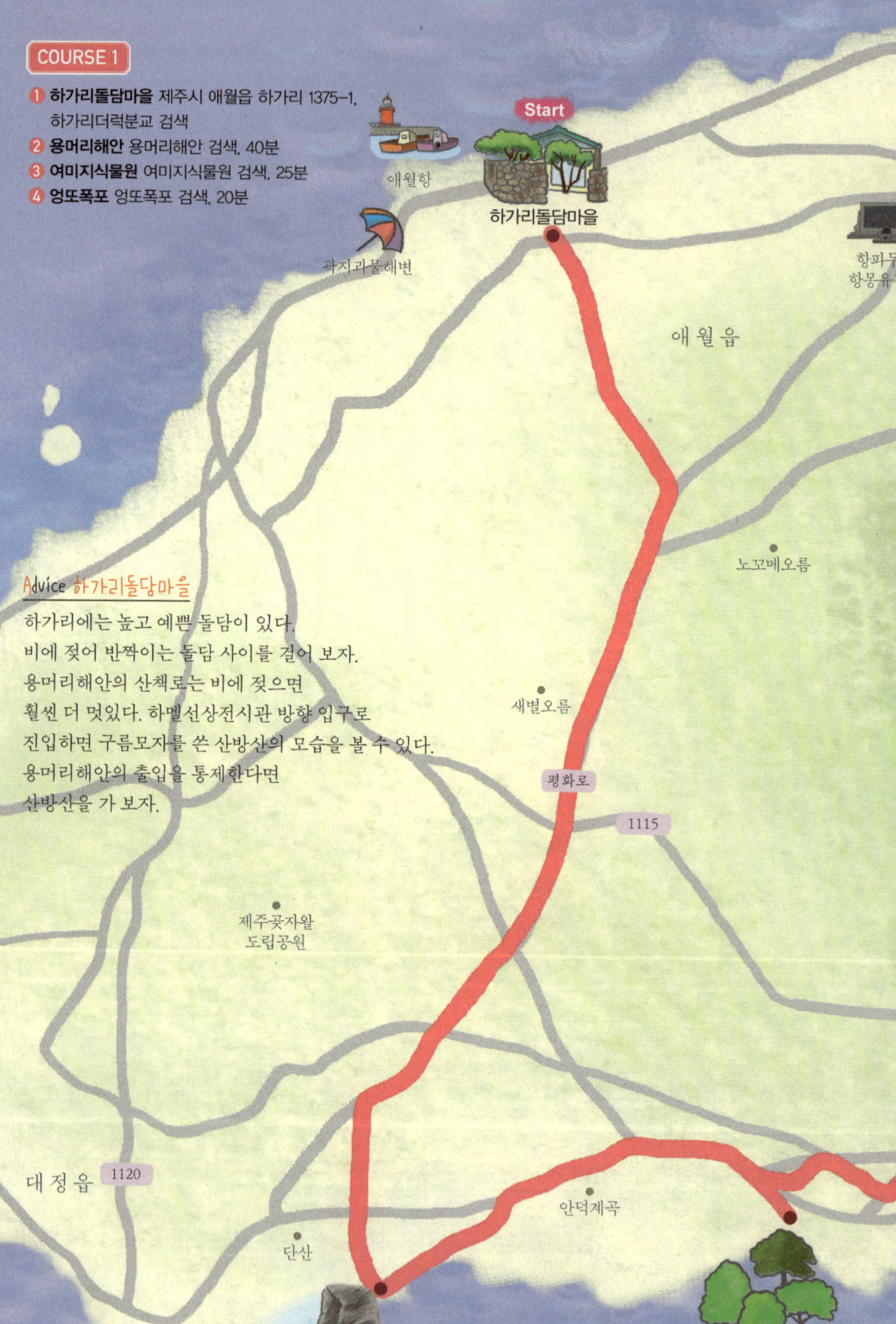

제주특별
자치도청

여미지식물원

주소 서귀포시 색달동 2484-1
전화번호 064-735-1100
홈페이지 www.yeomiji.or.kr
영업시간 09:00~18:00(입장 마감 17:30)
입장료 성인 10,000원, 경로(66세이상) 8,000원, 청소년·군경 7,000원, 어린이 6,000원
etc 볼거리와 사진을 찍을 곳도 많은 여행지이다. 온실이 있기 때문에 비를 피하면서 여행을 할 수 있다.

1100로

516로

남조로

한라산

표선면

◇ 대략난감? ◇

비 내리는 코스

제주에는 고사리 장마, 여름 장마 등 비가 자주 내린다.
사람들은 비 때문에 제주 여행을 망쳤다고 생각한다.
하지만 비가 올 때 가야 하는 여행지가 있으니
비 내리는 제주 코스에서 소개해 보겠다.

남원읍

Finish

엉또폭포

위미항

일주동로

서귀포시청
제2청사

서귀포시청
제1청사

COURSE 2

1. **만장굴** 만장굴 검색
2. **다희연** 다희연 검색, 20분
3. **비자림** 비자림 검색, 20분
4. **해녀박물관** 해녀박물관 검색, 14분

함덕서우봉해변

일주동로

남조로

동백동산

조천읍

번영로

다희연

에코랜드
테마파크

거문오름

만장굴

주소 제주시 구좌읍 김녕리 3341-3
전화번호 064-710-7903
영업시간 09:00~18:00(마지막 입장 17:10)
입장료 성인 2,000원, 청소년·어린이 1,000원(매월 첫째 주 수요일 휴무)
etc 관람 시간은 약 40분 정도 소요된다. 매표 시 무료 해설을 신청하면 해설사의 흥미로운 이야기를 들을 수 있다. 해설 안내 시간은 09:00~17:00이다.

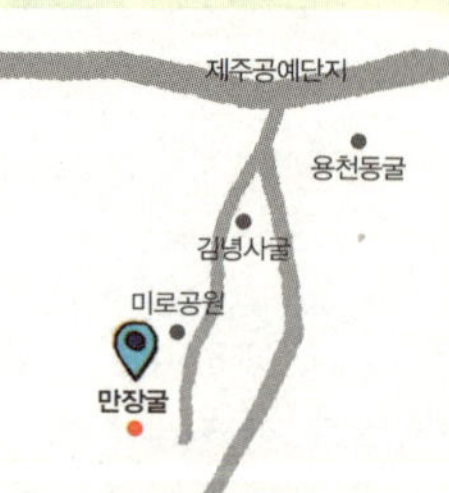

Advice 코스 2

다희연에는 동굴 카페가 있다. 비가 내릴 때는 맑은 날보다 더 운치 있는 풍경을 볼 수 있다.
비자림은 비가 내리는 날 갈 수 있는 여행지이다. 비에 젖으면 더 진해지는 피톤치드향을 느껴 보자.
해녀박물관에는 제주의 문화와 풍습을 볼 수 있다.
전망대에서는 세화 앞바다를 볼 수 있다.

이호테우해변

일주서로

제주특별
자치도청

애월읍

1100로

Advice 코스1

어승생악은 약 30분 정도 오르면 정상에 도착할 수 있는 오름이지만 비교적 가파르다. 어상생악 정상에서 한라산을 바라보는 풍경은 일품이다. 서귀포자연휴양림 야영장에서 캠핑할 시 예약은 필수이다.

Advice 코스2

서귀포자연휴양림, 한라산둘레길의 동백길, 돈내코탐방안내소를 걷는 코스이다. 서귀포자연휴양림에서 동백길 시작 지점은 차량을 조심해서 걸어야 한다. 버스로 이동 할 경우 휴양림 앞 정류장에서 240번 버스를 타자. 돈내코탐방안내소에서 야영장까지는 충혼묘지 방향으로 걸어 내려도 좋고, 611번 버스를 타고 이동해도 좋다. 택시는 약 3,500원 정도의 비용이 든다.

1100고지습지

법정사입구 정류장,
한라산둘레길 동백길
시작 지점

일주동로

번영로

516로

◇극기 훈련 같은◇

생고생 코스

'고생을 해야 여행'이라고 생각하는 사람들을 위해 텐트, 생필품 등이 담긴 배낭을 메고 한라산 중턱을 걷는 코스를 준비했다. 익스트림한 여행을 좋아하는 매니아와 극기 훈련 같은 여행을 원하는 여행자에게 추천한다.

COURSE 1일째

1. **어승생악** 제주버스터미널 정류장에서 240번 버스 탑승▶어리목입구 정류장 하차▶도보 20분
2. **1100고지 습지** 어리목 정류장에서 240번 버스 탑승▶1100고지 휴게소 정류장 하차
3. **서귀포자연휴양림** 1100고지 휴게소 정류장에서 240번 버스 탑승▶서귀포자연휴양림 정류장 하차▶도보 이동

COURSE 2일째

1. **한라산둘레길 동백길** 자연휴양림 정류장에서 240번 버스 탑승▶법정사입구 정류장 하차
2. **돈내코탐방안내소** 한라산둘레길 동백길 따라 도보 5시간
3. **돈내코야영장** 충혼묘지광장 정류장에서 611번 버스 탑승▶돈내코 정류장 하차

원앙폭포

주소 서귀포시 상효동 1463

etc 제주도민의 여름 피서지이다. 물이 귀한 제주지만 일 년 중 물이 마르는 날 없이 풍부한 수량을 자랑한다. 물이 차기 때문에 물놀이 하는 사람보다 뜨거운 볕에서 몸을 녹이는 사람이 더 많다. 바다도 좋지만 물놀이하기에 더할나위 없이 좋은 곳이다.

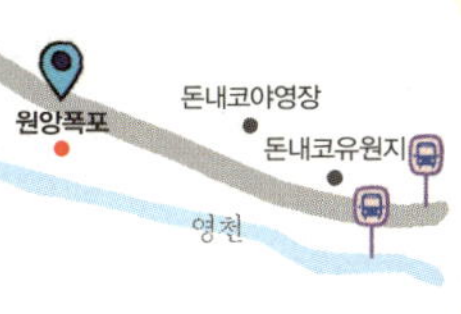

Finish

한라산둘레길 동백길 도착 지점, 돈내코탐방안내소

원앙폭포

◇ 요즘 대세 ◇

셀프 웨딩 사진 촬영 스팟 2일 코스

요즘 의미 있게 셀프 웨딩 사진 촬영을 하는 커플이 점점 많아지고 있다. 짧은 휴가나 주말 동안 셀프 웨딩 사진 촬영을 하려는 예비 신혼부부를 위해 구성했다. 오전에 사진을 찍는 것보다 오후에 찍는 사진이 더 예쁘게 나오니 참고하자.

COURSE 1

① **이호테우해변** 이호테우해변 검색
② **하가리** 하가리연화지, 더럭분교 검색, 20분
③ **금능해변** 금능해변 검색, 25분
④ **성이시돌목장** 성이시돌목장 검색, 23분
⑤ **카멜리아힐** 카멜리아힐 검색, 15분

애월항
곽지과물해변
애월읍
한림읍
일주서로
성이시돌목장
새별오름
저지문화
예술인마을
한경면
제주곶자왈
도립공원
1136
대정읍

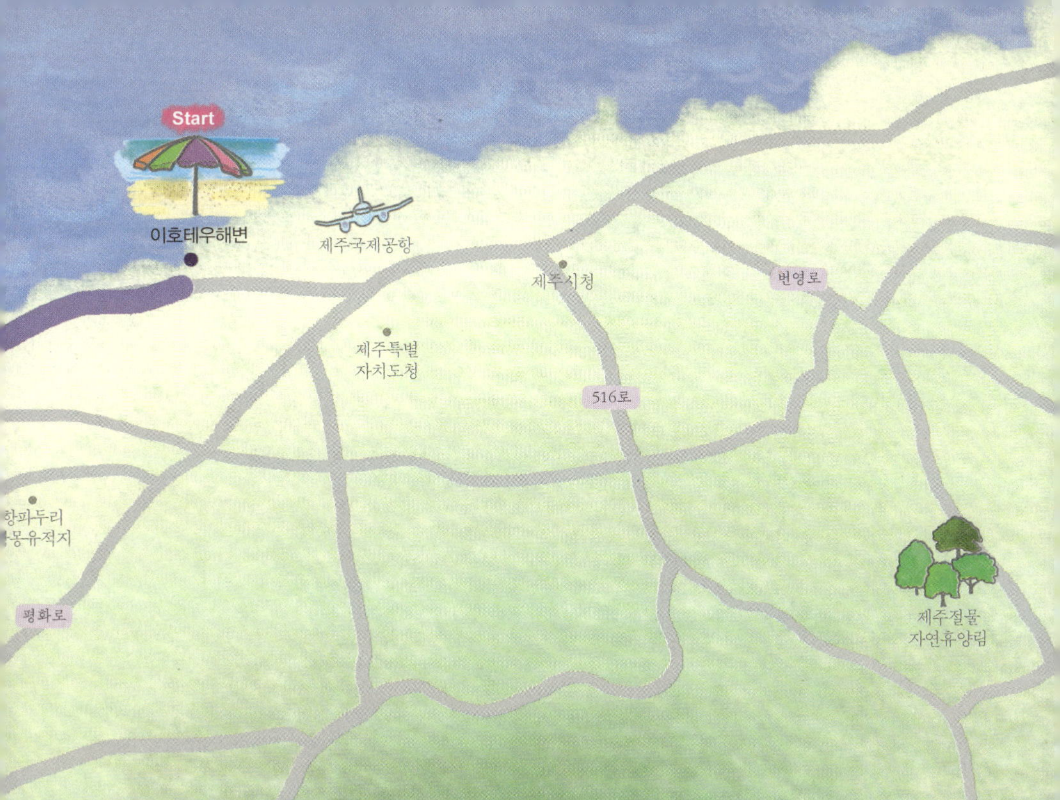
Start
이호테우해변
제주국제공항
제주시청
번영로
제주특별
자치도청
516로
항파두리
몽유적지
평화로
제주절물
자연휴양림
1100로
오름
1115

Advice 코스!

6~8월이면 하가리 연화지에 연꽃이 만개한다. 이곳에서 웨딩 촬영을 한다면 예쁜 사진을 찍을 수 있다. 비가 내린다면 하가리 돌담마을로 이동하자. 물기 머금은 채 반짝이는 돌담이 포토 포인트가 될 수 있다. 금능리에는 오래된 상점이나 옛날식 타일이 붙어 있는 마을길이 있다. 빈티지스러운 촬영을 원한다면 이곳을 방문해 보자.
금능해변에서 촬영을 하고 싶은 여행자라면 큰 모래사장보다 협재해변으로 가는 길에 딸린 작은 해변에서 촬영을 하자. 한적하여 눈치 보지 않고 마음껏 포즈를 취할 수 있다.
이시돌목장의 테쉬폰, 새미은총의동산에 있는 새미소에서는 이국적인 사진을 찍을 수 있다.
5~6월의 카멜리아힐은 수국이 만개하고, 예쁘고 아담한 돌집도 베스트 포토 포인트이니 참고하자.

이호테우해변

주소 제주시 이호1동 1600
etc 하얀색, 빨간색 말 등대가 파란 바다와 어우러져 그림 같은 풍경을 선사하는 곳이다. 이호항 부근에 차를 세우고 방파제 근처에서나 이호테우해변 모래사장에서 말 등대가 보이게 사진을 찍자.

현사포구
이호테우해변
이호테우
해변야영장
탐라민박
이호테우해변입구
교차로

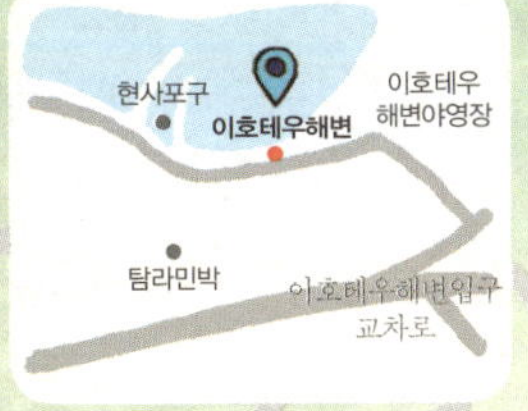

천왕사길

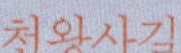

주소 제주시 노형동 산 20–17
etc 천왕사는 1100로 초입에 위치해 있다. 천왕사길은 1100로에서 천왕사까지 이어져 있는 삼나무 가로수를 가리킨다. 이 길은 한적하여 도로 위에서 사진을 찍을 수 있다.

1100로
천왕사길
충혼묘지주차장
천왕사

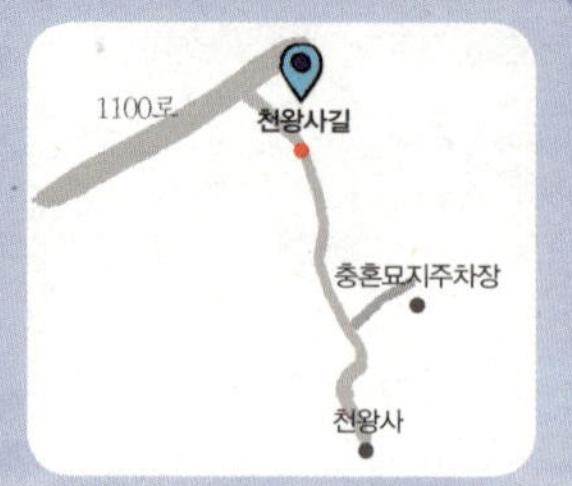

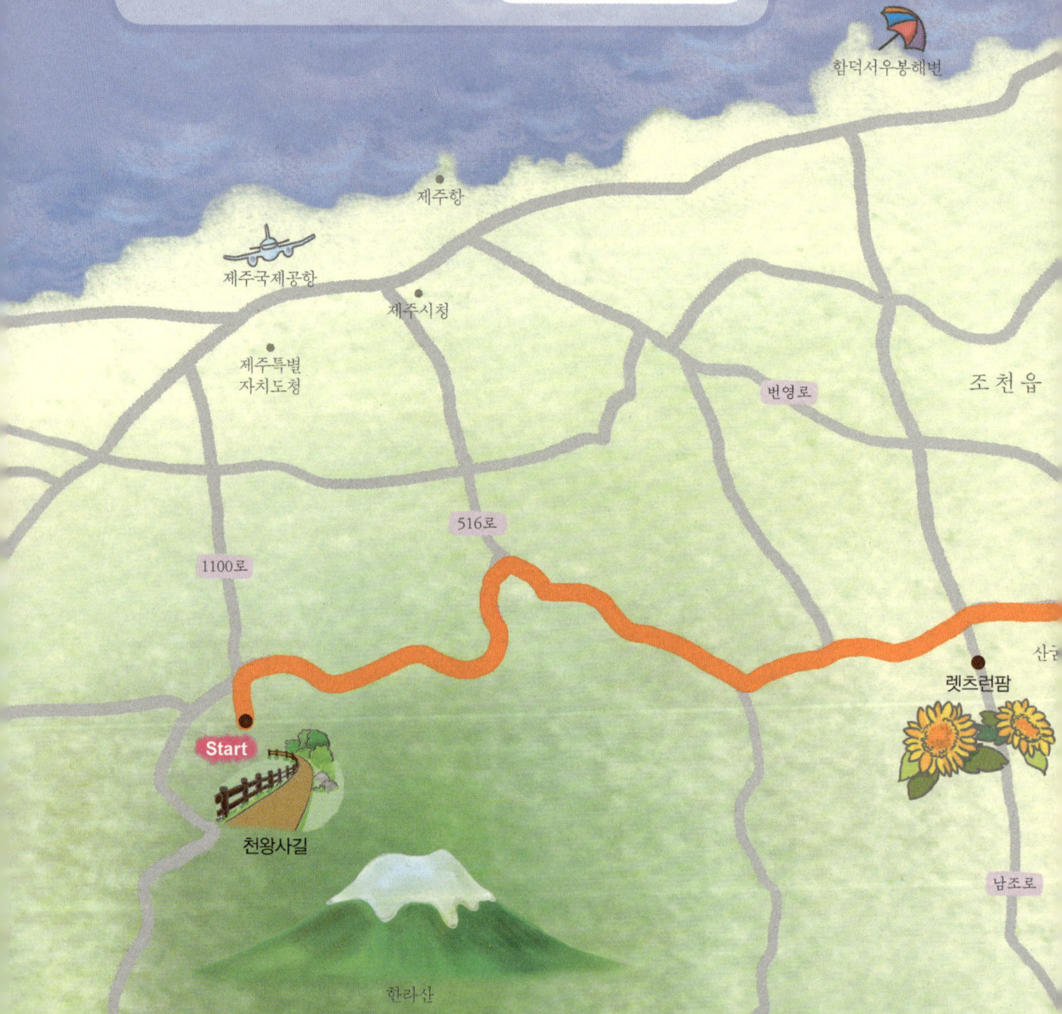
함덕서우봉해변
제주항
제주국제공항
제주시청
제주특별
자치도청
조천읍
번영로
516로
1100로
렛츠런팜
Start
천왕사길
남조로
한라산

Advice 코스 2

천왕사길을 간다면 화려한 색의 자가용을 렌트해라. 푸른 삼나무 가로수 앞에 차를 세우고 사진을 찍는다면 모두가 부러워할 추억을 남길 수 있다.
영주산에서는 풍력발전기를 배경으로 이국적인 사진을 찍을 수 있다.
중산간 방향으로 난 계단 위에서 찍어도 마찬가지로 멋진 풍경을 담을 수 있다.
해가 질 무렵의 세화해변은 바다와 모래가 금빛으로 물들어 사진 찍기 좋은 장소가 된다.

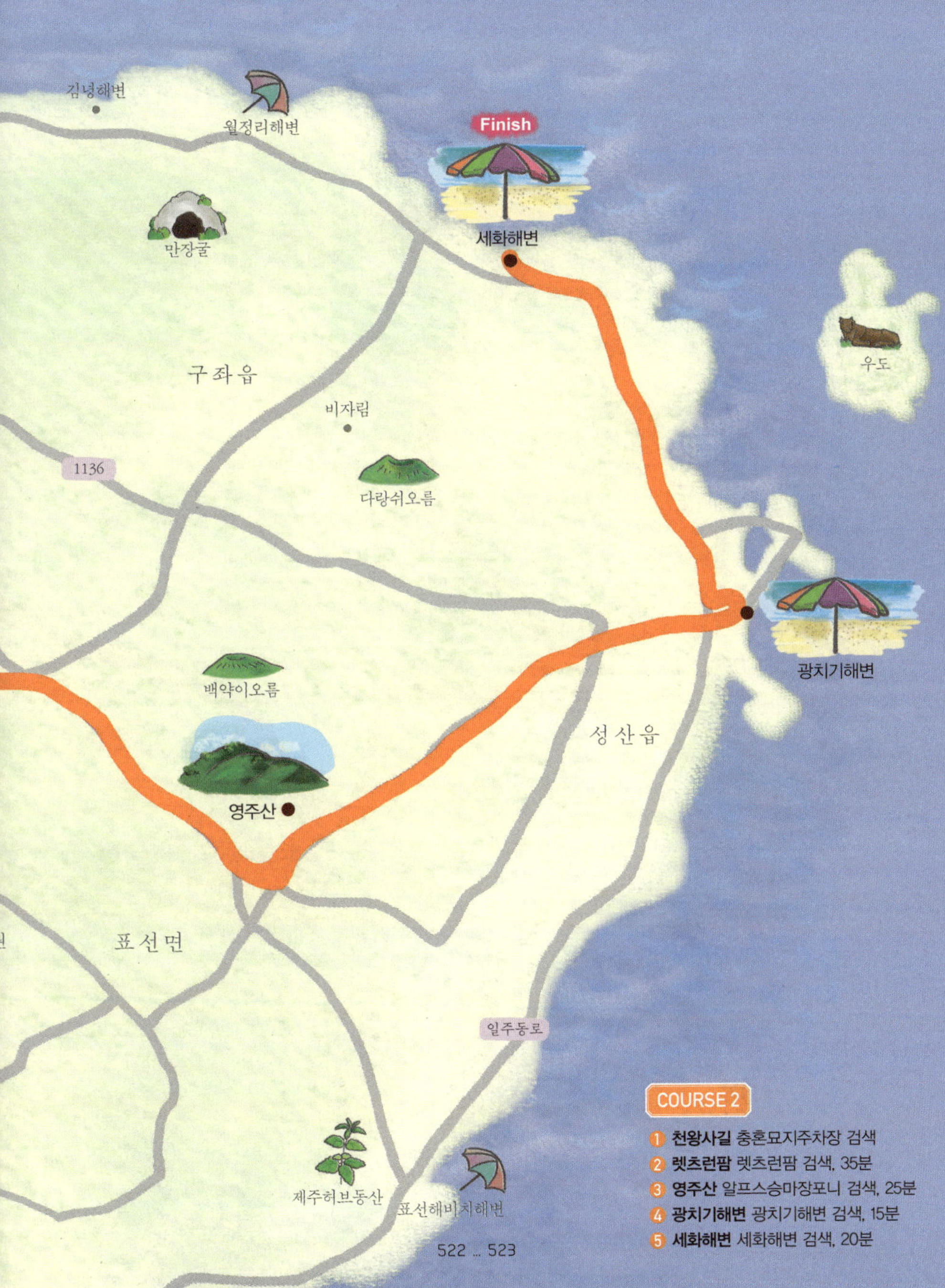

COURSE 2

1. **천왕사길** 충혼묘지주차장 검색
2. **렛츠런팜** 렛츠런팜 검색, 35분
3. **영주산** 알프스승마장포니 검색, 25분
4. **광치기해변** 광치기해변 검색, 15분
5. **세화해변** 세화해변 검색, 20분

새별오름

COURSE 1

1. **제주항공우주박물관** 제주항공우주박물관 검색
2. **용머리해안** 용머리해안주차장 검색, 20분
3. **테디베어뮤지엄** 테디베어뮤지엄 검색, 20분
4. **제주다원녹차테마파크** 제주다원영농조합법인 검색, 10분

Start 제주항공우주박물관

카멜리아힐

제주곶자왈
도립공원

1136

Advice

패러글라이딩 2인승체험을 하려면
몸무게가 30kg 이상으로 초등학교 3학년은 되어야 한다.
성인이 체험할 때보다 바람의 세기가 약해야 하는 등의
환경적인 조건도 까다로우니 문의 후 가는 것이 좋다.

안덕계곡

용머리해안

모슬포항

엄마와 아이 코스

아이와 추억을 쌓기 위한 여행지로 제주는 어떨까? 놀거리, 먹을거리, 즐길거리 어느 것 하나 빠지지 않는다. 답답한 도시의 박물관 나들이가 아니라 현장에서 볼 수 있는 역사기행과 체험활동은 아이와 어른을 만족시키는 1석 2조의 여행이 될 것이다.

1100로

제주다원녹차테마파크

Finish

엉또폭포

테디베어박물관

천제연폭포

제주중문관광단지

서귀포시청 제2청사

제주항공우주박물관

주소 서귀포시 안덕면 녹차분재로 218

전화번호 064-800-2114

홈페이지 jdc-jam.com

영업시간 09:00~18:00(매월 셋째 월요일 휴관, 월요일이 공휴일이면 다음 첫 번째 평일 휴관)

입장료 전시관람권 성인 10,000원, 청소년·군인 9,000원, 어린이·경로 8,000원 등

etc 항공과 우주를 테마로 교육과 엔터테인먼트를 접목시킨 항공우주전문박물관이다. 항공역사, 천문우주 등 전시와 다양한 영상체험활동이 가능하다.

한국마사회
제주경주마목장

물찻오름

516로

물영아리오름

Start

남원읍

휴애리자연생활공원

위미항

제주코코몽에코파크

COURSE 2

1. **휴애리자연생활공원** 휴애리자연생활공원 주차장 검색
2. **코코몽에코파크** 코코몽에코파크 검색, 25분
3. **목장카페드르쿰다** 목장카페드르쿰다 검색, 35분

◇ 예쁜 신발 신고 여행하는 ◇

예쁜 신발 코스

제주의 자연은 아름답지만 걷기엔 다소 거칠 수도 있다.
숲과 계곡 등에 깔린 화산석은 예쁜 신을 신은 여행자에겐 장애물이다.
예쁜 신을 신고 그에 어울리는 원피스를 입은
여행자를 위해 코스를 구성했다.

조천읍

Finish

COURSE 1일째

1. **김영갑갤러리두모악** 김영갑갤러리두모악 검색
2. **편운산장** 성산읍 수산리 1687-1, 편운산장 검색, 18분
3. **세화해변** 세화해변 검색, 25분
4. **에코랜드테마파크** 에코랜드테마파크 검색, 40분

한국마사회 제주경주마목장

516로

물찻오름

남조로

한라산

편운산장

주소 서귀포시 성산읍 수산리 1687-3
전화번호 064-784-8088
영업시간 10:00~21:00
요금 편운정식 12,000원, 비빔밥 8,000원, 닭볶음탕 25,000원
etc 식당과 펜션을 함께 운영하는 곳으로 비빔밥과 닭볶음탕을 추천한다. 감칠맛 나는 나물 위주의 반찬이 제공된다. 조미료에 익숙한 여행자라면 다소 심심하게 느껴질 수 있다. 하지만 음식의 모든 재료는 제주에서 난 것으로 만들어서 더욱 신선하다.

남원읍

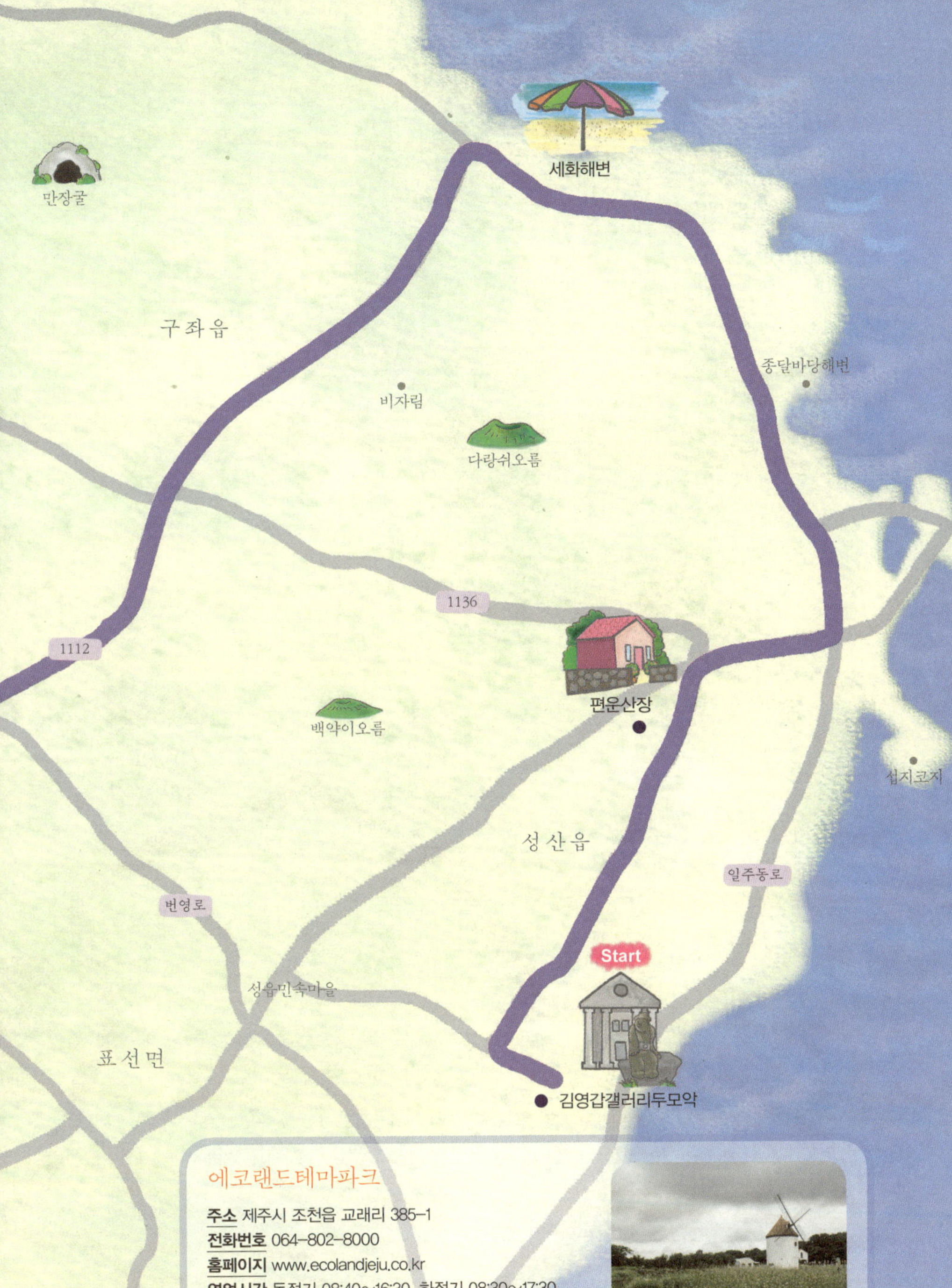

에코랜드테마파크

주소 제주시 조천읍 교래리 385-1
전화번호 064-802-8000
홈페이지 www.ecolandjeju.co.kr
영업시간 동절기 08:40~16:30, 하절기 08:30~17:30
입장료 성인 14,000원, 청소년 12,000원, 어린이 10,000원
etc 제주 곶자왈을 기차를 타고 돌면서 다양한 테마로 즐길 수 있다. 총 5개의 역을 기차로 여행한다. 기차 운행 간격은 7~12분이며 한 번에 호수와 곶자왈, 허브정원까지 볼 수 있다.

COURSE 2일째
1 산방연대 산방산 검색
2 카멜리아힐 카멜리아힐 검색, 15분
3 성이시돌목장 한림읍 금악리 124, 성이시돌목장 검색, 15분
4 현대미술관 현대미술관 검색, 15분
5 차귀도포구 차귀도포구 검색, 21분
COURSE 3일째
1 월령선인장자생지 한림읍 월령리 376-1 검색
2 한림공원 한림공원 검색, 8분
3 한담해안산책로 애월리 2459-1 검색, 21분
4 알작지해안 알작지해안 검색, 23분
한담해안산책로
1136
애월
한림공원
Start
월령선인장자생지
새별오름
성이시돌목장
현대미술관
일주서로
한경면
Finish
카멜리아힐
제주곶자왈
도립공원
차귀도포구
Start
대정읍
산방연대
용머리해안
모슬포항

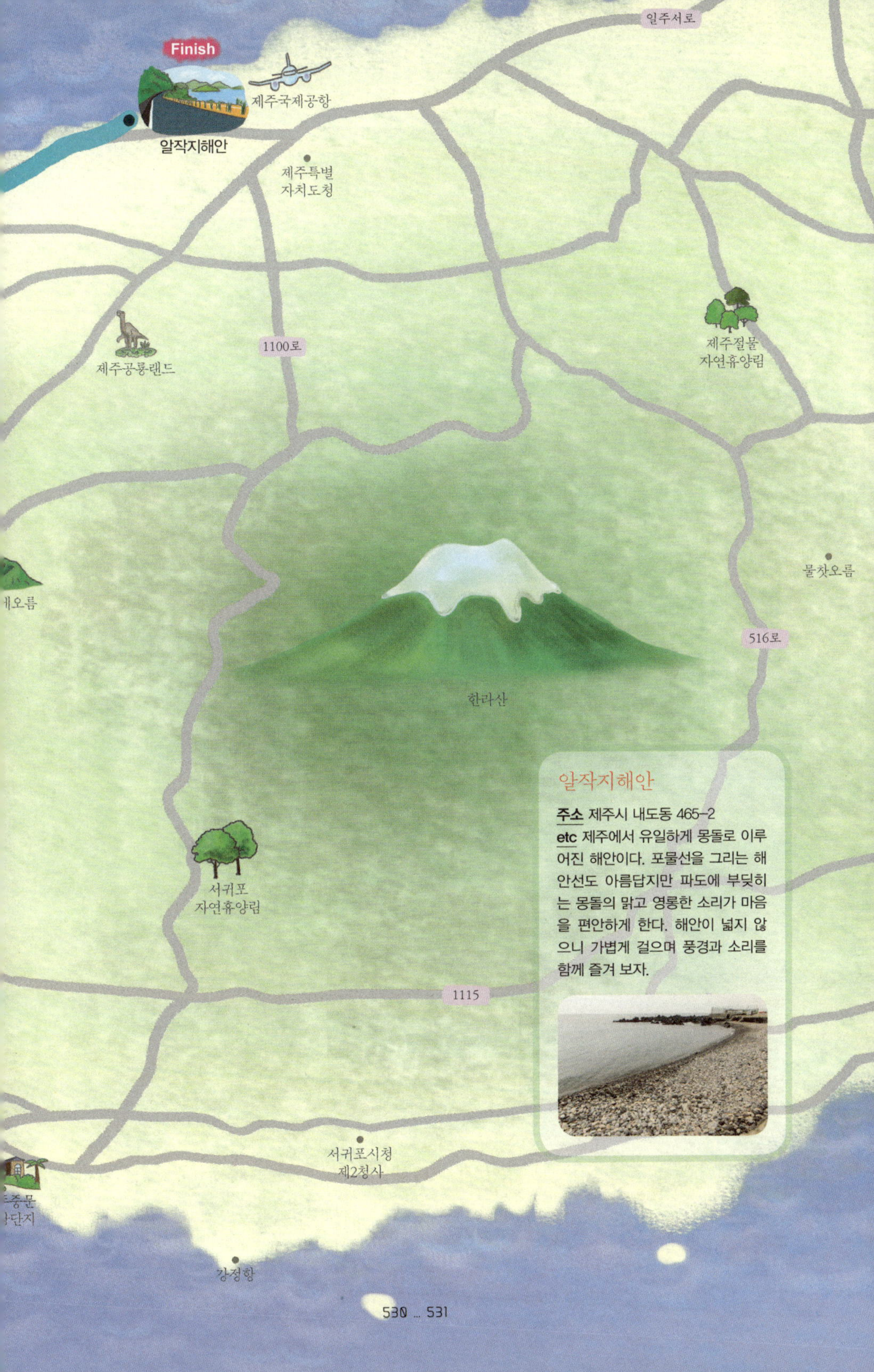

알작지해안

주소 제주시 내도동 465-2

etc 제주에서 유일하게 몽돌로 이루어진 해안이다. 포물선을 그리는 해안선도 아름답지만 파도에 부딪히는 몽돌의 맑고 영롱한 소리가 마음을 편안하게 한다. 해안이 넓지 않으니 가볍게 걸으며 풍경과 소리를 함께 즐겨 보자.

◇함께할 수 있어 더 좋은 길◇

유모차, 휠체어 코스

제주 여행을 꿈꾸는 어린아이가 있는 가족, 몸이 불편한 여행자를 위해 유모차와 휠체어가 다닐 수 있는 지역을 골라 코스를 구성했다. 아스팔트처럼 매끈한 길은 아니지만 충분히 이동하기 편한 길이니 지금 당장 제주로 떠나 보자.

Advice

제주올레 중 휠체어로 이동할 수 있는 구간이 있으니 참고하자.

올레1코스(4.6km, 난이도 중) 종달리 옛 소금밭-성산갑문입구

올레4코스(4.8km, 난이도 중) 해비치호텔&리조트-가마리개 쉼터

올레5코스(2.4km, 난이도 상) 국립수산과학원-위미항

올레6코스(3.3km, 난이도 중) 쇠소깍-보목포구

올레8코스(3.3km, 난이도 상) 논짓물-대평해녀공연장

올레10코스(2.9km, 난이도 중) 사계포구-송악산 주차장

올레10-1코스(4.2km, 난이도 상) 가파도 전구간

올레12코스(1.1km, 난이도 중) 엉앙길입구-자구내포구입구

올레14코스(2.1km, 난이도 중) 일성콘도-금능으뜸원해변입구

올레17코스(4.4km, 난이도 중) 도두봉 내려오는 길-용연다리 입구

COURSE 1
1 삼성혈 삼성혈 검색
2 비자림 비자림 검색, 40분
3 우도 성산포항 검색,
성산항에서 우도까지 배로 15분
녕성세기해변
만장굴
세화해변
Finish
우도
구좌읍
비자림
1136
다랑쉬오름
성산일출봉
거미오름
백약이오름
섭지코지
번영로
성산읍
일주동로
영주산
표선면
알오름
표선해비치해변
덕산식당
주소 서귀포시 성산읍 성산리 218-9
전화번호 064-782-4694
영업시간 08:00~20:00 저녁에는 사람이 없으면 일찍 문을 닫는다.
요금 고등어조림 소 30,000원, 갈치조림 소 50,000원 등
etc 테이블이 5~6개 정도인 작은 식당이다. 현금 결제만 가능하니 참고할 것.
덕산식당
성산파출소
성산중앙로
성산게스트하우스
성산포지역아동센터

보목해녀의집

주소 서귀포시 보목포로 46
전화번호 064-732-3959
영업시간 09:00~21:00(주문 마감 20:00)
요금 한치물회 12,000원, 활한치물회 15,000원, 자리물회 12,000원, 우럭매운탕 14,000원(한치 메뉴는 2인부터 주문 가능)
etc 된장을 풀어 넣은 제주식 물회를 맛볼 수 있는 집이다. 날이 좋을 땐 야외 좌석에서 바다를 보며 식사할 수 있다.

COURSE 2

1. **중문호텔길** 퍼시픽랜드 검색
2. **송악산** 송악산 검색, 30분
3. **오설록티뮤지엄** 오설록티뮤지엄 검색, 20분

COURSE 3

1. **제주허브동산** 제주허브동산 검색
2. **올레6코스 휠체어 구간** 쇠소깍 검색, 30분
3. **신례리공동목장** 서성로 308 검색, 15분. 주차장은 이승악탐방휴게소 이용.

◇ 제 주 , 어 디 까 지 가 봤 니 ? ◇

제주 매니아 코스

제주에 자주 오는 여행자들을 만나면 가장 많이 듣는 말은 "갈 데가 없어요."하는 푸념이다. 많은 사람들이 찾는 여행지에서 조금만 눈을 돌리면 제주는 여전히 미지의 섬이다. 곶자왈과 오름, 바다, 목장, 다원 등 여행자들의 발길이 닿지 않은 코스를 따라가며 조금 더 깊은 제주를 만나 보자.

COURSE 1

1. **동백동산** 동백동산 습지센터 검색
2. **선흘방주할머니식당** 선흘방주할머니식당 검색, 5분
3. **영주산** 알프스승마장 포니 검색, 20분
4. **신풍리신천바다목장** 서귀포시 성산읍 일주동로 5417 검색, 15분
5. **신흥2리동백마을** 제주동백마을 검색, 25분

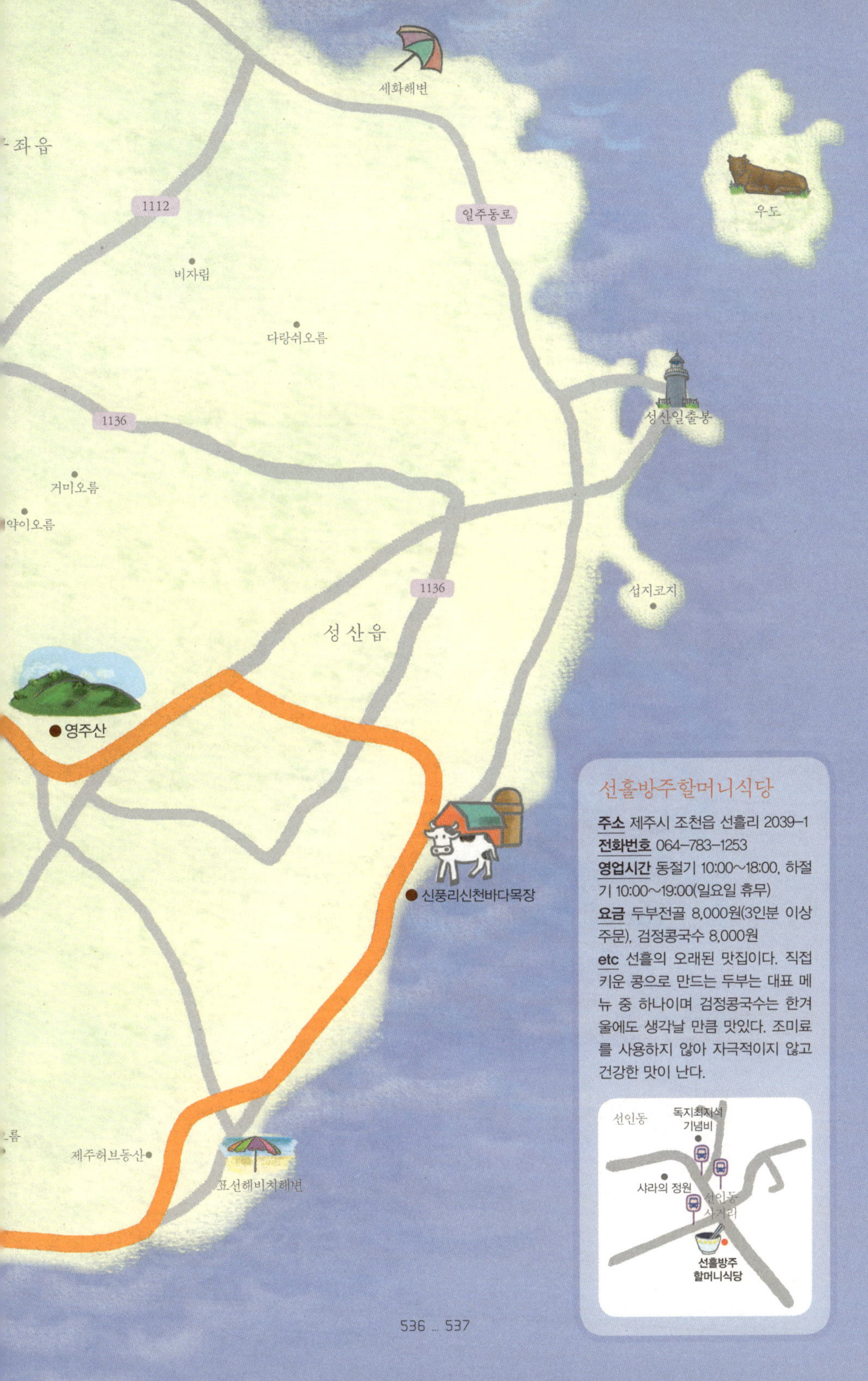

선흘방주할머니식당

주소 제주시 조천읍 선흘리 2039-1
전화번호 064-783-1253
영업시간 동절기 10:00~18:00, 하절기 10:00~19:00(일요일 휴무)
요금 두부전골 8,000원(3인분 이상 주문), 검정콩국수 8,000원
etc 선흘의 오래된 맛집이다. 직접 키운 콩으로 만드는 두부는 대표 메뉴 중 하나이며 검정콩국수는 한겨울에도 생각날 만큼 맛있다. 조미료를 사용하지 않아 자극적이지 않고 건강한 맛이 난다.

COURSE 2

❶ **신례리공동목장** 이승악탐방휴게소 주차장(서귀포시 남원읍 신례리 산 12-19) 검색
❷ **미향해장국** 미향 서귀포점 검색, 20분
❸ **강정천** 강정천 검색, 20분
❹ **도순다원** 도순다원 검색, 25분
❺ **갯깍주상절리** 갯깍주상절리대 검색, 30분
하얏트를 정면으로 본 상태에서 왼쪽의 하얏트산책로로 바다가 보이는 정원으로 내려간다. 정원의 오른쪽 가장자리로 걷다가 주상절리로 내려가는 계단에서 도보 5분

미향해장국 서귀포본점

주소 서귀포시 서홍동 397-111
전화번호 064-732-8863
영업시간 06:00~15:00
요금 선지해장국 8,000원, 막걸리 1잔 1,500원
etc 서귀포의 대표 해장국 전문점으로 선지해장국만 판매한다. 다른 해장국보다 조금 더 칼칼하고 매콤하다. 제주의 여느 해장국 식당처럼 문 닫는 시간이 조금 일러서 아침과 점심이 아니면 맛볼 수 없다. 잔으로 판매하는 막걸리와 함께 마시면 좋다. 선지를 빼거나 맵지 않게 먹고 싶을 때에는 주문 시 말하자.

미향해장국
서귀포시청 제1청사
제주 지방법원
중앙로터리
국민연금공단

한라산

신례리공동목장

남원읍

1136

위미항

일주동로

미향해장국
서귀포본점

◇ 혼자라도 좋은 ◇

제주 버스 코스

나 홀로 버스 여행을 떠나려는 여행자를 위해 환승 없이 한 번에 목적지까지 갈 수 있는 코스를 구성했다. 지금 당장 혼자라도 좋은 버스 여행을 떠나 보자.

구좌읍

COURSE 1

1. **용눈이오름** 대천환승센터에서 9시 30분에 출발하는 810-1번 탑승, 9시 50분 도착
2. **레일바이크** 용눈이오름에서 11시 출발, 도보 15분
3. **송당리마을** 레일바이크에서 12시 28분에 출발하는 810-2번 탑승, 12시 38분 도착
4. **비자림** 송당리마을에서 14시 12분에 출발하는 810-1번 탑승, 14시 32분 도착
5. **메이즈랜드** 비자림에서 16시 02분에 출발하는 810-1번 탑승, 16시 05분 도착
6. **대천환승센터** 메이즈랜드에서 17시 15분에 출발하는 810-2번 탑승, 17시 50분 도착

거문오름

Start

대천환승센터

Finish

풍림다방

주소 제주시 구좌읍 중산간동로 2254
영업시간 10:30~재료 소진 시까지, 매주 화, 수요일 휴무
요금 풍림브레웨 7,000원, 쇼콜라쇼 7,000원, 아메리카노 5,000원
etc take out 가능(풍림다방 시그니처 메뉴인 브레웨는 불가)

표선면

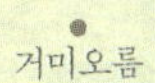

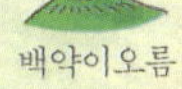

성산읍

Start
협재해변
한림읍
일주서로
저지오름
한경면
오설록티뮤지엄
제주전쟁역사
평화박물관
제주곶자왈
도립공원
안덕면
초콜렛
박물관
추가적거지
최남단모슬포
토요시장
짜이다방
용머리해안

월 읍

짜이다방

주소 서귀포시 안덕면 사계리 1934-3
전화번호 010-8993-3453
홈페이지 www.facebook.com/cafechai2013
영업시간 평일 11:00~20:30, 주말 11:00~21:30
요금 짜이 4,500원, 라씨 5,500원, 베트남커피 4,500원
etc 산방산이 보이는 자리에 인도를 고스란히 옮겨 놓은 것 같은 다방이 있다. 입구에서는 고양이가 맞아 주고 자리에 앉으면 시간이 천천히 가는 것 같다. 손님이 빨리빨리를 외치면 당황하는 언니가 맛있는 인도로 안내한다.

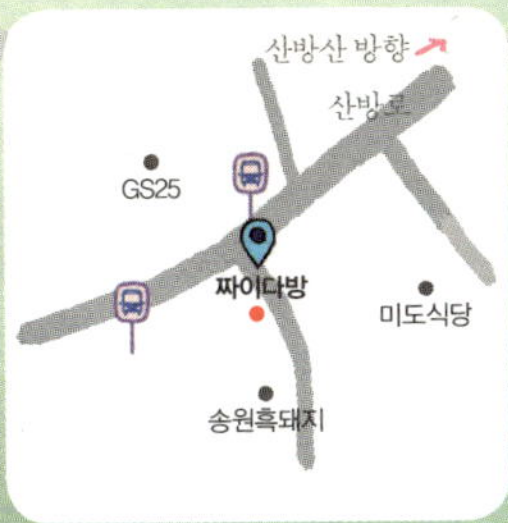

1100로

COURSE 2

1. **협재해변** 제주버스터미널 정류장에서 202번 버스 탑승▶협재해변 정류장 하차
2. **오설록티뮤지엄** 협재해변 정류장에서 784-1번 버스 탑승▶제주오설록티뮤지엄 정류장 하차, 40분
3. **최남단모슬포토요시장** 오설록 정류장에서 255번 버스 탑승▶모슬포항 정류장 하차
4. **용머리해안** 토요시장입구 정류장에서 버스 진행 방향으로 걸어 올라간다. GS25 편의점을 끼고 돌아 우회전한다. 하모2리 정류장에서 202번 버스 탑승▶산방산 정류장에서 하차, 15분▶용머리해안 이정표를 따라 도보 10분
5. **천제연폭포** 산방산 정류장에서 202번 버스 탑승▶천제연폭포 하차, 25분 도보 6분

Finish

천제연폭포

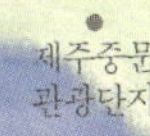

제주도에서 똑똑하게 숙박업소 고르는 방법

제주에는 게스트하우스, 렌트하우스, 호텔 등 다양한 숙박업소가 있다. 선택의 폭이 넓기 때문에 여행자들에게는 좋은 일일 것 같지만 간혹 우왕좌왕하는 사람도 있다. 잘못 선택한 숙박업소는 당신이 꿈꿔온 제주 여행에 걸림돌이 될 수 있다. 따라서 이 페이지에서는 다양한 숙박업소의 특징을 간단히 설명하려 한다. 여행 방법, 본인의 취향, 인원, 예산 등을 고려하여 아래에 나열된 숙박업소 중 자신에게 맞는 것을 골라 보자.

● 게스트하우스

게스트하우스의 최대 장점은 저렴한 요금이다. 게다가 여행자들과의 교류가 가장 활발하기 때문에 여행지에 대한 정보를 얻거나, 마음이 맞는 여행자를 만난다면 함께 다닐 수 있다. 하지만 게스트하우스는 모르는 사람과 한방에서 지내는 다인실이 대부분이므로 최소한의 에티켓은 지켜야 하며 예민한 사람은 다른 숙소를 선택하는 게 좋다. 코골이가 심하다면 상대방의 휴식을 방해할 수 있으므로 1인실을 선택하는 센스는 필수!
게스트하우스는 새로 지은 건물이나 민가를 리모델링한 곳 등 다양한 모습으로 여행자를 반긴다. 또한 시끌벅적하거나, 카페처럼 차분한 곳 등 저마다 다양한 분위기를 가진 게스트하우스가 있으니 취향에 맞게 선택하면 된다.

● 1~2인 전용 게스트하우스

나홀로 여행자나 오붓하게 둘씩 짝을 지어 여행하는 사람이 선택하면 좋은 곳이다.

● 펜션

대부분 소규모 시설을 갖춘 곳으로 함께 여행하는 사람이 4인 이상일 경우 저렴하게 이용할 수 있다. 독채인 곳이 아니라면 밤늦게까지 소란스럽게 하는 행위는 삼가야 한다.

● 독채형 펜션·렌트하우스

집 한 채를 오롯이 쓸 수 있고, 다른 숙박업소처럼 주인이나 스텝이 상주하지 않기 때문에 콘도와 펜션보다 자유로운 분위기이다. 함께 여행하는 사람이 많을 경우 묵기 좋아 가족, 친구 단위의 단체 여행객이 많이 찾는다.

● 리조트

수영장, 골프장 등 레저시설을 갖춘 곳이다. 연인, 친구, 가족이 선택하면 좋다.

● 호텔

여행자가 쉴 수 있는 고급형 숙박업소이다. 취사는 불가능하지만 건물 안에 식당이나 편의 시설이 잘 갖춰져 있다.

깐깐한 · 제주 · 언니들이 · 꼼꼼히 · 알려 주는

진짜제주

※ 직접 여행지를 선택하고 동선을 짤 수 있는 **'제주도 빈 지도'**를 **배포**합니다.
책밥(www.bookisbab.co.kr) **게시판**에서 무료로 **다운로드**할 수 있습니다.

1 제주시민속오일장
2 삼성혈
3 화북포구
4 함덕서우봉해변
5 하가리
6 항파두리 항몽유적지
7 제주도립 미술관
8 방선문계곡
9 동백동산
10 세화해변
11 노루생태관찰원
12 돌문화공원
13 비자림
14 우도
15 협재해변
16 월령선인장자생지
17 신창리해안도로
18 차귀도포구
19 수월봉
20 노꼬메오름
21 새별오름
22 성이시돌목장
23 청수곶자왈
24 오설록
25 추사적거지
26 카멜리아힐
27 방주교회
28 알뜨르비행장
29 용머리해안
30 갯깍주상절리대
31 천제연폭포
32 한라산
33 서귀포자연휴양림
34 도순다원
35 엉또폭포
36 강정천
37 작가의산책길
38 소정방폭포
39 공천포
40 신례리공동목장
41 물영아리오름
42 조랑말체험공원
43 위미항
44 거미오름
45 백약이오름
46 영주산
47 용눈이오름
48 수산한못
49 쫄븐갑마장길
50 광치기해변
51 섭지코지
52 김영갑갤러리두모악
53 가파도

일주서로
일주동로
평화로
1100로
516로
남조로
번영로
1115
1136

애월읍
한림읍
한경면
구좌읍
조천읍
남원읍
성산읍